湖南省永州市天气预报手册

湖南省永州市气象局　编著

气象出版社
China Meteorological Press

内 容 简 介

本书是永州市气象局成立以来资料收集较全、整理比较系统的天气预报技术手册。全书共有9章,内容涵盖了永州市地理地貌、天气气候特点、主要天气过程和高影响天气的主要气候特点、暴雨和山洪灾害特点及预报、数值预报产品释用,气象卫星、多普勒天气雷达等先进技术在天气预报中的应用、常用天气预报业务系统和永州自行开发的业务系统介绍等。

本书可供永州及其周边地市从事天气气候分析、预报和预测的气象、水文、航空、环境等工作者参考,也可供相关行业如农业、林业、水利等部门的科技工作者阅读,对县市气象工作者尤其是新进科技工作者快速了解永州当地天气预报流程、熟悉气象业务服务有重要的指导意义。

图书在版编目(CIP)数据

湖南省永州市天气预报手册 / 湖南省永州市气象局编著. —北京:气象出版社,2015.7
ISBN 978-7-5029-6155-8

Ⅰ. ①湖… Ⅱ. ①湖… Ⅲ. ①天气预报—永州市—手册 Ⅳ. ①P45-62

中国版本图书馆 CIP 数据核字(2015)第 146820 号

湖南省永州市天气预报手册
湖南省永州市气象局 编著

出版发行:气象出版社

地　　址:北京市海淀区中关村南大街 46 号		邮政编码:100081	
总 编 室:010-68407112		发 行 部:010-68409198	
网　　址:http://www.qxcbs.com		E-mail: qxcbs@cma.gov.cn	
责任编辑:杨泽彬		终　　审:黄润恒	
封面设计:博雅思企划		责任技编:赵相宁	
印　　刷:北京京华虎彩印刷有限公司			
开　　本:787 mm×1092 mm　1/16		印　　张:12.875	
字　　数:330 千字			
版　　次:2015 年 7 月第 1 版		印　　次:2015 年 7 月第 1 次印刷	
定　　价:39.00 元			

本书如存在文字不清、漏印以及缺页、倒页、脱页等,请与本社发行部联系调换

前　言

自 1950 年 9 月零陵气象站建站以来，永州市（零陵地区）气象人先后建立了江华、新田、祁阳、蓝山、东安、江永、道县、宁远、双牌县气象站和零陵地区农业气象试验站（冷水滩区气象局），从建站伊始的气象观测、物候观测到如今全方位的气象服务，经历了几代气象人原始资料的积累、预报方法的探索、现代设备的建设和应用，作为为国民经济服务的气象人，在提高天气预报的准确率和精细化水平上做了大量建设性工作，倾注了无数心血。他们积累的资料和倾注的心血为我们较好地总结永州区域天气的演变规律提供了宝贵的财富。为使永州气象业务人员系统地了解和掌握本市的地理环境、天气气候特点、灾害性天气出现的规律及其影响系统，进一步提高天气预报准确率，更好地为地方经济建设和防灾减灾服务，永州市气象局于 2011 年到 2012 年组织编写了《湖南省永州市天气预报手册》。

本书实用性强，突出本地特色，系统地整理了永州及所辖各县气象局自建站以来的气象资料，分析总结了本市的天气气候特点和预报经验，也较好地总结了近 20 年来永州气象人的历史个例技术分析、撰写的科技论文和科研成果。

本书由黄海涛任主编，曹志国、严光荣任副主编。第 1 章由李青松主笔；第 2 章由龙志宇主笔，其中第 2 节由李青松主笔；第 3 章第 1 节和第 7 节由刘沈主笔，第 2 节由李青松主笔，第 3 节由李利仁主笔，第 4 节和第 6 节由袁铁主笔，第 5 节由邓宏胜主笔，第 8 节由廖志提主笔，第 9 节由蒋丽敏主笔；第 4 章第 1 节由龙志宇主笔，第 2 节由李高峰主笔，第 3、5、6、7 节由曹志国主笔，第 4 节由李青松主笔；第 5 章由李青松主笔；第 6 章第 1 节由袁铁主笔，第 2、3 节由张培发主笔；第 7 章由周斌主笔；第 8 章由邓洪胜主笔；第 9 章第 1 节由李相祁、袁铁和徐根生完成，第 2、3、5 节由曹志国主笔，第 4 节由周斌主笔，第 6 节由龙志宇主笔，第 7 节由雷永恒主笔。编审由黄海涛、严光荣、曹志国、李相祁等共同完成。

编写纲要及初稿完成后，有幸得到了湖南省气象局专家组，特别是潘志祥副局长的细致审阅，并提出了许多宝贵意见。编写人员在收集和查找历史资料的过程中得到了永州市水利局、市农业局、市林业局、市民政局和市统计局等兄弟单位及市气象局下属各县（区）气象局的大力支持，在编写出版过程中得到了永州市气象局领导、业务管理科、零陵区气象局的大力帮助，在此一并致谢。

由于我们的编写水平有限，特别是在资料收集整理和分析过程中难免有错误，敬请读者批评指正。

编 者

2015 年 5 月

目　录

前　言

第 1 章　永州的地理地貌 ……………………………………………………………… (1)

1.1　永州地理地貌的基本特征 ……………………………………………………… (1)

1.2　永州山脉丘陵和河流 …………………………………………………………… (3)

参考文献 …………………………………………………………………………… (8)

第 2 章　永州的气候概况及气象灾害 ………………………………………………… (9)

2.1　永州气候基本特征 ……………………………………………………………… (9)

2.2　永州山脉丘陵对天气气候的影响 ……………………………………………… (10)

2.3　主要气象要素分布特征 ………………………………………………………… (13)

2.4　主要气象灾害分布特征 ………………………………………………………… (16)

参考文献 …………………………………………………………………………… (18)

第 3 章　永州的主要天气过程及其预报 ……………………………………………… (19)

3.1　寒潮大风天气过程及其预报 …………………………………………………… (19)

3.2　低温雨雪冰冻过程及其预报 …………………………………………………… (23)

3.3　大雾的天气气候特征及其预报 ………………………………………………… (33)

3.4　连阴雨天气过程及其预报 ……………………………………………………… (36)

3.5　强对流天气及其预报 …………………………………………………………… (44)

3.6　华南静止锋天气过程及其预报 ………………………………………………… (47)

3.7　西南低涡天气过程及其预报 …………………………………………………… (50)

3.8　副热带高压系统 ………………………………………………………………… (59)

3.9　热带气旋 ………………………………………………………………………… (66)

参考文献 …………………………………………………………………………… (87)

第 4 章　永州的暴雨 …………………………………………………………………… (88)

4.1　暴雨的气候特征 ………………………………………………………………… (88)

4.2　永州暴雨的基本天气系统类型 ………………………………………………… (89)

4.3　暴雨的主要影响系统 …………………………………………………………… (94)

4.4 地形对暴雨的影响 ·· (96)

4.5 天气形势图型模式预报方法 ·· (99)

4.6 单站气象要素暴雨预报方法 ··· (101)

4.7 一次区域性大暴雨过程的中尺度分析 ······································ (102)

参考文献 ··· (108)

第5章 永州的山洪地质灾害 ··· (109)

5.1 山洪地质灾害概况 ··· (109)

5.2 山洪地质灾害成因分析 ··· (112)

5.3 地质灾害气象预报预警 ··· (113)

5.4 山洪地质灾害典型个例 ··· (115)

参考文献 ··· (116)

第6章 数值预报产品释用方法 ··· (117)

6.1 数值预报产品的统计释用方法 ··· (117)

6.2 暴雨数值预报产品释用方法 ··· (119)

6.3 一种用数值预报产品做雨季结束预报的方法 ································ (121)

参考文献 ··· (125)

第7章 永州的雷达回波特征分析 ··· (126)

7.1 雷达回波的识别 ··· (126)

7.2 暴雨回波特征 ··· (133)

7.3 降雪回波特征 ··· (142)

7.4 强对流回波特征 ··· (143)

7.5 典型冰雹天气过程个例分析 ··· (148)

参考文献 ··· (151)

第8章 卫星资料在预报业务中的应用 ··· (152)

8.1 气象卫星和卫星云图的种类 ··· (152)

8.2 天气系统的云图特征 ··· (155)

8.3 一次深秋强降水天气过程分析 ··· (161)

参考文献 ··· (165)

第9章 永州气象业务与专业气象预报系统 ····································· (166)

9.1 业务系统工作平台简介 ··· (166)

9.2 永州零陵机场大雾短时预报平台 ··· (172)

9.3 永州暴雨洪涝预报预警系统 ··· (173)

9.4 永州森林火险气象等级预测预报系统 ····································· (175)

9.5 小流域山洪灾害动态评估系统 ··· (178)

9.6 永州市气候统计分析业务系统 ……………………………………… (182)

9.7 永州新一代天气雷达台站级业务平台 ………………………………… (184)

参考文献 …………………………………………………………………… (186)

附录 1 永州防汛基本知识 ………………………………………………… (187)

附录 2 重要强对流参数及其计算技术 ………………………………… (192)

第1章

永州的地理地貌

1.1 永州地理地貌的基本特征

　　永州市位于湖南南部,五岭北麓。东与湖南衡阳市的常宁、郴州市的临武、嘉禾、桂阳相连;南与广东清远市的连州、广西贺州地区的贺州、桂林市的富川交界;西与广西桂林市的恭城、灌阳、全州接壤;北与衡阳市的祁东、邵阳市的邵阳、新宁毗邻(图1.1)。地理坐标为24°39′—26°51′N、111°06′—112°21′E,南北相距最长处245 km,东西相间最宽处144 km,土地总面积合22556.62 km²,占湖南省总面积的10.55%,占全国总面积的2.3‰。

　　永州市境内地貌复杂多样,奇峰秀岭逶迤蜿蜒,河川溪涧纵横交错,山冈盆地相间分布。

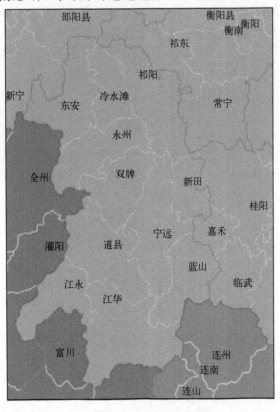

图1.1　永州市地理图

在全市 22556.62 km² 土地总面积中，平原面积 3207.08 km²，占 14.29％；岗地面积 3999.02 km²，占 17.81％；丘陵面积 3258.21 km²，占 14.51％；山地面积 11099.75 km²，占 49.45％。从总体上看，全市大体呈现"七山半水半分田，一分道路和庄园"的格局。基本特征可以概括为以下 3 个方面：

三山围夹两盆地，呈向东北倾斜的山字形地貌轮廓。越城岭—四明山系雄踞西北，萌渚岭—九嶷山系矗立东南，都庞岭—阳明山系横插中部，将永州分隔成南北两大相对独立的部分。在三大山系及其支脉的围夹下，构成南北两个半封闭型的山间盆地。位于北部的零祁盆地，面积达 5731.18 km²，占境内盆地总面积的 45.5％。盆地内地势低平开阔，耕地连片延伸。盆地周围由北面的四明山、西北的越城岭、南面的紫金山、东南面的阳明山相环绕，东北向衡阳盆地敞口。南部道江盆地，面积 6862.60 km²，占境内盆地总面积的 54.5％。盆地内丘岗起伏，耕地连片。盆地东面向郴州、永兴盆地开口，西南呈狭长谷地向江永、江华南部延伸，形成串通湖广的交通走廊。盆地外周由北面的阳明山、西北的紫金山、西面的都庞岭、南面的萌渚岭—九疑山围隔而成。

永州市西南高，东北及中部低，地表切割强烈。从全国地形看，永州位于由西向东倾降的第二阶梯与第三阶梯的交接地带，是南岭山地向洞庭湖平原过渡的初始阶段。西北、西、西南三大山系，山体巍峨蜿蜒，山峰高达千米以上。都庞岭的峰顶韭菜岭，海拔 2009.3 m，是全市最高点。东北及中部，丘岗星罗棋布，谷盆相嵌，海拔一般在 300 m 以下。湘江河谷祁阳唐家岭的九洲，海拔 63 m，是全市最低点。全市相对高差 1946.3 m，比降达 2.7％～20％，切割深一般为 300～700 m，最深达 800～1000 m。纵观全市地势，大体是西部和西南高，东北及中部低，以三大山系为脊线，呈环带状、阶梯式向两大盆地中心倾降（图 1.2）。

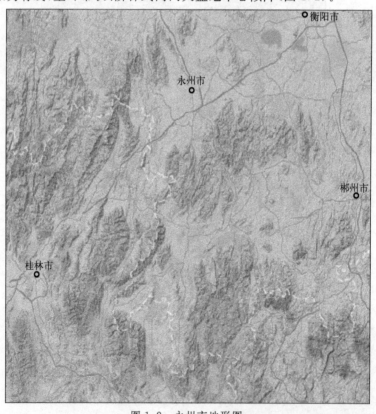

图 1.2　永州市地形图

地貌类型复杂,以丘岗山地为主。全市地貌类型发育,在历次构造运动、岩浆侵入以及地表水的长期风化剥蚀下,形成了以山丘地为主体,丘、岗、平俱全的复杂多样的地貌类型。全市有中山、中低山、低山总面积 11044.53 km²,占全市总面积的 49.5%。丘陵 3242 km²,岗地 3979 km²,平原 3191 km²,水面 880 km²,分别占总面积的 14.5%、17.81%、14.29% 和 3.94%。

1.2 永州山脉丘陵和河流

1.2.1 主要山脉丘陵

永州山地面积大。境内峰峦叠嶂,雄伟壮观。主要山脉有越城岭—四明山系、都庞岭—阳明山系和萌渚岭—九嶷山系(图 1.3)。

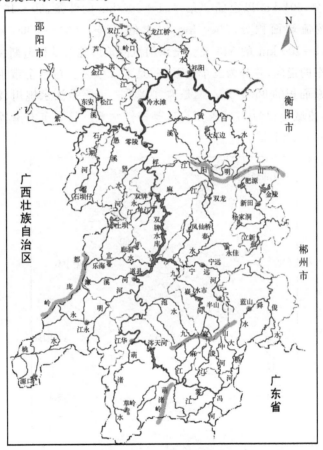

图 1.3 永州市主要山脉

越城岭—四明山系:越城岭自西南向东北,由广西插入东安县境。其余脉舜皇山、牛头寨山、四明山等折转向东,横跨东安、祁阳、冷水滩三县区北部边境,构成阻隔西北寒流入侵永州的天然屏障。越城岭—四明山系高峻陡峭,平均海拔 1500 m 以上的山峰有金字岭、紫云山、高挂山、大界岭、牛头歧等 21 座。海拔 1000 m 以上的山峰有 85 座。海拔 800 m 以上的山峰有 154 座。

都庞岭—阳明山系:都庞岭大致成南北趋向,虎踞于湘桂边陲。其支脉紫金山、阳明山折转向东,横贯永州中部,将永州分隔为南北两大区域。都庞岭—阳明山系蜿蜒 200 km 有余,构成境内江永、道县、双牌、零陵、祁阳、宁远等 6 县区的主要山地。都庞岭—阳明山系群峰起伏,到处崇山峻岭。其中海拔 1500 m 以上的山峰有韭菜岭、阳明山、杉木顶等 35 座,海拔 1000 m 以上的山峰有 472 座。

萌渚岭—九嶷山系:萌渚岭是湘粤桂三省区的自然界岭,又是长江水系与珠江水系的分水岭。山系南北、东北走向,属南岭山脉纬向构造带。山系群峰高耸,苍山如海。海拔 1500 m 以上的山峰有大龙山、癫子山、姑婆山、黄龙山、团圆山、紫良界岭等 44 座,海拔 1000 m 以上的山峰有 1091 座。

1.2.2 永州的水系与主要河流

永州是一个河流密布、水系发达的地区(图 1.4)。全市共有大小河流 733 条,总长 10515 km。按长度分,301 km 以上的 2 条,101～300 km 的 2 条,50～100 km 的 14 条,5～49 km 的 590 条。按流域面积分,5000 km² 以上的 2 条,1001～5000 km² 的 7 条,101～1000 km² 的 55 条,11～100 km² 的 543 条。全市河流受地形地貌及构造断裂带的控制,大都呈由南向北或自西向东的走向,并分为三个水系:一是湘江水系。包括全市主要河流,流域面积 21464 km²,占全市总面积的 96.09%。二是珠江水系。主要是江永桃川、江华河路口一带及蓝山的一部分小河,流域面积为 77.8 km²。三是资江水系。只有东安南桥、大盛部分地方的小河属之,流域面积 101.3 km²。

图 1.4　永州市水系图

永州境内的水系主要有以下 3 个特征：一是河流纵横，呈树枝状分布。全市绝大多数河流从西北、中部、南部三大山系发源，穿山绕岭，逐级汇流，形成树枝状流域网，汇集于潇湘二水，最后从零祁盆地东北口流出，注入洞庭湖。二是河流水量大，易涨易涸。全市河流总水量占全省河流年均总水量的 11.1%。其水源主要靠自然降水，因而年内各季的水位变化大。春末夏初的暴雨期，各河流会出现短期洪汛，水位差在 5～18 m，径流量超过正常值的几倍甚至几十倍。而秋冬枯旱时，河流就会涸浅，有的甚至会断流。三是河床坡降大，谷深流急。南岭山地相对高差大，地势比降达 2.7%～20%。穿越这里的河流下切，河道窄而切割深，水流湍急，落差集中。

区内流域面积＞1000 km² 的河流有 9 条，即湘江、潇水、紫溪水、芦洪江、祁水、白水、永明河、宁远河、新田河(图 1.5)。

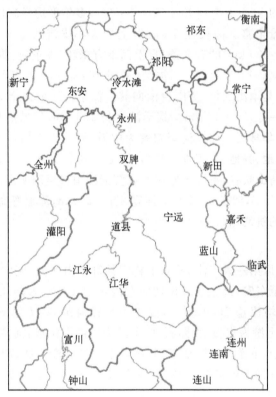

图 1.5　永州市主要河流分布图

(1)湘江

发源于广西壮族自治区兴安县海洋山西麓，流至广西全州县汇入灌阳河及万乡河，由广西全州县庙头乡流入东安县渌埠头入境。

湘江干流自广西进入零陵地区后，先纳紫溪河、石期河，在萍岛会潇水后水量大增，之后又纳芦洪江、老毛江、祁水和白水等较大支流，最后在祁阳县唐家岭九洲进入衡阳常宁县境。其入境多年平均流量为 297 m³/s，出境多年平均流量为 793 m³/s；在本区内流长 223 km，占总长的 26.1%；流域面积 21491 km²，占总流域面积的 22.7%。

湘江在永州萍岛以上为上游，流域面积 9240 km²，占流域总面积的 9.8%。沿河多中、低山地貌,海拔高程 500～1500 m,河谷一般呈"V"形,河宽 110～140 m。河床由板岩、砂卵石组成,纵坡 0.9‰～0.45‰,滩多水急,水位陡涨陡落。萍岛至衡阳间为中游,其中萍岛至祁阳九洲出口段,沿河多中低山地貌,海拔高程 150～200 m,有局部盆地错落其间,尤以零祁盆地最大。该河段长 157 km,河宽 250～600 m,最宽处达 1000 m,水量丰富,水质较好,水流较深,终年可通航,是零陵地区的最大河流。其河床由砂卵石、泥沙组成,间有砾石河段,尤以熊黑岭峡谷段最为显著。

(2)潇水

属零陵境内内河,是湘江上游的一级大支流。《水经注·潇水》载:"潇者,水清深也。"因其中上游两岸树木葱绿,水流清澈幽深,故名"潇水"。西汉时又称"大深水",其干流发源于蓝山县野狗山南麓,流经蓝山、江华、江永、宁远、道县、双牌、永州。至永州萍岛注入湘江。干流长 354 km,流域面积 12099 km²,多年平均流量 345 m³/s,多年平均径流量 108.8 亿 m³。

潇水河网密布,水量丰富。河长在 5 km 以上的大小支流共 308 条,一级支流流域面积 >100 km² 的有 2l 条,>300 km² 的有 9 条,自上而下有辇江、岑东河、萌渚水、蚣坝河、永明河、宜水、宁远河、浮江、贤水。其出口多年平均径流总量 104 亿 m³,年产水量 86.3 万 m³/km²。

潇水流域地势大致是南高北低,流向自南向北。江华涔天河以上为上游,均是高山峻岭,河道行经山谷间,河宽一般 50～150 m。其干流全长 133 km,流域面积 2466 km²,两岸长满松、杉,是全省有名的江华林区。涔天河至双牌为中游,河长 155 km,河道行经在道江盆地和阳明山系之间。该段洼地、谷地、岩溶荒山较多,河宽一般在 100～200 m。沿河有拐子昂至江村、镰刀湾至双牌二段高山峡谷,道江平原展布在涔天河山口至阳明山南麓之间。双牌至河口为下游,流域面积 1500 km²,河长 66.3 km,河宽 200～250 m,河道弯曲,沿河两岸有较高的台地,五里牌以下有成片的耕地,属丘陵盆地地貌。

(3)紫溪河

是湘江进入零陵地区第一大支流,发源于新宁县狮子山西南,流向自西向东经大庙口、白沙,至紫溪后折向东北至东安,过小江口再转向东南至大江口汇入湘江。其全长 72 km,流域面积 1011 km²,多年平均流量 26.9 m³/s,多年平均径流量 8.47 亿 m³,河流坡降紫溪以上 12‰,以下 1.3‰;河床上游为岩板、大卵石,中下游为砂卵石组成,河宽 50～80 m,滩坝较多;两岸上游系高山峡谷,中、下游为丘陵地带;紫溪以下河道逐渐开阔,两岸地势平坦,是水稻产区。紫溪河流域内 5 km 以上各级支流 17 条,水量较丰;地质多为石灰系,熔岩发育,舜皇岩天然溶洞坐落在大庙口附近。

(4)芦洪江

湘江一级支流,发源于东安县北部老牛冲西,流向自北向南经东安县猫头冲、毛坪、肖家湾、新圩、伍家桥、芦洪市、贺家村、冷水滩区水汲江、锅凼底至水江口汇入湘江。河长 80 km,平均坡降 2.2‰,流域面积 1069 km²,多年平均流量 21.8 m³/s,多年平均径流量 6.90 亿 m³;5 km 以上各级支流 18 条。其地势西北高,东南低,山地面积约占 40%;伍家桥以上为山区,伍家桥以下为山丘平坦区,沿河两岸台地、平地错布其间,尤其是芦洪市以下地势较平坦,属农耕区。

(5)祁水

属湘江一级支流,发源于邵阳县四明山东侧的九塘凹,流向自北向南,流经祁东县黄泥桥、李凤桥、雷家寺、矮子丘,在窑头铺的石湾村进入祁阳,经双江口、黎家坪、下马渡,在祁阳县城北汇入湘江。河长 114 km,流域面积 1685 km²,多年平均流量 23.9 m³/s,多年平均径流量 7.55 亿 m³,流域呈扇形,流域内 5 km 以上大小支流 21 条。祁水在祁阳境内河长 67.2 km,流域面积 568.2 km²,落差 40.6 m;地势北高南低,地貌除四明山源头区有部分森林,植被覆盖较好外,中、下游均系平坦农区,植被差,水土流失严重,水量不足,属境内干旱区之一。

（6）白水

属湘江一级支流,发源于桂阳县的大土岭,流向自西南向西北,流经桂阳鹅江、常宁蒲竹源与祁阳四家坪、晒北滩、小金洞、下水口、银子源、金洞、黄家渡,至白水汇入湘江。河长 117 km,流域面积 1810 km²,多年平均流量 66.8 m³/s,多年平均径流量 21.0 亿 m³。其中在祁阳境内河长 78 km,流域面积 1071 km²,自然落差 240 m。白水自金洞下游峡谷出口处为上游,山高林密,河道狭窄,水流湍急,是金洞林场区;出口处以下至大江口,河道逐渐开阔,河宽一般在 100 m 以上,下游最宽处达 257 m,两岸平坦,系农业区。

白水流域内,峰峦起伏,植被良好,降水充沛,水量丰富,年平均径流量 9.16 亿 m³,年产水量 115.2 万 m³/km²。其河床落差大,是祁阳县水力资源开发的重要河流。

（7）永明河

属潇水一级支流,湘江二级支流,发源于江永县凉伞界,流向自西向东经古宅、江永县城、上江圩,于道县岑江渡汇入潇水。河长 82 km,流域面积 1216 km²;多年平均流量 42.6 m³/s,多年平均径流量 13.5 亿 m³。流域内 5 km 以上大小支流共 36 条,主要支流有白地水、罗江、草原水、阳家台水、紫云水、樟木水等 6 条。地势西南部高,东北部低,江永县城以上为山区,植被覆盖较好;县城以下为丘陵区。上游以砂页岩为主,下游以石灰岩为主。其河床上游多为鹅卵石,下游为砂卵及黄沙泥组成,江心多洲,沿河多坝,年均径流总量 12.8 亿 m³。

（8）宁远河

属湘江二级支流,是潇水最大的一级支流,发源于阳明山南麓,流经宁远的清水桥、仁和坝、保和、道县油湘,至道县青口村流入潇水,全长 106.5 km,坡降 2.5‰,流域面积 2619 km²,多年平均流量 68.4 m³/s,多年平均径流量 21.6 亿 m³。流域内共有大小支流 78 条,其中春陵水、九嶷河、仁江三条支流最大。

宁远河介于阳明山系与九嶷山系之间,地势北、东、南三面高山环绕,向西敞开,呈马蹄形,植被一般。其高山地带多为喀斯特地形,中部丘岗盆地及沿河两岸多为黄、红、黑色黏土和沙壤土,沿河上下坝极多,年径流总量 20.7 亿 m³,年产水量 79.1 万 m³/km²。

（9）新田河

是春陵水的一级支流,发源于新田县林家源的林坑坳,流向自西北向东南经新田火烧铺、黄公塘、骥村,新田县城、道塘、新圩、新隆,至马鞍坪汇入春陵水,全长 70 km,流域面积 1668 km²,坡降 1.78‰,多年平均流量 35.7 m³/s,多年平均径流量 11.3 亿 m³。境内 5 km 以上的支流 26 条,其中车溪河、石羊河、日东河是 3 条主要支流。其地势西北高、东南低,山地面积约占 30%,山地长有松、杉、竹林,植被覆盖一般。河道上游有肥源、金陵两座中型水库,两水库以下河道蜿蜒曲折于丘岗地带,河宽 40～60 m。新田县城以下两岸逐渐开阔,沿河两岸台地、平地错落其间。该河年平均径流量 10.95 亿 m³,年产水量 65.6 万 m³/km²,产水量之少仅次于祁水,属境内干旱少水地区。

（10）其他河流

石期河：湘江一级支流，全长 77 km，流域面积 907 km²。

老毛江：全长 60 km，流域面积 325 km²。

岑东河：潇水一级支流，河长 48 km，流域面积 335 km²。

萌渚水：潇水一级支流，河长 84 km，流域面积 856 km²。

宜　水：又名袂水，潇水一级支流，河长 72 km，流域面积 935 km²。

蚣坝河：潇水一级支流，河长 68 km，流域面积 475 km²。

毛俊河：又名俊水，春陵水一级支流，河长 50 km，流域面积 484 km²。

桃　水：流入珠江水系，属广西恭城河的上游，在永州内流域面积 624.6 km²。

据老埠头 1956—1991 年实测资料证实，湘江老埠头多年平均水位 94.15 m，最高洪水水位 104.18 m（1976 年 7 月 10 日），最低水位 92.72 m（1966 年 10 月 7 日）；多年平均流量 632 m³/s，洪峰最大流量 14700 m³/s，枯水最小流量为 23.8 m³/s。

潇水道县水文站 1959—1991 年实测资料表明：多年平均水位 167.21 m，最高洪水位 175.46 m（1961 年 4 月 20 日），最低水位 166.28 m（1960 年 2 月 28 日）；多年平均流量 180 m³/s，洪峰最大流量 6250 m³/s，枯水最小流量 6.02 m³/s。

参考文献

永州市地方志编纂委员会.2001.零陵地区志(修改版).长沙:湖南人民出版社.

永州市水利局.2000.永州水利(内部发行).

第 2 章

永州的气候概况及气象灾害

2.1 永州气候基本特征

永州市地处湖南南部,南岭北麓,境内有都庞岭、越城岭和萌渚岭、九嶷山及阳明山、紫金山三大山系围夹零祁、宁道两大盆地,呈现向东倾斜的"山"字形地貌总轮廓,山高坡陡河谷深。

永州市地处中亚热带大陆性季风湿润气候区,既具温光丰富的大陆性季风气候特点,又有雨量充沛、空气湿润的海洋性气候特征。气候温暖,四季分明;光热充足,无霜期长;春温多变,寒潮频繁;春夏多雨,夏秋多旱;严寒期短,夏热期长。

永州市气候要素时空分布不均,山区高差悬殊,立体气候明显,水热分布差异大,局部小气候复杂。气象灾害繁多,暴雨洪涝、高温干旱频繁,"三寒"明显,雷雨、大风、冰雹年年成灾,连阴雨、雪灾冰冻常有发生,及其诱发的气象衍生灾害如山洪、泥石流、地质灾害、渍涝、森林火灾、农林病虫害等连年不断,给人民的生命财产和经济建设造成巨大损失。

2.1.1 气候温暖,四季分明

永州市年平均气温为 18℃左右,大部分年份在 17~19℃,南部高于北部,盆地高于山区。最高年温出现在道县 2007 年 19.6℃,最低年温出现在江华 1984 年 16.7℃。若以 1、4、7、10 四月来表示冬春夏秋四季,最冷月 1 月平均气温在 6~7℃以上,南部高于北部;春秋两季平均气温在 17~19℃以上,秋温高于春温;最热月 7 月平均气温在 27~29℃以上,北部高于南部。从年平均气温和各季气温来看,永州市气候是比较温暖的。

永州市四季分明,春季温暖,夏季暑热,秋季凉爽,冬季湿冷。根据气候上常用的标准,以候平均气温<10℃为冬季,>22℃为夏季,在 10~22℃为春季或秋季。永州市一般在 3 月上旬入春,南部早于北部;5 月中旬入夏,可长达四到五月之久;10 月初入秋,一般仅两个月;12 月上旬,冬季景象已经来临,北部早于南部。总的看来,永州市夏季最长,冬季次之,秋季最短,春季次短,四季分明。

2.1.2 光热充足,无霜期长

日平均气温稳定≥5℃是大部分植物开始萌芽和缓慢生长的温度指标,永州市时段是从 2 月中旬到 12 月底,长达 310 d 左右,期间积温为 6300℃·d 左右;稳定≥10℃是大部分农作物生长活跃的温度指标,永州市时段是从 3 月下旬到 11 月下旬,长达 250 d 左右,期间积温为 5600~5700℃·d;稳定≥15℃时水稻、棉花等喜温作物能迅速生长,永州市时段是从 4 月中旬到 10 月下旬,长达 200 d 左右,期间积温为 4900~5000℃·d;稳定≥20℃时段是从 5 月中旬到 10 月上旬,长达 150 d 左右;稳定通过 10℃初日至 20℃的终日为双季稻安全期,长达 200 d 左右。无霜期为 290～330 d。永州市平均年日照时数为 1400～1600 h,日照百分率为 30%～40%,太阳总辐射量 110 kcal/cm² 左右。且 4—10 月的总辐射、积温占全年的 70%～85%。由此可见,永州市光热丰富,生长季长,有利于农业生产的发展。

2.1.3　春温多变,寒潮频繁

春季为冬夏过渡季节,是永州市一年中冷空气活动最多的时段,由于冷暖空气进退频繁,造成春温变化异常剧烈。春季气温年际变化较大,3、4 月平均气温最高年和最低年相差 6～7℃。"春似孩儿脸,一日有三变"说明了春季晴雨和冷暖的变化无常。永州市 3—4 月平均有 6 次冷空气入侵,一般 7～10 d 就有一次,一般较强的冷空气过程降温幅度在 10℃以上,甚至可达 20℃以上。例如永州市 1988 年 3 月 15—17 日的寒潮过程,日平均气温降温幅度达 26.9℃。天气变化剧烈,乍暖乍寒,寒潮频繁,容易造成倒春寒或五月低温等低温阴雨天气;冷暖空气交绥还时常带来强对流天气,其中 4 月发生雷雨、大风、冰雹等天气居全年之首。

2.1.4　春夏多雨,夏秋多旱

永州市平均年降水量为 1300～1600 mm,大部分年份在 1200～1700 mm,最多年降水出现在蓝山 2002 年 2376.7 mm,最少年降水出现在东安 2007 年 845.0 mm。春夏两季,雨水集中,强度大,4—6 月降水占全年总量的 40%以上,有的年份可达 60%,这就是永州市的雨季。雨季里短时强降水,常造成洪涝灾害,每年 4—6 月是防汛关键时期。6 月以后,雨季结束,境内受副热带高压控制,久晴不雨,气温高,蒸发大,常造成规律性的干旱,夏秋季节缺水干旱的年份频率在 50%～70%。所以春夏多雨、夏秋多旱是永州市又一气候特点。

2.1.5　严寒期短,夏热期长

冬季永州市虽处在冬季风控制下,但极地大陆气团经过长途跋涉才影响境内,因而变性甚大,寒威锐减,温度增高,水汽含量增多,故形成降水天气时,多雨水而少冰雪;若以候平均气温＜0℃来表征严寒期,大部分年份没有严寒期,平均只有 2～3 d 日均气温＜0℃的严寒天气,仅有 3～7 d 降雪日数。故永州市严寒期短,冰雪少见。夏季,境内受副热带高压控制,天气晴朗,气温高,因而炎热异常,平均有 20 d 左右日最高气温≥35℃的高温天气。若以候平均气温＞28℃作为夏热期,则永州市 7 月上旬到 8 月上旬为夏热期,长达一月以上;而江华、江永一年中候平均气温均不到 28℃,基本无夏热期。

2.2　永州山脉丘陵对天气气候的影响

永州市位于湖南省南部、南岭山脉的北麓;境内群山连绵,丘岗起伏,地貌类型多样。萌渚岭、九嶷山分布在江华及道县、宁远、蓝山部分地区,由西南向东北伸展,海拔在 1250～1960 m;都庞岭位于江永、道县的西北部之湘桂交界处,海拔为 1160～2009 m;越城岭主要坐落在广西,呈西南—东北走向,伸入永州市东安境内,海拔在 1000 m 以上;紫金山、阳明山横亘于永州市中北部,主峰海拔 1625 m,形成一道天然屏障,对永州市气候起着重要影响,北部为祁、冷、永丘岗盆地,南部为宁、道、江灰岩盆地。

2.2.1　南岭山脉对永州市气候的影响

南岭山脉是我国气候上的重要分界线,对永州市气候有很大影响。南岭山脉高度大都在

1000 m 以上,很多山峰超过了 1500 m,对永州市气候有着明显的屏障作用。冬春季节冷空气南下到南岭北侧,就容易受其阻挡而静止下来,只有比较深厚的寒潮或强冷空气才可以越过南岭而侵入两广,因而使得永州市冬季气温比较低;夏半年,对南方吹来的暖湿空气也有明显的阻尼作用,同时由于暖湿空气遇山被迫抬升,容易凝云致雨,使南坡多雨,北坡相对少雨。盛夏当副热带高压控制湘中一带时,低空盛行的偏南风,越过南岭而产生"焚风效应",使得南岭北坡雨量相对较少。

萌渚岭、九嶷山位于永州市的最南部,东部与临武县、广东省连州市相邻,南部与广西接壤,面积包括以九嶷山为主体,还有葫芦岭、小(大)龙山、豺狗岭、姑婆山等大山在内的群山山区,分属萌渚岭范围,山体主峰粪箕窝海拔 1959 m,地形地势复杂多样,气候条件垂直差异明显。属于南岭横断山脉的萌渚岭,山峰起伏叠嶂,对气候影响非常显著,北方南侵的冷空气经过阳明山的屏障作用后势力受到一些削弱,来到九嶷山区已是强弩之末,故热量条件要优于阳明山区;南方的暖湿气流进入本区又首先要爬越其上,因而最先当受暖湿气流施给的水汽,雨量也较阳明山区多,为全市的多雨区之一,年降水量在 1500 mm 以上,中心区可达 1984 mm。

宁、道、江盆地地处南岭北侧,四周为阳明山、都庞岭、萌渚岭、九嶷山所围绕,区内丘岗平缓起伏,水平气候差异较小,热量极其丰富,春温多变,雨量充沛。春季冷空气南下后,易生成南岭静止锋天气,当锋面南北摆动时,造成温度大幅波动,不时急降急升或长期阴雨低温维持。

2.2.2　阳明山区对永州市气候的影响

阳明山区地形复杂,热量较少,雨量充沛,为立体型气候。横贯永州市中部的紫金山、阳明山等大片山地,地形高耸、山峦起伏,断续成簇,海拔多在 400 m 以上,主峰阳明山 1625 m,对北方入侵本区境内的冷空气起着明显的屏障作用。本区热量少、光资源较少,降水却非常充沛,成为全市多雨中心之一;海拔 700 m 以上多云雾缭绕,早晚多露湿大,冬季多冰冻;雨季长,雨量多,年降水量>1500 mm,祁阳县的白果市>1800 mm,双牌县的阳明山林场和司仙坳接近1700 mm,成为多雨中心区。概括起来为春雨绵绵天气寒,夏热不长秋风凉,冬季冰雪常年有,云雾缭绕照山头,雨量充沛湿度大,山高水冷少日光,地形复杂差异大,气候类型有多样。其北部祁、冷、永盆地为越城岭、四明山与阳明山区所夹持的广大平丘区,海拔一般在 300 m 以下,地势平坦开阔,其中丘岗起伏平缓,区内热量丰富,光照充足,夏秋易旱。

2.2.3　丰富多样的气候类型

永州市属于中亚热带大陆性季风湿润气候,南部有向南亚热带延伸的特点;这种气候既有温光丰富的大陆性气候特色,又有雨水充沛、空气湿润的海洋性气候特点,对于发展农业来说,确实是一块得天独厚的"宝地"。冬半年受冷空气影响,气候寒冷干燥,秋冬降水较少,夏半年受副热带高压控制,气候温暖湿润,春夏雨水较多。由于气候的地带性与地形的非地带性交错影响,形成水热条件的再分配,构成了永州市丰富多样的气候类型,温光水的地域和垂直差异大,立体层次明显。

(1)地形复杂,气候地域差异大

永州市是个七山半水半分田、剩下道路和庄园的山丘区,地形地貌比较复杂,气候的地带性与地形的非地带性交错影响,形成了光、热、水的重新分配,因而地域的差异十分明显。如宁远与蓝山是相邻的两个县,从地理纬度来讲,蓝山位置还偏南,海拔高度相差74 m,由于地形地势的影响,两地的气候相差很大。宁远为南北高,中部低平的山间盆地地貌,冬半年冷空气南下受北部阳明山屏障的影响,越山后引起下沉增温,盆地结构增温快、散热慢,因而年平均气温比蓝山高 0.5℃,最低气温比蓝山高 1.6℃,年日照时数比蓝山多 187 h;蓝山则为三面环山、南高北低,向北开口的丘岗地貌,秋冬季节,北方冷空气易进难出,受山脉的阻挡易于堆积或静止,所以温光条件不及宁远;春夏季当冷暖气团在该县交锋时,易造成强烈的辐合抬升,加之蓝山位置偏东南,夏秋季受登陆台风外围影响和地形雨作用,致使降雨量多、强度大,所以年降水量比宁远多 113.7 mm。

就一个县的范围来讲,由于地貌、土壤、植被不同,也形成光温水在地域之间的明显差异。如宁远县城与九嶷、太平两地比较,县城为一开阔的平地,土层深厚、光照充足、热量条件好。太平为灰岩溶积的丘岗台地,石山屹立,洼地相间、起伏不平,森林植被少,光山秃岭多,夏季升温快,冬季受冷空气影响时,降温幅度大;雨量少,夏秋多干旱,春季多雹灾,素有"乌风暴雨火烧圩"之称。九嶷为山间小盆地,四周高山环绕,日照时间短,获得的热量少,因而年温较低,加之森林的调节作用,湿润多雨,夏季升温弱,冬季受冷空气影响降温缓慢,故年较差小,冬冷夏凉。

(2)气候垂直差异大,立体层次明显

永州市山地多,气候垂直差异大,立体气候明显,形成了复杂多样的气候类型。从 300 m 以下的低丘平原,到 1000 m 以上的中山,其气候变化大体相当于向北推进了 7～10 个纬度,横跨了中亚热带、北亚热带和暖温带几个气候带,几乎近似于黄河流域和华北平原的热量条件。如九嶷山的高塘坪气象哨(海拔 1040 m)年平均气温为 13.5℃,比蓝山县城(277 m)低 4.4℃,它的年温相当于河南安阳的年温(13.6℃)。这种因高度不同的多层次气候,也是永州市生物资源丰富,熟制多种多样的重要原因。

山地气候不同于平丘区,主要有以下特点:一是山地气温年较差比平丘地小 1.5℃ 左右。二是山间盆地平均日较差比平丘区大 1～3℃。三是山地降水量比平丘地多,年降水量一般可多 300～500 mm;不同坡向的降水是南坡多于北坡,如九嶷山南坡的江华竹瓦、蓝山大麻,年降水量分别为 1984 mm 和 1749 mm,而处于北坡的宁远半山、道县鸭头坳只有 1577 mm 和 1631 mm,前者比后者要多 100～400 mm,尤以春夏季最为明显(表 2.1)。这是由于山脉对气流有阻滞和抬升作用,造成强烈的辐合,迎面风往往降水较多。山地降水多除受地形影响外,还由于森林覆盖好,树冠蒸腾水汽含量大,有利于成云致雨。四是山地由于山体遮蔽,云雾多,湿度大,日照少。

表 2.1　不同坡向降水量对比(单位:mm)

山系	坡向	地点	1月	4月	7月	10月	年总量
九嶷山	南坡	竹瓦	92	275	213	95	1984
		大麻	88	223	152	122	1749
	北坡	半山	75	195	127	101	1577
		鸭头坳	81	210	132	101	1631
紫金山	南坡	司仙坳	73	219	187	96	1689
	北坡	双牌	62	173	115	83	1259

(3)丰富多样的"暖区"、"暖带"资源

永州市地理纬度较低,南与"两广"交界。由于山地地形影响,许多地方有面积相当大的"暖区"和"暖带"存在,这是永州市气候"得天独厚"之处。据资料统计分析,本市有八大"暖区",其分布为:北部的祁阳、白水河谷盆地,端桥铺、石期市一带;中部有双牌的江村、理家坪马蹄形暖区,道县—宁远河谷盆地,新田河谷盆地;南部有江永桃川盆地,江华涛圩、沱江河谷地带,大圩、码市山间盆地。新田河谷盆地背靠阳明山,由于山脉的屏障作用和焚风效应,形成一个较大的暖区。新田的年日照时数达1574 h,均比邻近县多。因不同地形的影响,邻县桂阳为一南北气流的通道,地势也较高,两地温度差异很大,新田年平均气温比桂阳高0.8℃,说明新田河谷暖区的效应十分明显。

桃川河谷盆地位于江永西南部,总面积约320 km²,人称"好鸟难飞桃川洞",境内地形平坦、开阔,桃水穿流而过,四周为都庞岭环抱,东北和北部是海拔800~1000 m的崇山峻岭,对北方冷空气南下,起到屏障的作用,当冷空气爬过高山,下沉到桃川洞时,容易发生增温变性;加之,背北向南的盆地地貌,形成桃川洞优越的农业气象条件,与邻近同纬度进行比较,这里热量条件极为丰富,堪称全省之冠,表现为:年温高、积温多、冬季温暖、日较差大。据资料统计,桃川年平均气温为18.7℃,比同纬度的蓝山高0.8℃,比临武高0.7℃,比江永县城高0.5℃。桃川盆地春季升温快,回暖早,秋季降温迟而缓,冬季比较温暖,盆地地形有利于白天增温,夜间冷空气下沉,加之土壤多为砂质和石灰岩,热容量小,白天增温快,夜间辐射冷却强,因而日较差大。特别是本市江华、江永一些群山连绵的山间盆地,呈封闭式地形,冷空气不易入侵,这些地方气候湿润,冬季比较温暖,具有南亚热带的气候特色,冻害较轻。

"暖带"即逆温层,一般出现在连绵群山,下有溪谷、盆地的山腰地带。据考察资料分析,一般在秋冬季节辐射冷却的晴天日子里有两个逆温层,第一层相对高度在50~100 m,第二层相对高度在300~500 m。

总之,由于受季风气候和地理地形因素的影响,形成了本市四季分明、冬冷夏热和年际变化大的特点,灾害性天气较多,低温冷害明显,旱涝比较频繁。冬半年冷空气活动,由于受南岭山脉的阻挡,易进难出,造成冬季气温比邻省同纬度地区要低,极端最低气温可达−8.4℃;夏季由于盆地地形和多石灰岩地质,受热增温快,热量不易散发,加之偏南气流越过南岭时又有一定的焚风效应,因此夏热期长,极端最高气温可达40℃,日最高气温>35℃的天数平均有20 d左右,最多年可达60 d以上,说明寒热的差异比较大。

2.3 主要气象要素分布特征

2.3.1 气温的分布及变化

永州市地处亚热带地区,太阳辐射较强,气温较高。太阳总辐射量101.5~133 kcal/cm²,多年年平均气温在18℃左右,大部分年份在17~19℃,南部高于北部,平丘高于山区(图2.1)。最高年温出现在道县2007年19.6℃,最低年温出现在江华1984年16.7℃。

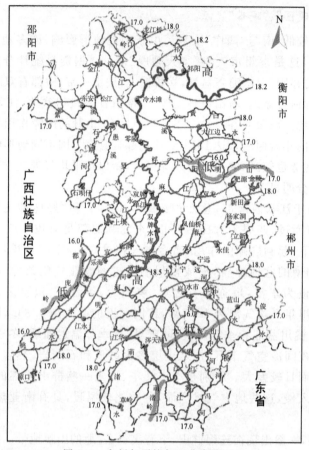

图 2.1　永州年平均气温分布图(℃)

由于太阳辐射和季风环流的影响,气温在一年中有着明显的季节变化(图 2.2),夏季气温最高,冬季气温最低,春、秋两季则是冬、夏之间的过渡时期。

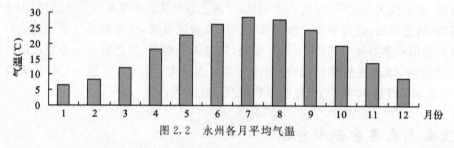

图 2.2　永州各月平均气温

冬季是冬季风盛行的时期,最冷月 1 月平均气温为 6～7℃,南部高于北部,最低月均温出现在零陵 1977 年 1 月 1.5℃,冬季是一年极端最低气温出现的时段,极端最低气温在 0℃以下,历史最低出现在祁阳 1977 年 1 月 30 日－8.4℃。春季是冬夏过渡期,气温暖和,4—5 月升温明显,是春暖夏热之际。夏季是夏季风盛行的时期,最热月 7 月平均气温在 27～29℃以上,北部高于南部,最高月均温出现在祁阳 2003 年 7 月 32.4℃,夏季是一年极端最高气温出现的时段,极端最高气温在 36～38℃以上,历史最高可达 40℃以上,其中祁阳 2003 年 8 月 3 日出现了 41.7℃。秋季是夏冬过渡期,气候凉爽,10—11 月降温明显,是秋凉转秋寒之际。但春季(17～18℃)比秋季气温(19～20℃)低,主要因为春季冷空气较秋季频繁得多。

气温年变化较大,气候大陆性较强,具有明显的年周期性,平均年较差在19.1～23.5℃,多数年份在20～23℃,北部大于南部,盆地大于山丘。盆地气温年较差比周边地区大,主要由于盆地特殊地形造成的局地气候,在夏季获得热量多而气温高,在冬季受冷空气侵袭或聚集而气温低。同时这种特殊地形也影响气温日变化,造成盆地气温日较差比周边地区小,气温日变化也具有明显的季节性,气温日较差在一年中盛夏初秋最大,秋春次之,冬季最小。

2.3.2　降水的分布

永州市处在东亚季风气候区域中,受季风环流影响明显,加之地形复杂,使得降水时空分布不均。

境内多年平均年降水量在1300～1600 mm,大部分年份在1200～1700 mm,最多年降水出现在蓝山2002年2376.7 mm,最少年降水出现在东安2007年845.0 mm,南部多于北部,山区多于平丘(图2.3)。

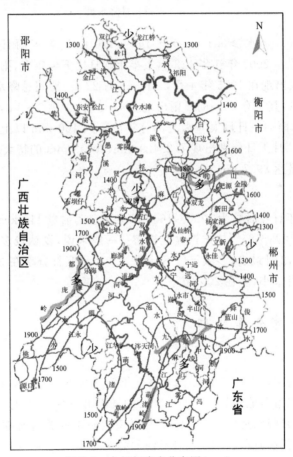

图2.3　永州年降水分布图(mm)

一年中降水主要集中在春夏雨季,约占年总雨量的70%,秋冬季约占30%,春多于夏,秋多于冬,尤以春夏之交4—6月降水最多,占全年总量的40%,具有明显的"五月峰"特点(图2.4)。雨季一般开始于3月中、下旬,结束于6月底7月初。

降水的分布和强度直接影响到旱涝分布,降水集中造成洪涝,降水稀少造成干旱。永州市4—8月是全年多雨期,期间都有可能出现强降水过程,造成洪涝灾害,尤以主汛期4—6月降水最为集中,永州市多数年份在春夏之交以洪涝为主。相反,在雨季结束后的夏秋季节里,在多数年份,由于副热带高压的控制,气温高,降水少,蒸发大,往往造成境内的夏秋干旱。所以说,境内降水前多后少的分布造成前涝后旱,是永州市多数年份的主要降水分布特征(图2.4)。

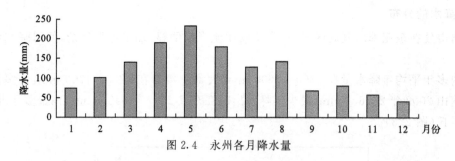

图2.4 永州各月降水量

多年平均年雨日(日降水≥0.1 mm)有160～170 d,最多年雨日出现在1975年江华232 d,最少年雨日出现在2003年江华122 d,上半年雨日比下半年多,雨日最多的月份出现在3、4月。最长连续降水出现在1975年4月22日—5月22日,期间总降水达472.2 mm。平均年暴雨日数有4 d左右,其中有80%的暴雨出现在4—8月,少则2～3 d,多则有9～10 d,新田2002年出现了12 d暴雨。一日最大降水大部分年份可达100 mm以上,其中道县2007年6月7日、蓝山2002年7月1日分别出现了224.9 mm、200.3 mm的特大暴雨。道县1974年7月3日1 h最大降水量达89.7 mm。

2.3.3 日照

永州市多年平均年日照时数为1300～1600 h,太阳总辐射量110 kcal/cm² 左右,且4—10月的总辐射占全年的70%～85%。宁道盆地较多。一般来说,夏秋较多,冬春较少,7、8月日照最多,在200 h以上,2月最少,多数年份不足60 h。年日照百分率在30%～40%,7、8月最大,在50%以上,2、3月最小,多在20%以下。

2.4 主要气象灾害分布特征

2.4.1 暴雨洪涝

永州市春夏之交的主汛期(4—6月)降水占全年总量的40%以上,有的年份可达60%,这是本市的雨季。境内宁道盆地多暴雨中心。80%的暴雨出现在4—8月,60%以上的暴雨出现在4—6月,同时4—6月降水集中,所以4—6月是境内防汛的关键时期;另外,8月由于受台风的影响,也是一个多暴雨时段。境内出现洪涝的频率为50%～60%。

永州市的暴雨洪涝灾害主要是以山洪灾害形式存在,短时内雨水集中,暴雨多,强度大,加之山地丘陵,坡陡径流迅速,容易形成山洪水灾。境内山地如越城岭、都庞岭、萌渚岭及阳明山东部是山洪暴发的易发地点。有名的特大洪涝年有1976、1994、2002年。其中2002年降水特多,年降水总量全市在1790～2376 mm,大部分县区刷新历史极大值;与历年同期比,全市年降水偏多3～5成;雨季开始于3月上旬,春夏多涝,秋雨明显,潇水流域出现了"6次洪峰"。

2.4.2 高温干旱

永州市在夏秋两季内,由于副热带高压的长期控制,天气久晴不雨,高温炎热,南风大,蒸发强烈,常造成不同程度高温干旱,旱期频繁,秋旱多于夏旱;多数年份出现了干旱,境内发生干旱的频率高于洪涝。有名的特大干旱年份有 1963 年冬春夏三季连旱、1989—1991 年出现了连续三年大旱、1998—1999 年夏秋冬春四季连旱。其中 1998 年 7 月—1999 年 3 月连续 9 个月降水偏少,期间降水仅为 345.1 mm,偏少 6 成,为历史记录最少值,出现历史上罕见的夏秋冬春四季连旱。

夏旱期间,常伴有高温酷热天气,由于副热带高压的长期控制,高温天气持续,以日最高气温≥35℃来表征高温期,多出现在 7—8 月干旱期,平均年高温日数近 20 d,最多有 60 d 以上。最多连续天数可达一个月以上,其中 2003 年 8 月 3 日祁阳出现了 41.7℃。

2.4.3 低温阴雨

对永州市农业有重要影响的低温阴雨天气主要以三寒(倒春寒、五月低温、寒露风)为主。对早稻播种育秧危害最大的低温阴雨天气是在 3 月下旬到 4 月上旬的倒春寒,倒春寒主要因为春季寒潮造成的强降温、阴雨寡照灾害,有半数以上的年份有倒春寒,个别年份可出现两段。强倒春寒的时段平均气温可比同期低 4～6℃,而且完全无日照,低温阴雨可持续一周以上。最强倒春寒出现在 1988 年 3 月中下旬,15—17 日的寒潮过程,日平均气温降温幅度达 26.9℃,日均气温≤10℃持续天数达 16 d,期间平均气温为 7.7℃,较历年同期低 5～6℃,最低日均气温为 2.4℃。

对永州市早稻幼穗发育危害大的低温阴雨天气是 5 月连续 5 d 日均气温≤20℃的五月低温,影响早稻返青和分蘖,平均 3～5 年出现一次。最强五月低温出现在 1958 年 5 月中旬,日均气温≤20℃持续 10 d,期间平均气温为 15.3℃,较历年同期低 6～7℃,最低日均气温为 10.9℃。

对永州市晚稻抽穗扬花危害大的低温阴雨天气是 9 月的寒露风,平均 3～5 年出现一次,最强的一次寒露风出现在 1997 年 9 月中下旬,早且长,开始于 14 日,持续半个月,期间平均气温为 18.0℃,较历年同期低 5～6℃,最低日均气温为 14.2℃。

2.4.4 冰冻、雪灾、霜冻

冰冻和雪灾是永州市冬季危害较大的冻害,有 50%～60% 的年份有冰冻发生。最长的连续冰冻可达 20 d 以上,连续积雪可达 7 d 以上。

最强的冰冻出现在 2008 年初的特大低温雨雪冰冻灾害过程中。2008 年 1 月 11 日开始,本市出现雨雪天气,13—17 日出现冰冻,日均气温≤0℃的严寒天气有 4 d,20 日开始,冰冻严寒加强并持续,普遍在 9 d 以上,形成全市性强冰冻严寒期,零陵连续冰冻严寒日数达 15 d(1 月 20 日—2 月 3 日),创有气象记录以来的历史极值(1954—1955 年冬季连续冰冻 10 d),冰冻最大直径均在 10 mm 以上,其中零陵达到 58 mm(仅次于 1974 年 2 月 1 日的 59 mm),其中 1 月下旬平均气温在 0℃以下,较历史同期偏低 6～7℃,创永州同期有气象记录以来历史最低,1 月 31 日—2 月 2 日又出现了全市性大到暴雪天气过程。

另外,最强的霜冻出现在 1999 年 12 月下旬,该年 12 月 21—27 日,由于寒潮影响,造成长时间的霜冻天气,极端低温为 -7.7～-2.8℃,7 站次改写历史同期最低气温记录,低温强度大,时间长,造成严重冻害。

2.4.5 雷暴、大风、冰雹

永州市一年四季都可能出现雷暴,多年平均雷暴日数为 60 d 左右,多在 40～70 d,最多出现在 1975 年道县 99 d,最少出现在 2009 年祁阳 13 d,春夏雷暴最多,占全年日数的 80％以上。多年平均大风日数为 4 d 左右,最多出现在 1956 年零陵 42 d,零陵、江华为重灾区,最大风速出现在江华 2004 年 11 月 9 日达 26.0 m/s(风力 10 级狂风)。有 30％～40％年份出现冰雹,多年平均为 0.2～0.8 d,多发生于 2—4 月,一般 1～2 次,最多出现在 1988 年零陵 5 次。范围最大的一次雷雨风雹袭击出现在 1992 年 4 月 21 日,11 县区受雷击,10 县区遭受风雹,最大风力为 9 级,最大冰雹直径为 50 mm。

参考文献

程庚福,曾申江,等.1987.湖南天气及其预报.北京:气象出版社.

零陵地区革委会气象局.1975.湖南省零陵地区气候志.

零陵地区气象局区划办.1985.零陵地区农业气候资源及区划报告.

龙志宇,等.2002.永州市气象灾害史.

龙志宇,等.2010.永州市气象志·天气与气候.

罗汉民,阎秉耀,吴诗敦.1980.气候学.北京:气象出版社.

祝燕德.2008.湖南省气象志.北京:气象出版社.

第3章

永州的主要天气过程及其预报

3.1 寒潮大风天气过程及其预报

寒潮是永州冬半年重要的灾害性天气过程,它能造成剧烈降温、低温和大风,有时还形成冰冻,冰雹,霜雪,低温连阴雨或大到暴雨等灾害。

3.1.1 寒潮天气的气候概况

2005 年实施的湖南省地方标准天气术语中对寒潮的定义如下:受北方冷空气侵袭,致使当地 48 h 内任意同一时刻的气温下降 12℃ 或以上,同时最低气温≤5℃;且有升压和转北风现象。

根据有关数据统计显示,湖南寒潮次数由从北到南、由西到东逐渐递增的趋势,这表明一次冷空气过程影响湖南后,湘东南半部比湘西北更容易达到寒潮标准,湘南地区出现寒潮次数多于湘北。

永州地区寒潮出现的频率月际变化也较大,多集中在冬季 12—2 月。其中 2 月出现的次数最多,10 月和 4 月相对较少,春季略多于秋季。从寒潮过程中冷空气路径的月际分布来看,西路冷空气造成本市寒潮过程的较少,北路较多。统计表明,在一段时间内,各种路径的冷空气有连续出现的特点。这说明冷空气路径与环流背景有关,环流形势不变,冷空气路径也不改变。

3.1.2 寒潮天气的大气环流特征

寒潮是大范围的强冷空气在一定环流形势下向南暴发的现象,是一种大型天气过程。大部分的寒潮属于倒 Ω 型(图 3.1)。

首先在两大洋北部有脊向极地发展,极涡被分裂为二,移到东西两个半球,在东半球来看,两个大洋的脊挟持一个大极涡,形成倒大 Ω 流型。而后大倒 Ω 流型在亚洲地区收缩,乌拉尔山和鄂霍次克海建立暖性高压脊,亚洲极涡加强并南压,形成了东亚地区的倒 Ω 流型。极涡底部有一支强西风,伴随着一支强锋区,锋区上常有长波发展或横槽缓慢南压,形成了强冷空气酝酿形势。随后中纬度长波急速发展,或横槽转竖,或横槽南压,引导冷空气侵袭我国。在整个寒潮中期天气过程中,由两个大洋暖高压脊发展-寒潮暴发-东亚大槽重建,一般为期 2～3 周。

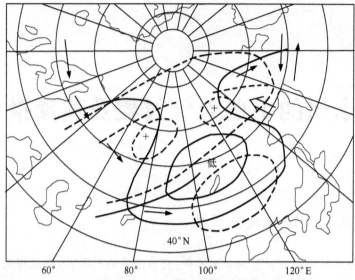

图 3.1　东亚倒 Ω 流型寒潮中期天气过程的示意图

在寒潮建立的过程中,两个大洋上的暖性高压脊是关键,即乌拉尔山和鄂霍次克海两个地区有高压脊向极区发展,并在北冰洋形成反气旋打通。

根据多年资料统计,造成永州寒潮的环流系统中,乌山阻高和中亚阻高造成的寒潮过程较多,乌山阻高型多于中亚阻高型;一脊一槽型与两槽一脊型的次数比较接近;纬向环流型下的寒潮过程较多;两脊一槽型下,短期内无寒潮过程。

从各月寒潮过程环流型分布的特点来看,纬向型出现的次数较多,秋季发生比较早和春季发生比较迟的寒潮,冷空气酝酿积聚过程比冬季更为重要。

经统计,各月降温幅度最大的寒潮过程,10—12 月和 4 月是乌山阻高型,1—2 月是纬向型,3 月是经向型。这表明秋季、前冬和春季的强寒潮过程,与有利于冷空气堆积的阻塞形势有关,而隆冬的强寒潮过程,则是锋前测站的回暖更有意义。

3.1.3　寒潮天气的预报着眼点

预报寒潮过程时主要要注意北方冷空气堆积、暴发和南方暖空气条件这两方面,因为寒潮是由降温幅度与最低气温两项指标确定的。在湖南的冬季,冷空气降温至 5℃ 或以下这个条件比较容易满足,预报时就应着重考虑降温幅度。而在春秋季,是过渡季节,气温变化大,晴天回暖快,冷空气影响后降温幅度的条件比较容易满足,预报时应注意最低气温这个条件。

(1)冷空气堆积的预报经验

强冷空气在西伯利亚、蒙古堆积是寒潮暴发的必要条件。一般根据各层天气图上冷中心或冷舌以及地面图上冷高压的配合情况,可以判断有无冷空气堆积。有利于在西伯利亚和蒙古地区堆积的形式可以归纳为:

①500 hPa 上低槽进入西伯利亚时,已发展成长波槽,移速缓慢。

②温度槽落后于高度槽,槽后有明显的冷平流,槽前等高线辐散,负变高中心位于槽线附近,低槽将加深,移动减速。

③两个低槽汇合使低槽发展,对应在地面出现来自两个不同方向的冷空气合并,或者在西伯利亚和蒙古的冷高压中心的冷空气补充,使冷高压得到加强。

④低槽后部的高压脊发展,高压脊向北伸展,脊前偏北气流将极地的冷空气南带,促使脊前低槽加深,脊线附近有强正变高中心,脊后有暖平流,两个高压脊汇合或高压脊做反气旋性打通等,都有利于高压脊的发展。槽后高压脊越强,对冷空气堆积也越有利。

⑤极地有高压,欧洲东移的高压脊与极地高压作桥式打通,极涡南下到亚洲北部,40°—50°N是一支强锋区,有利于冷空气在西伯利亚和蒙古堆积。

⑥500 hPa上,欧亚高纬度地区有偏东气流存在,其南侧的地面冷高压一般不宜迅速南移。

⑦槽后高压脊的脊线在欧洲是西北—东南走向,到达乌拉尔山附近后,脊线顺转成东北—西南走向。前一种脊线走向有利于冷空气沿着脊前的西北气流进入西伯利亚和蒙古,后一种走向使低槽加深,东北气流下系统移速减慢,有利于冷空气堆积。

⑧阻塞形势最有利于冷空气的堆积,统计表明,无论阻高在乌拉尔山或是在中西伯利亚,对应于地面的冷高压平均强度远远高于造成寒潮过程的经向型与纬向型下的冷高压强度。西伯利亚和蒙古附近地面冷高压中心强度在1070 hPa以上的冷高压,绝大多数出现在阻塞形势下。

(2)冷空气暴发的预报经验

寒潮暴发时有两种不同环流系统,一种是不稳定的短波槽脊在移动过程中获得发展,变为长波,经向环流加强,引导冷空气南下;另一种是中高纬上空已经有稳定准静止长波系统,由于上游有赶槽侵入稳定的长波系统内,使准静止长波遭受破坏,或与南支槽叠加使经向度加大,促使冷空气南下。

强冷空气向南暴发的过程,通常就是500 hPa低槽东移发展或横槽转竖在东亚沿海建立大槽的过程。一般有利于冷空气暴发的形势有以下几种:

①在500 hPa层东亚沿海低槽的减弱东移,为上游低槽东移发展准备了条件,有利于进入西伯利亚西部的低槽继续加深,或乌拉尔山附近的高压脊发展,导致经向环流加强。低槽在沿海发展成长波槽,使槽后西北气流加强,引导积聚在西伯利亚和蒙古的冷空气向南暴发。

②当低槽东移与南支槽同位相叠加时,低槽振幅加大,有利于在沿海形成大槽,槽后偏北气流引导冷空气大举南侵。

③地面冷锋前广西至湘中一带有低压发展,可促使高层低槽的加深。单站要素出现强烈的增温、增湿、降压和偏南风加大现象时,往往也是冷空气暴发的前兆。

④阻塞形势下的冷空气暴发,要有适宜于阻塞高压崩溃和横槽整体东摆转竖而形成东亚大槽的条件。

冷空气暴发时,地面冷空气移动的方向,与地面冷高压中心上空500 hPa或700 hPa图上气流的方向相近。地面冷高压中心移动的速度,约为500 hPa层上实测风速的一半,700 hPa层上实测风速的70%。经统计,冷空气从关键区到达永州,约需3～4 d,当冷锋越过40°N后,一般只需24 h左右就能影响。

(3)暖空气活动的预报经验

锋前的回暖与测站所处的环流背景、天空状况、风向风速、地理地形等多种因素有关。最有利于回暖的形势是500 hPa高原高压脊过境后,高空、地面转为上下一致的偏南气流,地面在我国西部有低压或倒槽发展,单站气象要素呈现连续增温、增湿和降压等。经普查,当气温接近历年同期最高值时,即使没有冷空气影响,只要天气转阴雨,11月—翌年3月中午14时的24 h降温幅度一般就有5~10℃,若遇有冷空气南下,很容易满足寒潮降温幅度的要求。

3.1.4　寒潮大风的分布特征

寒潮天气过程所伴随的天气主要是降水、大风和降温,而大风的破坏作用又居首位,其次才是降温。一般将平均风速达到6级(10.8~13.8 m/s)以上的风,称为大风。湖南对于大风的定义为,测站2 min平均风速≥12 m/s,或者瞬时风速≥17 m/s。同时规定,在同一天内,省内有3站以上出现大风,定义为全省性的大风日,一个或连续几个全省性的大风日,定义为一次全省性的大风过程。

按上述标准,1971—2000年,永州市共出现大风日390个,其中冬季(11月—翌年2月)大风日为71个。冬季大风日虽然只占大风总数的18.2%,但它影响范围大,持续时间长,给人们带来的灾害不可忽视。冬季本市南部大风日数比北部大风日数多2~5倍,其中江华、江永一带一直是冬季大风的多发地区(图3.2)。

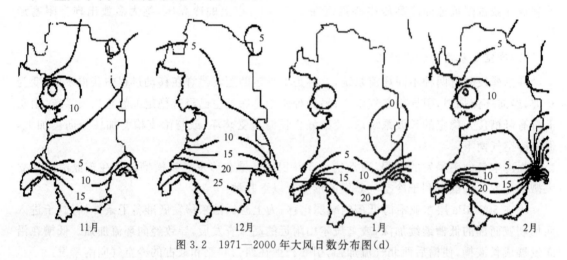

图3.2　1971—2000年大风日数分布图(d)

3.1.5　寒潮大风的预报经验

(1)掌握影响风力的几个主要因素

①气压梯度:偏北大风出现在地面冷锋过后冷高压前部气压梯度最大的地方,从锋面到冷高压中心,等压线密集的区域越大,偏北大风持续的时间也越长。

②温度梯度:锋面附近温度差异越显著,与地面冷锋配合的高空槽后冷平流越强,850 hPa和700 hPa锋区越明显,风力也越大,偏北大风出现在高空冷平流最强处所对应的位置。

③地形地势和大风发生时间:冷空气路径、冷锋过境时间在冷空气条件相同的情况下,湖区、四水流域和峡谷河口的风力比山丘大;由贝加尔湖取偏东路径南下的超级的强冷空气过程的风力,一般都比从新疆经河西走廊插入四川盆地的西路冷空气过程所产生的风力大;冷空气在下午到傍晚影响时的风力一般大于后半夜到早晨影响的风力。

(2)有利于冷锋后偏北大风形成的预报指标

①500 hPa上引导冷空气的低槽后部高压脊强,低槽又在沿海加深或与南支槽同位相叠加,致使冷空气主体南下。

②地面冷高压在蒙古附近时,长轴呈东西走向,冷锋亦呈东西走向。

③700 hPa、850 hPa 长江上中游有低压出现,四川、贵州地面有倒槽向东北方向伸展或两湖盆地有气旋波发生、发展。

④锋前测站连续升温降压,日最高气温与最低气压已超过历年同期平均值或接近极值。

⑤有时冷空气过后迅速转晴,午后地面气温回升,但对流层中低层槽后冷平流强,偏北风大。易出现动量下传而发生风力加大现象,这有利于大风持续。

3.2 低温雨雪冰冻过程及其预报

3.2.1 冷空气活动概况

永州市地处湖南省南部,南岭山脉北麓。东与湖南衡阳市、郴州市相连;南与广东清远市、广西贺州、桂林市交界;西与广西桂林市、全州接壤;北与衡阳市、邵阳市毗邻;地处中亚热带大陆性季风湿润气候区,既具温光丰富的大陆性季风气候特点,又有雨量充沛空气湿润的海洋性气候特征,但还是会受到冷空气的频繁影响。冷空气影响永州的时间,一般从 9 月中下旬开始,到翌年 6 月结束,但各年环流形势不同,冷空气开始和结束的时间也不同。最早 8 月下旬就开始有冷空气影响永州,而有些年份最晚到盛夏时节的 7 月中旬初还有冷空气南下影响。

(1)冷空气活动路径

入侵永州的冷空气根据路径不同,可以划分为:西路、北路、东路三条路径。西路冷空气是指冷空气主力从 105°E 以西地区南下,通常移动快、强度较强、降温明显,转晴快,冬季易出现霜冻天气。北路冷空气是指冷空气主力从 110°E 附近南下,本市北部降温大于南部。东路冷空气是指冷空气主力从 115°E 附近南下,以后东移出海,再以"东灌"形式沿两湖盆地和湘桂铁路沿线走廊影响永州,东路冷空气对降水有利,冬、春季易造成永州阴冷或低温阴雨天气。

(2)冷空气强度定义

①寒潮:受大范围冷空气侵袭,致使日平均气温在冷空气到达后一天内急剧下降 8℃ 以上,或两天内日平均气温急剧下降 10℃ 以上,同时过程最低气温降至 5℃ 或以下。

②强冷空气:受北方冷空气影响,出现以下情形之一:

ⅰ)日平均气温在冷空气到达后一天内急剧下降 8℃ 以上,或两天内日平均气温急剧下降 10℃ 以上,但过程最低气温未能降至 5℃ 或以下。

ⅱ)日平均气温在冷空气到达后一天内下降 6.0~7.9℃,或两天内日平均气温下降 8.0~9.9℃,同时过程最低气温降至 7℃ 或以下。

③中等强度冷空气:受冷空气影响,日平均气温在冷空气到达后一天内下降 4.0~5.9℃。

④弱冷空气:受冷空气影响,日平均气温在冷空气到达后一天内下降不足 4℃。

值得注意的是,上述定义强调以一次性降温幅度为主,未考虑一些持续补充性的冷空气。实际上,一些非常低的气温并非一定出现在寒潮或强冷空气影响期间,造成永州极端气温很低的往往是一些持续性补充的冷空气过程。所以,除预报好寒潮和强冷空气过程外,还要做好低温及其趋势预报。

3.2.2 低温大尺度环流特征

永州低温天气过程主要有 3 种环流形势:乌阻型(乌拉尔山阻塞高压型)、欧阻型(欧洲阻塞高压型）、贝阻型（贝加尔湖阻塞高压型）。

（1）乌阻型

500 hPa 为欧亚环流 L 型，在乌拉尔山有向东倾斜的阻塞高压，在阻塞高压以东为一宽横槽，横槽内低压中心位于贝加尔湖以东地区，与低压中心相配置的冷中心气温低于−44℃；在横槽南侧，副热带高压脊西伸到南海，脊线在 15°N 附近（图 3.3）。在这种环流形势背景下，有两支急流：一是乌拉尔山高压脊前的偏北急流，该急流将极地冷空气不断向横槽输送；二是横槽前部的中纬度西风急流，该急流经青藏高原，出现南北分支，北支急流产生的波动不断向南输送冷空气，南支急流产生的波动不断向北输送暖空气，冷暖空气在江南地区交绥，而产生低温天气。低温天气过程是由横槽不断分裂小槽引导地面冷空气南下形成的。

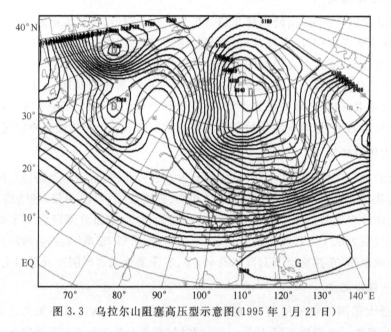

图 3.3　乌拉尔山阻塞高压型示意图（1995 年 1 月 21 日）

700、850 hPa 中低层，国内呈东高西低形势。华东为高压脊控制，青藏高原以东为低压槽，在江南地区有切变线形成并加强，反映到地面，有江南锋生，在上述中低层环流背景下，华南盛行西南风，风速增大，温、湿度上升，江南（25°—30°N）温度梯度增大，使江南静止锋加强明显。

低温过程开始，是由于横槽内有分裂低槽东移加深，引导冷空气从中、东路南下，使江南准静止锋加强，并南移到华南沿海，从而造成永州低温阴雨天气。当乌阻型环流形势维持时，若横槽内不断有分裂小槽东移，一次次冷空气补充南下就会形成永州长时间的低温过程。

（2）欧阻型

低温阴雨过程开始前，40°E 以西的欧洲地区有阻塞高压建立。欧亚大陆北部的极涡分裂，从新地岛有一低中心向东南移，进入亚洲西北部，在贝加尔湖以东至俄罗斯远东地区另有一中心，亚洲地区处于宽低槽区控制，副热带高压西伸到南海，脊线在 15°N 附近，南支孟加拉湾低槽活跃（图 3.4）。

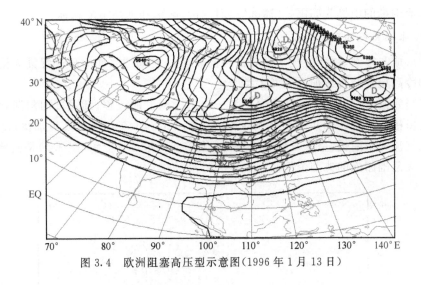

图3.4　欧洲阻塞高压型示意图(1996年1月13日)

（3）贝阻型

该型环流在过程开始前,中高纬度环流呈"两槽一脊"型。在巴尔喀什湖至贝加尔湖地区有阻塞高压(脊)建立,贝加尔湖以东有一横槽,横槽内有冷涡,多数冷涡位于我国东北至日本海北部,只有少数位于俄罗斯远东至鄂霍次克海。冷涡来源:一是低槽移过贝加尔湖后加深,形成切断低压;二是极地冷涡南移。贝加尔湖阻塞高压以西,乌拉尔山以东地区为低压槽,使欧亚环流呈"两槽一脊"型(图3.5)。低纬度,孟加拉湾低槽活跃,副热带高压脊伸入南海,或在南海有分裂副高中心,脊线在15°N附近。

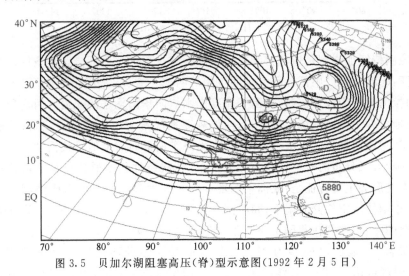

图3.5　贝加尔湖阻塞高压(脊)型示意图(1992年2月5日)

3.2.3　雨雪冰冻过程

冰冻的基本概念:大气层自上而下分别为冰晶层、暖层和冷层。从冰晶层掉下来的雪花通过暖层时融化成雨滴,接着当它进入靠近地面的冷气层时,雨滴便迅速冷却,成为过冷却雨滴,降至温度低于0℃的地面及树枝、电线等物体上时,便集聚起来布满物体表面,并立即冻结,形成雨凇。形成雨凇的雨称为冻雨。"冰冻"是对雨凇、雾凇和冻结雪的总称。

(1)雨雪冰冻天气的环流特征

冰冻的形成与寒潮、强冷空气活动有密切的联系。大范围冰冻的环流背景为横槽转竖寒潮暴发型和冷高压控制持续加强型两大类。

横槽转竖寒潮暴发型的环流演变表现为一次重大调整的过程;随着贝加尔湖到我国东北—华北地区横槽的东摆转竖并东南移到30°—50°N,120°—140°E地区发展加深,冷空气便沿着槽后偏北气流大举南侵,呈暴发型影响永州。如:1955年1月上旬(图3.6)是横槽转竖寒潮暴发型导致大范围冰冻的典型个例。

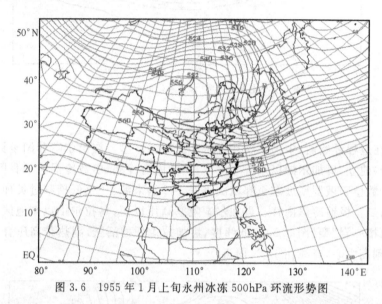

图3.6 1955年1月上旬永州冰冻500hPa环流形势图

冷高压控制持续加强型是造成持续重大冰冻天气过程的主要环流背景条件。其表现出以下的动态特征:①欧亚地区中低纬环流呈同位相的两槽一脊:500 hPa高压脊位于80°—100°E范围内,孟加拉湾地区为浅脊控制,切断了印度洋水汽向华南输送的通道。两槽分列于该脊的东西两侧;极地多处于高值系统控制下,东西伯利亚地区常为南移之极涡控制;②地面冷空气常从河套经川、黔或两湖地区扩散补充南下,在南海东南部时有低值系统活动。

雨凇(冻雨)天气分布的时空特点与环流背景、气候条件和地形特点有密切关系。雨凇发生时大范围天气形势主要特征是:亚洲中纬度500 hPa大多数情况下为横槽,西风较强,西风带多小波动,小槽使冷空气分股南下;同时南支西风带孟加拉湾低槽加深,槽前有强劲的西南气流。高低空的冷、暖空气在我国上空交汇。地面气温一般在−5～0℃(其中0～1℃出现雨凇的概率为最高)。地面风向多为N—NE。700 hPa强劲西南风带来暖湿空气,在江南700 hPa面上温度可达4～6℃,长江以北700 hPa暖空气温度较低,为0～4℃。中空的暖湿空气在底层冷空气垫上滑行,是出现雨凇天气非常有利的条件。

此外也有几种其他形势有利于雨凇的发展。例如,地面欧亚地区有强盛的冷高压,但高压主体(或中心)位置偏北,且能够维持或得到补充,当此情形,有利于南岭静止锋形成和维持,湖南处在强冷高压前部,近地面气温可维持在0℃以下,或0℃附近,能够形成冻结现象。再有当高空东北冷涡强且稳定,中心位置偏北偏东,其底部东亚大槽南伸不超过30°N,这样有利于地面冷空气堆积,使得冷高压维持或补充,同时有利于中低层南支暖湿气流发展和维持。高空南支气流平直,且多小波动,这有利于静止锋后湖南区域降水发生和维持。

(2)雨雪冰冻的强度及地理分布

冰冻的强度是以一次冰冻的持续时间长短来衡量的:一次冰冻持续时间≤3 d的为轻度冰冻;4~6 d的为中等强度冰冻;≥7 d的为强冰冻。

据1970—2000年冰冻日分布统计,冰冻总的分布规律是,在28°N以南,主要是山地的北坡较多,大部分在100 d以上,而山地的南坡则相对较少。本市中部的宁远、道县盆地不足50 d。

(3)永州冰冻的初日和终日分布

湖南出现冰冻最早的地区是湘东北,在11月下旬就可有冰冻形成,而永州市最早从11月底即可能有冰冻形成;永州冰冻终止最晚的时间是在3月中旬,具体如表3.1所示。

表3.1 永州冰冻的初日和终日分布

县区	零陵	冷水滩	祁阳	东安	双牌	新田
最早的初日	11月28日	12月9日	12月10日	12月10日	12月10日	12月10日
最迟的终日	3月13日	2月22日	2月25日	2月25日	2月25日	2月22日

县区	宁远	道县	江永	江华	蓝山
最早的初日	12月11日	12月11日	12月11日	11月29日	12月10日
最迟的终日	2月24日	2月25日	2月22日	2月25日	2月26日

(4)永州有气象记录以来几次强冰雪天气实况对比分析

以永州市北部零陵区的气象记录为例(表3.2),"2008过程"从冷空气入侵降温日起,历时30 d,期间冰冻日20 d,连续冰冻15 d,积雪连续日数13 d(据王凌等人的分析,这次大过程由4次小过程组成,连续冰冻期间占了3次)。有气象记录以来曾经出现过4次强雨雪冰冻天气过程(简称"历史过程"),分别出现在1954年、1963年、1973年和1976年冬天。在"历史过程"中,冰冻总日数最多的年份(1963年和1976年)比"2008过程"少9 d;连续冰冻日数最长的年份(1954年)比"2008过程"少5 d;积雪最长连续日数(1963年)比"2008过程"少2 d。"2008过程"是永州有气象记录以来冰冻过程历时最长的。

"2008过程"虽然冰雪影响范围和"历史过程"一样,覆盖永州全市11个县(区),但强度要强许多。"历史过程"中冰冻最大直径北部达59 mm(1973年冬),南部一般<20 mm;降雪除了1976年冬的冰雪过程后期全市大部分地方出现暴雪外,其他3次没有出现较大的降雪。就是1976年的暴雪,最大积雪深度也≤10 cm。而"2008过程"北部冰冻最大直径58 mm,接近历史极值(厚度达到58 mm时的当天中午气温回升到0℃附近,由于冰凌太大太重而发生脱落,尔后气温重新下降,电线上又有新的冰凌形成,最大厚度又达7 mm。如果不发生脱落,冰凌最大直径应是61 mm),南部大部分县区都≥20 mm,明显偏强;过程后期全市大部分县区出现了暴雪,有4县区最大积雪深度≥12 cm(南部的蓝山达到18 cm),创了历史纪录。

表 3.2　永州(零陵)有气象记录以来 5 次强冰冻过程情况对照

项目／年度		2007/2008	1954/1955	1963/1964	1973/1974	1976/1977
过程起讫日期(日/月)		11/1—9/2	24/12—8/1	8/2—27/2	28/1—6/2	26/1—10/2
冰冻	总日数(d)	20	10	11	7	11
	最长连续日数(d)	15	10	9	6	9
	最大直径(mm)	58	/	55	59	37
积雪	最长连续日数(d)	13	2	11	2	7
	最大积雪深度(cm)	12	/	6	1	10
日平均≤0℃连续日数(d)		15	10	9	2	6

(注:过程起讫日期指的是从过程前最后一次日平均气温下降的第一天起到电线结冰、雪日积雪日全部结束的一段时间。表中"/"处表示当年没有该观测项目。)

长时期的冰雪天气,形成了创历史纪录的严寒期。"2008 过程"连续 15 d 日平均气温≤0℃,比最长的 1954 年冬天多 5 d;1 月下旬平均气温较历年同期偏低 7℃,创永州同期有气象记录以来历史之最。

冰冻过程中的冰冻分布有两种形式:一种是零散分布,约占总过程次数的 28.3%,这类过程主要是在形成冰冻的物理条件尚不够稳定的情况下出现,冰冻常分布在本市山地,维持时间很短,危害小;另一种为成片分布,是在形成冰冻的物理条件比较稳定的情况下出现,约占冰冻总次数的 71.7%。据统计,成片的雨凇位于永州地区的比例占 23%。

3.2.4　雨雪冰冻过程形成的有利形势条件

(1) 500 hPa 上为乌拉尔山阻高形势或一脊一槽或平直多波动环流形势,同时有明显的纬向分布的中纬度锋区缓慢南推;或者为中亚阻塞形势和二槽一脊形势,同时贝湖至蒙古有西北—东南向的北支锋区南伸。

(2)700、500 hPa 锋区落后地面锋面较远,尤其孟湾低槽明显加深或副高北扩,长江流域南支急流稳定增强。湖南 700 hPa 上气温在 0℃ 以上或维持 0℃ 附近。

(3)850 hPa 上有冷高压从蒙古南伸,强度在 152～156 dagpm。

(4)地面图上,锋后高压中心位于 47°N 以北,距锋面较远,中心强度在 1036～1070 hPa,移向东南,大都在黄河以北转向东移。

(5)冷锋从华北或河套越过 40°N,从东路侵入长江流域;如为北路冷锋,则锋后高压大都在 40°N 以北转向东移。

(6)冷锋越过 40°N 南侵时,高原或我国西南地区持续出现大范围负变压,甚至西北、西南地区有倒槽发展。冷锋临近和越过江南时,锋后正变压强度减弱,雨雪区扩展,江北出现雨夹雪,吹东北风,地面气温降至 0℃ 附近或以下。

(7)700 hPa 长期维持大面积≥16 m/s 的西南气流是形成超强冰雪天气过程的关键。700 hPa 大面积≥16 m/s 的西南气流将大量热量和水汽输送到地面气温≤0℃ 的区域,增强了低空逆温层,加剧了冻雨的形成,并补充了降水所消耗的水汽,有利于在地面物体上形成冰凌并像滚雪球似地迅速增大,强西南气流持续得越久,超强冰雪天气越有利于形成,同时也增大了降暴雪的可能性。

另外,当永州维持静止锋天气,中低层气温维持在 0℃ 左右时,如北方另有冷空气从东路或北路侵入长江流域,同时 700 hPa 上有明显的低压槽逼近永州,引起气温增高,这也有利形成雨凇过程。

3.2.5 雨雪冰冻天气的预报

(1)冰冻的发生

①地面强冷空气:强冷空气南下,地面气温可降至0℃以下,或0℃附近;

②高空低值系统:配合有低槽、低涡、切变活动,有利于永州降水发生;

③大气垂直层结:本省区域有锋面,中层有逆温层($T>0℃$),低空有冷层($T\leqslant0℃$)出现时,如有降水可确定预报雨凇;当高空各层气温在0℃附近,近地面气温 $T\leqslant0℃$ 时,如有降水,可预报雨夹雪,并应考虑预报路面结冰或湿雪冻结,当高空各层气温 $T<0℃$ 时,如有降水可确定预报雪或冰粒。

(2)冰冻发展与维持

①高空欧亚环流形势有利连阴雨天气维持;

②地面冷空气势力维持或得到补充,锋面维持在南岭附近没有大幅移动;

③中低纬气流平直,或虽有较大波动但不破坏温度层结。

(3)冰冻的减弱结束

①地面有强冷空气南下,锋面南压到华南或入海;

②高空东亚大槽明显加深,贵州、湖南转槽后西北气流控制;

③地面冷空气变性,或内陆暖性低压发展,底层偏南气流发展。

3.2.6 一次历史罕见的低温雨雪冰冻灾害天气分析

在欧亚大陆中高纬度稳定维持阻塞形势的环流背景下,2008 年 1 月 10 日—2 月 2 日初永州地区经历了历史罕见的低温雨雪冰冻天气过程。应用常规天气图资料和永州 CINRAD-SB 天气雷达观测资料等,在对该过程的大尺度环流特征及水汽输送特征进行诊断分析的基础上,细致分析了多种气象因子及特殊地形对冰冻强度的影响,并对造成降水性质差异的原因及强冰冻的成因进行了探讨。发现这是一次由高空中高纬经向环流,即乌拉尔山至贝加尔湖附近的阻塞高压和其东西两侧低槽或低涡,中低纬的多小槽波动纬向环流,孟加拉湾低槽,强而偏北的副热带高压和西南急流、850 hPa 的切变线及华南静止锋持续、稳定、长时间的维持原因而造成的。整个雨凇灾害过程,大气垂直结构始终存在明显的雨凇层结,即:冷层、暖层和冰晶层,冷层厚度为 1.2 km 到 1.4 km,暖层厚度在 2 km 左右。本次雨凇灾害时间之长、灾害之重、影响之大是以前没有遇到过的。

雨凇是过冷却液态降水碰到地面物体后直接冻结而成的坚硬冰层,呈透明状,或毛玻璃状,外表光滑或略有隆突。由于过冷却液态降水边降边冻,立即黏附在裸露物体的表面而不流失,形成越来越厚的坚实冰层,从而造成路面冻结打滑,交通中断,物体负重加大,通讯、电力线路崩断,电杆、电力铁塔、房屋倒塌,树木折断,使工农业生产、交通运输、电力通讯、人民生命财产和生活遭受严重灾害。2008 年 1 月中旬至 2 月初,永州站出现长时间的雨凇灾害天气,其中 13—17 日,连续 5 d 出现雨凇,20 日开始,雨凇再一次扩展加强并持续到 2 月 3 日。这次雨凇灾害天气过程,永州站出现了日平均气温在 0℃以下的严寒天气。

连续雨凇天数达 15 d,雨凇最大直径达 58 mm,形成强冰冻期,达到重度冰冻灾害标准,创本站有气象记录以来的历史极值。这次灾害天气过程历时最长,强度最强,严寒最重,破坏力最大,对经济发展影响最深。全市电力、交通、供水、通讯等系统遭到严重损坏,工业、农业、林业、牧业损失严重,人民群众生产生活受到严重影响,全市因灾造成直接经济损失100.47亿元。

(1)天气形势特点

通过连续分析,1月13日开始到2月3日,500 hPa图上(图3.7,选取13日、22日、26日、28日08时)环流持续稳定,变化不明显,中高纬经向环流长时间维持,呈两槽一脊形势,即乌拉尔山至贝加尔湖为一稳定阻塞高压,在其东西两侧为稳定的低槽或低涡;中低纬纬向环流强而稳定,多小槽波动,西风或西南风较强,不断使冷空气分股南下;孟加拉湾低槽稳定维持,副热带高压强而偏北,使江南长时间在西南暖湿气流控制中。700 hPa(图略)湘南始终维持一致的西南暖湿气流并与西南急流相伴,非常有利于水汽的连续输送和逆温层的维持。850 hPa(图3.8)切变线、锋区长时间在湘中、湘南摆动,湘北处切变线北侧,为偏北风,湘南处其南侧,为偏南风;同样0℃温度线长时间在湘中、湘南摆动,湘北温度在0℃以下,湘南13—15日、18—25日、28日在0℃以上,29日—2月3日湘南气温<0℃,31日、2日气温达到−7℃,0℃线南压到南岭南侧,永州2月1日出现暴雪。地面图(图略)上,1月11—12日强冷空气南下,造成永州市北部48 h、南部24 h达到寒潮,气温剧烈下降,13日开始永州出现雨凇,华南静止锋形成,并一直在南岭南侧摆动维持到2月初,期间北方冷空气由北路偏东不断分股扩散南下,造成永州长时间的低温雨雪。

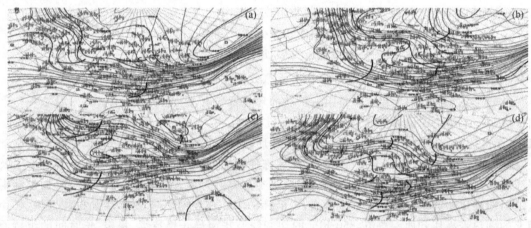

图3.7 2008年1月13日(a)、22日(b)、26日(c)、28日(d)08时500 hPa形势图

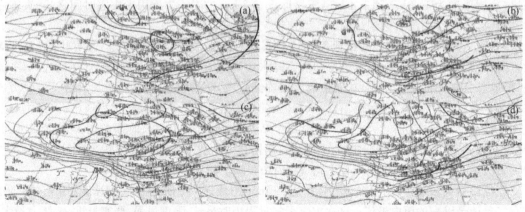

图3.8 2008年1月13日(a)、22日(b)、26日(c)、28日(d)08时850 hPa形势图

(2)大气垂直层结特点

2008 年 1 月 11 日—2 月 3 日 08 时永州上空 500 hPa 一直维持西风或西南风,风速在 20 m/s 以上,最大达到 48 m/s;温度从 700 hPa 向上随高度递减,500 hPa 温度在 −14～ −7℃,此层应为冰晶或雪花层。同样 700 hPa 一直维持西南风或西风,风速＞20 m/s 天数达 14 d,13—18 日气温≤0℃,19 日—3 月 3 日气温≥0℃,最大值出现在 25 日为 5℃,次大值出现在 27 日和 30 日为 4℃。850 hPa 偏南风和偏北风交替出现,11—14 日为偏南风,15—17 日为偏北风,18—23 日为偏南风,24 日为偏北风,25—28 日为偏南风,29 日—2 月 3 日为偏北风;气温 16—17 日、29 日—2 月 3 日≤0℃,其他时间≥0℃,很明显切变线,温度 0 线一直在湘南上空摆动。850 hPa 以下,12 日—2 月 3 日一直维持偏北风,气温＜0℃。大气垂直结构由下到上为一稳定的、持续的冷、暖、冷层结结构,逆温层十分明显。

1 月 24 日—2 月 4 日,雷达 13 时的垂直风廓线连续分析(图 3.9),从地面至 1.3 km 均为一致的偏北风,1.5～5 km 为一致的西南风,风速随高度增大。

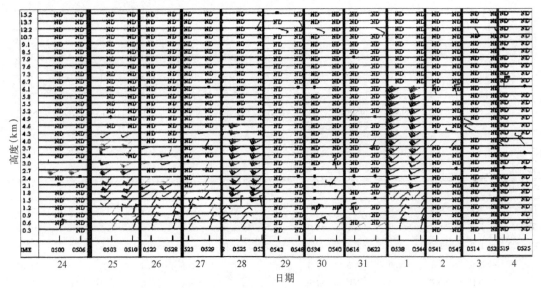

图 3.9　2008 年 1 月 24 日—2 月 4 日,永州雷达 13 时垂直风廓线序列图

同样雷达速度图(图略)上,零等速线经 RDA 呈东南—西北走向,在第一距离圈高度为 0～1.3 km 区域内,RDA 的东北侧为冷色调,速度为负,指向雷达,RDA 的西南侧为暖色调,速度为正,离开雷达,即 RDA 低层吹北风,随着高度增加,到达 1.5 km 左右,冷暖色调对换,反应为 RDA 东北侧高度 1.5 km 开始为正速度,西南侧相反,为负速度,即吹西南风,且风速随高度增大,很显然低层偏北风冷层条件具备,中高层西南风对水汽输送有利。

分析可见 1 月 13 日—2 月 3 日,永州站大气垂直结构为一明显"雨凇层结",700 hPa以上为持续的、强盛的西南风或西风,温度在 −14～−7℃,为冰晶层;850～700 hPa 温度≥0℃,为暖层,厚度在 2 km 左右;850 hPa 以下为偏北风,温度＜0℃,为冷层,厚度在1.2～1.4 km。

（3）天气现象特点

从表 3.3 看出，本站地面 0 cm 最低温度，21—28 日均≤0℃，29 日—2 月 2 日，由于积雪，0 cm 最低温度＞0℃；最低气温 13—17 日均＜0℃，20 日开始逐渐下降，27 日最低达到 −3.1℃；日平均气温 20 日开始到 2 月 3 日连续 15 d 均＜0℃；风向一直维持偏北风；日雨量除 2 月 1 日为暴雪外，12—15 日、17 日—2 月 2 日为 0～21.5 mm，均为雨或雨夹雪；雨凇 13—17 日连续 5 d 出现，20 日开始，雨凇再一次扩展加强，到 30 日达到最强，最大直径达到 58 mm，其后脱落，次日再形成。分析看出，地面 0 cm 温度、气温均≤0℃，持续的偏北风和连续的一般性降水，非常有利于雨凇的发展和维持，雨凇形成后尚未融化又被新的雨凇所覆盖，一层又一层，使雨凇最大直径越来越大，冰层越来越坚实，从而造成路面冻结打滑，交通中断，物体负重加大，通讯、电力线路崩断，电杆、电力铁塔、房屋倒塌，树木折断，造成严重的灾害。

表 3.3　2008 年 1 月 11 日—2 月 3 日永州站气象要素表

日期/日	11	12	13	14	15	16	17	18	19	20	21	22
T_0(℃)	7.0	3.2	0.9	0.2	0.0	0.0	0.0	1.0	1.3	0.5	0.0	−0.1
T(℃)	6.5	2.2	−0.1	−1.3	−1.6	−1.3	−1.1	0.1	0.4	−0.4	−0.8	−0.9
TT(℃)	10.1	3.4	1.0	−1.0	−1.0	−0.6	−1.1	0.5	−0.1	−0.1	−0.5	−0.7
FD(m/s)	13.5	11.4	11.3	9.8	8.2	7.2	8.1	7.6	6.6	7.7	7.7	5.9
	NE	NE	NNE	NNE	NNE	NNE	NNE	NNE	NE	NNE	NNE	NNE
WW		•	•	•	•*	•	•*	•*		•	•*	
RR(mm)		0.1	0.1	1.7	1.3		0.0	3.1	9.8	4.3	2.0	0.6
rr(mm)			4	4	8	4	4			4	10	16

日期/日	23	24	25	26	27	28	29	30	31	1	2	3
T_0(℃)	−0.1	−0.1	−0.2	−0.8	−1.3	−0.8	0.1	0.3	0.4	0.2	0.1	−0.1
T(℃)	−1.7	−1.4	−1.9	−2.8	−3.1	−2.5	−2.0	−0.9	−0.9	−1.4	−1.5	−3.9
TT(℃)	−1.0	−1.2	−1.6	−2.4	−2.4	−1.7	−0.9	−0.4	−0.6	−0.5	−0.2	−0.6
FD(m/s)	5.5	5.7	4.9	6.5	3.7	缺	缺	2.6	5.4	9.2	6.7	6.4
	NNE	NNE	N	NE	NNE			NNE	E	N	NE	NNE
WW	•	•	•*	•*	•*	•*	•*	•*	•*	•*	•*	
RR(mm)	0.7	0.2	1.3	3.0	1.3	21.5	1.6	1.5	0.6	43.6	16.1	0.1
rr(mm)	19	21	22	35	41	49	57	58	6	7	7	4

注：T_0 为地面 0 cm 最低温度、T 为最低气温、TT 为平均气温、FD 为极大风向风速、WW 为天气现象、RR 为日降水量、rr 为雨凇最大直径。

（4）小结

①通过以上分析可知，高空中高纬经向环流，即乌拉尔山至贝加尔湖附近的阻塞高压和其东西两侧低槽或低涡；中低纬的多小槽波动纬向环流，孟加拉湾低槽，强而偏北的副热带高压和西南急流、850 hPa 的切变线及地面冷空气源源不断补充南下并形成华南静止锋，它们持续、稳定、长时间的维持是造成这次雨凇灾害的主要原因。

②整个雨凇灾害过程，大气垂直结构始终存在明显的雨凇层结，即：冷层、暖层和冰晶层，冷层厚度为 1.2～1.4 km，暖层厚度在 2 km 左右。

③当雨凇层结存在或维持,即 700 hPa 以上的冰晶层、850～700 hPa 的暖层和 850 hPa 以下的冷层存在,地面 0 cm 温度、地面气温≤0℃、降水为一般性降水时,雨凇将出现或进一步发展,预报员要引起高度敏感和高度重视,特别要做好决策气象服务和公众气象服务。

结果表明:

①欧亚大气环流异常是造成此次持续性低温雨雪冰冻天气的大尺度环流背景,持续而强盛的水汽输送对雨雪冰冻的范围和强度有重要作用;近地面层丰富的过冷水滴和叠置于深厚冷气层之上的暖性"逆温层"的建立和维持是大范围强冰冻天气产生的一个重要原因。

②湘东南多山体分布的特殊地形对该区域冰冻的加强、维持具有明显影响,小地形的作用使得强冰区内的峡谷、风口、朝向河流、湖泊、水库等水体的坡地等地段积冰更加严重。且在南部山区,山地北坡地区比南坡地区冰冻强度更强;海拔较高处特别是其北坡山腰及风口以及山顶和山体北侧的迎风坡面冰冻强度强,而在东西走向的背风山谷及气流下沉区积冰较弱;此外,山地走向对冰冻分布有一定影响。

③冰冻形成与增长是多种气象因子综合影响的结果。地面日平均温度、700 hPa 风向风速、逆温强度及冷垫厚度对冰冻强度预报有很好的指示意义。当冰冻形成条件具备后,融化层及冷垫越深厚、地面日平均气温越低冰冻发展越显著。若 700 hPa 维持强盛的西南急流、850 hPa 持续偏东北风时,最有助于逆温加强,冷垫增厚。

④强冰冻的预报着眼点应关注 700 hPa 附近的剧烈增温、增湿及 850 hPa 以下的强降温。但目前冰冻强度的定量预报仍是预报业务的一个重点和难点,有关冰冻发生、发展机制及云微物理结构特征等一系列科学问题还需要不断地研究和探索,才能更有效地提高冰冻预报水平及冰冻灾害气象服务的能力,进一步增强抵御极端自然灾害的能力。

3.3 大雾的天气气候特征及其预报

大雾是指在近地面气层中悬浮有大量的水汽凝结物使水平能见度降低到 1 km 以下的自然现象。在我国南方,这些水汽凝结物主要是小水滴,通常称其为雾滴。浓雾时每立方厘米的空间里可有 500 多个雾滴,能够反射各种波长的光,因此,雾常呈乳白色,而且其中的能见度很低,大雾中的水平能见度可低至 0 m。

3.3.1 大雾的主要天气气候特征

(1)由永州 1971—2000 年 11 站定时地面观测资料统计,永州大雾日数地域分布有明显差异,总体北部多,南部较少,局地特征明显,雾日最多地区位于南部的江华,年均雾日数达 32.9 d,最少的位于中部双牌则只有 2.2 d,说明虽然同在永州,雾日的多少也有较大差距。

大雾高发区:江华、祁阳、冷水滩、零陵。

大雾低发区:双牌、江永、蓝山。

(2)由永州各月大雾平均日数(图 3.10)可见,永州各月均可发生大雾,最多月 12 月平均雾日为 1.9 d,盛发期为秋末冬初的 11 月至次年 4 月,说明永州秋末冬春季出现频次最多,夏季是大雾的低发季节(7、8 月)。

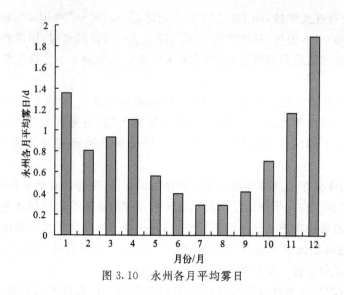

图 3.10　永州各月平均雾日

（3）永州出现各类大雾的概率及其形成时的天气条件。

据资料统计，永州出现各类大雾的概率（表 3.4），辐射雾占 70.7%、平流蒸发雾占 19.9%、冷锋雾占 9.3%、其他雾占 0.1%。

表 3.4　永州出现各类大雾的概率

类别	辐射雾	平流蒸发雾	冷锋雾	其他雾
概率（%）	70.7	19.9	9.3	0.1

①辐射雾天气条件

辐射雾是由于地面辐射冷却，使近地面气层温度降低到露点以下，造成水汽凝结而形成的大雾。它一般在后半夜至清晨这段时间形成，日出前达到最大强度，以后随着气温的增高和乱流的增强渐渐减弱，直至消散。它有明显的日变化规律，只要天气形势稳定，可以接连几天连续出现。它的形成一般要求夜间（特别是后半夜）晴朗无云、微风和近地面层层结稳定。另外，处于城市或水面的下风方、潮湿的山谷、河岸、洼地或盆地等地形地势均有利于大雾的形成，而且这些地方所形成的大雾也要比其他地方的浓。如永州零陵机场，地处湘江上游岸边，时常出现此类雾，影响航班正常飞行。

辐射雾形成的天气形势有弱大陆高压（脊）型和西路小高压型两种。

ⅰ）弱大陆高压（脊）型：在 500 hPa 高空天气图上，东亚为一槽一脊或两槽一脊，沿海大槽深厚稳定，地面为正在减弱变性的大陆高压控制，有时表现为鞍形场或均压场，随着气团不断变性，增温增湿达到一定程度时，受夜间辐射冷却影响可在后半夜至清晨形成大雾。

ⅱ）西路小高压型：在 500 hPa 高空天气图上，东亚中低纬度为波动形势，在四川有低槽东出，引导地面小高压从四川东移影响本区。由于本区前期已有降水出现，地面湿度已经较大，而四川小高压的强度较弱，降温降湿作用均不明显，当高空槽过后天气转晴的夜间至清晨这段时间内，容易形成大雾。这类大雾多不具有连续性，但因湿度较大，其浓度也往往较大，造成的危害也较严重。该型多出现在冬、春之交或秋、冬之交的季节里。

②平流蒸发雾天气条件

本类大雾是平流雾和蒸发雾的合称。平流雾是暖湿空气流经冷的下垫面时逐渐冷却形成的大雾。蒸发雾是由于雨滴蒸发使空气湿度增大而形成的大雾。在永州,由于这两种大雾往往在某些天气形势下同时生成,难以区分,故将其合称为平流蒸发雾。平流蒸发雾多出现在冬、春之交或秋、冬之交。生成的时间没有明显的日变化规律,一天之内任何时间均可出现。它持续的时间较长,有时可长达一天以上。它的厚度较大,往往有几百米厚甚至和低云连在一起。这种雾对航空运输和环境质量影响较大。

平流蒸发雾主要在华南静止锋北抬的天气形势下形成:在 500 hPa 高空天气图上,环流形势较平直且多小波动活动,地面在湘南或湘中有减弱的静止锋维持,锋后变性冷高压主体已东移(或出海),静止锋呈缓慢北抬之势。其次是在静止锋锋生时形成:永州处在已出海的变性高压后部的倒槽之中,伴随着锋生明显加强,出现降水而形成了大雾。

③冷锋雾天气条件

冷锋雾是指在冷锋附近生成的大雾。由于在锋前暖区里,近地层大气中的水汽和尘埃较为充沛,若有冷锋在夜间至清晨这段时间过境,在夜间辐射冷却和冷暖空气混合的共同作用下,就会沿锋线生成一条雾带,这条雾带随冷锋而来,跟冷锋而去,对于某个固定的地点来说,持续时间不长,来去匆匆是它的特点。

冷锋雾的生成离不开冷锋,但不是所有的冷锋都能生成大雾。一般来说,500 hPa 中纬度有低槽东移,地面锋后冷高压的强度应为中等偏弱,路径应为中路偏东或东路,锋面坡度较小,锋前应有弱的倒槽或鞍形场,湿度较大,14 时锋面位置应在 30°N 附近,这样才可能于后半夜至清晨影响永州。

④其他雾天气条件

这类雾包括降雪雾、化雪雾、上坡雾、塘库平流雾,这些雾只生成在特殊的地形、特殊的天气背景下,出现的概率很少,占大雾总数不到 1%。

3.3.2　大雾的预报方法

由形成大雾的天气形势及特征,可得到大雾预报的启示,结合永州实际情况,主要制作辐射雾和平流蒸发雾的预报方法。

(1)辐射雾预报指标

①云量:对于辐射雾预报来说,晴朗少云是首要条件,中、低云的总云量低于 3 成;一般成雾前一日 20 时全区大部已转为晴到少云天气,也有少数情况,20 时本区大部为阴雨天气,高空槽后半夜快速移过本区,天气转晴,湿度大,辐射降温成雾。

②湿度:近地面层基本达到饱和,地面温度露点差在 1～5℃,850 hPa 湿度较大,温度露点差在 1～10℃,中、高层较干,500 hPa 温度露点差在 10～40℃。

③风:从分析易出现大雾天气的地面风场来看,出现大雾时,地面多为静风或风速为 1～2 m/s 的轻风,轻风时风向多为东北风。而从高空风场来看,高空风垂直切变一般较小,在 500 hPa 和 700 hPa 高度上以西北气流为主。低层由于风速较小,风向不定。

本区及上游地区高空至地面整层为弱的冷平流。从涡度场考虑,本区及上游地区高空至地面为负涡度平流,其作用是抑制上升运动的发展,保持地面水汽蒸发和降水物在边界层内蒸发后凝聚而不扩散。

（2）平流蒸发雾预报指标

①云量：平流雾的形成对云量的要求不是很高，中、低云的总云量在 3～10 成时，均可形成平流雾。

②湿度：平流雾对湿度的要求较辐射雾高，近地面层和低层 850 hPa 湿度基本达到饱和，850 hPa 及以下至地面温度露点差都在 0～3℃，有时湿层甚至可上升到 700 hPa，高层较干。

③风：同辐射雾，出现平流大雾时，地面多为静风或风速为 1～2 m/s 的轻风，不同的是，轻风时风向多为偏东风或东南风。高空风场存在两种情况：高空风垂直切变小，500～850 hPa 高度上为一致西南气流，低层 850 hPa 一般有 6～12 m/s 的弱西南风低空急流；高空风有垂直切变，在 500 hPa 和 700 hPa 高度上以西北气流为主，低层 850 hPa 为 4～8 m/s 的西南风。

从冷暖平流来看，上游地区暖湿气流明显，本地区高空（850～500 hPa）为暖平流或 850 hPa 为暖平流。从涡度场考虑，高空 700～500 hPa 为正涡度平流或负涡度平流，低层 850 hPa 为正涡度平流。从散度场考虑，中、低空一般为辐散下沉。

3.3.3 雾对各行各业的影响

（1）雾对交通运输的影响。大雾造成近地面层能见度低，对航空、航运、公路运输都有较大影响，大雾经常造成高速公路封闭、航运中断、机场关闭、航班延误，甚至可引发重大交通事故。

（2）雾对农业生产也有不利影响。长时间的大雾遮蔽了日光，妨碍了农作物的呼吸作用和光合作用，使农作物变得衰弱，容易使作物受病虫害的危害。多雾的地区，日光照射时间不足，会使作物延迟开花，生长不良，从而影响或减低产品的质量和产量。

（3）雾对供电系统的影响。大雾由于湿度大，雾滴附着在输电线路瓷瓶、吊瓶等绝缘设备表层，极易破坏高压输电线路的瓷瓶绝缘，导致高压线路短路和跳闸，造成污闪频发，电网解裂，大面积停电。

（4）雾对人体健康的影响。大雾天气致使过饱和的水蒸气在空气中与尘粒凝结，同时还造成空气中含氧降低，人们在呼吸时，感到胸闷，尤其容易造成心血管、呼吸道与关节、腰腿痛等疾病患发概率大大增加。大雾出现时，大气停滞少动，连续雾天会导致污染物难以扩散，严重威胁人们的健康乃至生命。

（5）雾对生活的影响。永州地处江南南部，水汽丰沛，春季平流雾出现时，空气异常潮湿，可使部分建筑物的墙壁或地面渗水，衣服、皮革及木制品也较容易发霉，部分电器不能正常使用。

3.4 连阴雨天气过程及其预报

3.4.1 连阴雨天气

根据《湖南省地方标准 DB43/T234—2004》，连阴雨是指 3 月 1 日—10 月 30 日，日降雨量 ≥0.1 mm 连续 7 d 或以上，且过程平均日照时数 ≤1.0 h。依据持续时间的长短，又可分为轻度、中度和重度连阴雨三个等级。轻度连阴雨：连续阴雨天数 7～9 d；中度连阴雨：连续阴雨天数 10～12 d；重度连阴雨：连续阴雨天数 13 d 或以上。

普查永州站（57866）1971—2000 年资料，统计了 3 月 1 日—11 月 30 日（利用 08 时—08 时雨量进行统计）连续阴雨天数达到 3 d 及以上的过程共计 235 次。连续阴雨天数达到 7 d 及以上的过程,共计 52 次,其中达到轻度连阴雨 37 次、中度连阴雨 12 次、重度连阴雨 3 次。平均每年 1.7 次。

(1)连阴雨形成原因

连阴雨的出现与影响中国雨带迁移的西风带和副热带高压系统的季节性变化有关,连阴雨天气出现的区域也有明显的季节变化,从冬季过渡到夏季时,连阴雨的雨区由南向北推移;从夏季到冬季时,则由北向南推移,与雨带位移的特点相一致。春季,中国南方的暖湿空气开始活跃,北方冷空气开始衰减,但仍有一定强度且活动频繁,冷暖空气交绥处(即锋)经常停滞或徘徊于长江和华南之间。在地面天气图上出现准静止锋,在 700 hPa 等压面图上,出现东西向的切变线,它位于地面准静止锋的北侧。连阴雨天气就产生在地面锋和 700 hPa 等压面上的切变线之间。当锋面和切变线的位置偏南时,连阴雨发生在华南;偏北时,就出现在长江和南岭之间的江南地区。秋季的连阴雨,发生在北方冷空气开始活跃、南方暖湿空气开始衰减、但仍有一定强度的形势下,其过程与春季相似,只是冷暖空气交绥的地区不同,因而连阴雨发生的地区也和春季有所不同。

(2)连阴雨的危害

初春连阴雨,往往出现在水稻播种育秧时节,易造成大面积烂秧现象;秋季连阴雨如出现较早,会影响晚稻等农作物的收成。春季连阴雨主要出现在长江流域及其以南地区,影响春播和夏收作物生长发育;初夏连阴雨主要出现在长江流域一年一度的梅雨季节;秋季连阴雨主要出现在中国西部地区,形成"华西秋雨"。

①对居民生活的影响

下雨时气压较低,空气潮湿,到处湿淋淋,使人不舒服。雨天道路泥泞不堪,经常弄脏衣服。阴雨天影响出游或外出办事,许多露天作业都无法进行,耽误工程进度。阴雨连绵,空气潮湿,适合各种霉菌的生长和繁殖。

②对农业生产的影响

持续的连阴雨可以造成连续低温冷害和洪涝灾害,对农业生产造成危害。连阴雨四季都可能出现,不同季节的连阴雨对农业造成的影响不同,其中以春、秋两季的连阴雨对农业生产影响较大。连阴雨有时会导致湿害,但更多的往往会因长时间缺少光照,植株体光合作用削弱,加之土壤和空气长期潮湿,造成作物生理机能失调、感染病害,导致生长发育不良;作物结实阶段的连阴雨会导致籽实发芽、霉变,使农作物产量和质量遭受严重影响。连阴雨灾害发生程度的年际间差异较大,常导致洪涝、寡照、低温、湿、渍等灾害。同时,连阴雨易诱发喜温、喜湿的作物病虫害发生发展。

永州市春播期连阴雨主要出现在早稻育秧阶段,往往与低温相伴。显著特点是:降水持续时间长,雨区范围广,雨量强度小,光照差。2—3 月是南方双季早稻产区早稻播种育秧季节,此时天气多变,冬季风尚有一定强度,冷空气活动比较频繁。当北方冷空气南下入侵到江南、华南时,尤其当从中国东部南下的北方冷空气和从热带海洋来的暖湿气流相遇时,常会在二者的交汇地带形成低温、阴雨、寡照天气。华南、江南地区此时先后进入早稻播种育秧阶段,持续的低温阴雨天气使得秧苗缺乏生长所必需的热量和光照,造成早稻烂秧死苗。阴雨天气还促使秧田的棉腐病菌繁殖侵染,间接地加重烂秧程度,导致损失大量稻种;还因补种延误播种季节,使早稻成熟延迟,影响晚稻栽种,进而使抽穗扬花期遭受低温危害。早稻播种育秧期的连阴雨天气以低温型阴雨发生的频率最高,前暖后冷型及冷暖交替型次之。倒春寒是春季南方早稻播种育秧期的主要灾害性天气,倒春寒天气带来的低温连阴雨是造成早稻烂种烂秧的主要原因。3—4月长江流域进入春季,开始春播育苗,越冬作物进入关键生长期。受北方南下冷空气和热带海洋来的暖湿气流交汇的影响,长江中下游以及西南地区东部经常出现"倒春寒"和低温连阴雨天气,往往会影响棉花适时播种,造成三麦赤霉病、油菜菌核病的流行。连阴雨天气对农作物的播种、出苗影响很大,当日平均气温在12℃或其以下时,连阴雨3～5 d;或在短时间内气温急剧下降,且日最低气温降到5℃以下,均可造成棉花等作物的烂种、弱苗、死苗,特别是日平均气温低于10℃的低温连阴雨,持续7 d或以上对农业生产的影响尤为显著,导致地温低,土壤湿度大,日照不足,使播在地里的作物种子呼吸作用减弱,生理活动受阻,根芽停止生长,出现大面积的烂种、死苗现象。不仅损失大量种子,而且因补种延误播种季节,使作物成熟期延迟,影响一年的农事安排。如果低温连阴雨出现在春播前,就会使春播推迟;如果出现在播种后,则会导致烂种烂芽,出苗缓慢,苗势参差不齐;出苗后遇上连阴雨,会引起和加重作物苗期病害的发生,使幼苗生长缓慢,有时还会导致毁掉苗床重播。因此,时断时续的低温阴雨天气往往会影响棉花的播种进度,致使棉苗立枯病、炭疽病等苗病发生,直接影响成苗率。春季连阴雨还会因雨水过多或排水不良,造成农田积水,引起小麦、油菜烂根、早衰,生长发育迟缓,病害流行。

秋季低温连阴雨不仅影响晚稻、一季稻,而且影响玉米、棉花等作物开花、授粉。玉米开花期遇连阴雨,当空气相对湿度高于90%时,花粉就会丧失活力,甚至停止开花;如连日下雨,花粉遇水结团或吸水胀破,减少花丝授粉的机会,造成大量缺粒、秃尖和空秆;如低温与连阴雨同时出现,会导致玉米吐丝推迟,造成花期不遇,形成空秆。棉花开花期连阴雨会导致棉花大量落花、落蕾,使坐桃率下降。收获期是决定作物能否丰收的关键阶段,此时若出现连阴雨往往会导致大范围的失收,造成丰产不丰收的局面。

3.4.2 春季连阴雨的分析和预报

(1)环流形势分析

造成春季低温连阴雨过程前期500 hPa环流形势主要有阻塞高压型、宽低槽型和两槽一脊型三种。

①阻塞高压型的主要特征

阻塞高压一般位于50°N以北地区;高压呈准静止状态,高压中心移速为3～6个经距/d,有时候超过10个经距/d;高压的东南侧有近于东西向的横槽。

ⅰ)乌拉尔山阻塞高压型(高压中心位于50°—80°E)

乌拉尔山阻塞高压建立以后(图3.11),加强向东北方向发展。发展过程中,温度槽从贝加尔湖地区向西南发展,使横槽进一步加深,并伴有切断低压形成。当冷平流从高原西北入侵到90°E时,未来48～72 h低温阴雨过程开始。

乌拉尔山阻塞高压一般可维持4～5 d,便开始崩溃东移。其崩溃的主要标志是:冷温度槽侵入暖高区域,横槽破坏和泰米尔半岛低压槽消失,阻塞高压中心东移过100°E或高压中心消失。在此情况下,未来24～72 h阴雨低温过程消失。

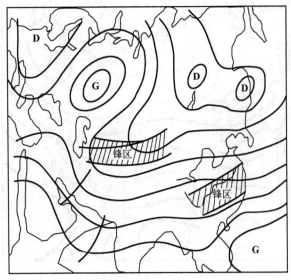

图 3.11   乌拉尔山阻塞高压型示意图

在实际工作中,阻塞高压崩溃后还可再生。其再生条件是横槽仍然明显存在,一旦贝加尔湖地区有冷温度槽侵入,使横槽加深。其次是泰米尔半岛仍然维持低压槽,并且此槽南移西伸,逐渐转横,使阻塞高压再次建立和加强。由于阻塞高压的再生,阴雨过程持续时间一般可延长一个星期。

ⅱ)欧洲阻塞高压型(高压中心位于 20°—25°E)

欧洲阻塞高压与乌拉尔山阻塞高压的不同之处主要体现在以下两点:

欧洲阻塞高压中心位置偏西(50°E 以西),切断低压位置也偏西。亚洲区为宽低压,青藏高原有时候有弱脊发展。阻塞高压建立后,120 h 左右阴雨过程开始。

欧洲阻塞高压一般向乌拉尔山地区东移并发展。有时候在欧洲区崩溃,有时候东移到乌拉尔山地区崩溃,崩溃后又可再生。若新地岛地区维持低压槽,冷温度槽从乌拉尔山东侧向西南地区伸展,使里海一带的低压槽加深,甚至发展成横槽与高压西侧的切断低压连接,再次发生南北气流分支,促进阻塞高压再度建立和发展。在这个过程当中,往往有青藏高原浅脊发展。

②宽低槽型

宽低槽型的演变特征大致可以分为两种情况:

一种是整个欧亚地区气流较平直,里海或以西地区有切断低压,印度西部有大于589 dagpm 的高压,西太平洋副高较弱,588 线西端位于 120°E 以东(图 3.12)。由于切断低压的东移,在里海有高压脊生成,并逐步发展成乌拉尔山阻塞高压,经向度加大,与此同时,西太平洋副高脊线西伸至 105°E。阻塞高压稳定 2 d 后开始东移减弱,副高仍继续加强,南海有588 闭合高压,这是低温阴雨过程持续的关键条件。当高压脊东移到新疆以东时,欧亚地区变成两槽一脊环流形势,如果沈阳站>556 dagpm 或 24 h 变高>5 dagpm,则阴雨过程 3 d 内结束,天气转暖。

另一种是欧亚气流平直,印度或西部有 588 闭合高压,同时菲律宾到南海也有一高压,两高之间,孟加拉湾低槽明显且稳定。中纬度低槽同低纬度小槽不断东移,低温阴雨过程持续。当南海高压移到中南半岛或印度—南海为高压带时,2~3 d 内低温阴雨过程结束。

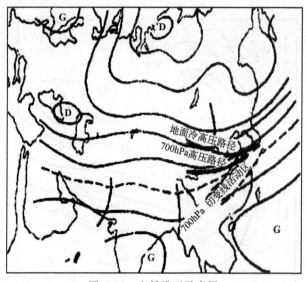

图 3.12　宽低槽型示意图

对于宽低槽型,预报中应该注意:

ⅰ)若里海或以西有切断低压,未来在巴尔喀什湖上空将有高压脊生成并发展成阻塞高压,此时南海高压加强,低温阴雨持续。

ⅱ)阻塞高压减弱东移变成两槽一脊形势,预示此次过程即将结束。

ⅲ)在宽低压形势下,里海或以西没有切断低压,应该注意分析低纬度系统,若中南半岛或孟加拉湾有高压生成时,低温过程结束。

③两槽一脊型

高压脊位于贝加尔湖地区(80°—110°E),东侧槽位于日本海,西侧槽位于乌拉尔山东南部,低压底部伸至地中海(图3.13)。由于乌拉尔山地区槽加深使槽前暖平流加强,从而使贝湖高压脊向北发展,并且逐渐发展成阻塞形势。同时,西太平洋到南海有闭合高压。低温阴雨过程开始并维持,当伊朗高原有暖脊生成或印度洋高压东移在孟湾地区出现闭合高压,印度—中南半岛—西太平洋为高压带时,48 h左右低温阴雨过程结束。

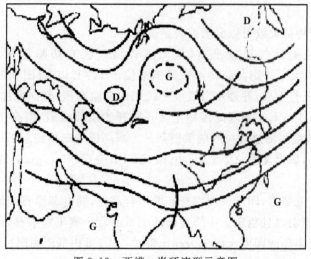

图 3.13　两槽一脊环流型示意图

（2）永州预报经验

①过程开始预报指标

ⅰ）在暖晴过程当中，若2月下旬末—3月中旬500 hPa古比雪夫站（35746）高度差为−6～−2 dagpm时，未来3 d发生低温阴雨过程。

ⅱ）在暖晴过程当中，若古比雪夫站（35746）高度差为＞14 dagpm时，未来4 d发生低温阴雨过程。

②过程结束预报指标

沈阳站500 hPa高度的变化可以较好地反映贝加尔湖及其以东槽的强度变化。故一定程度上沈阳站500 hPa高度及其变化对低温阴雨过程的结束有一定的指示意义。

ⅰ）阻塞高压型

由阻塞形势造成的低温连阴雨，持续3 d以上，沈阳站24 h变高由负值转正值达2 d以上，若其最大正值≥8 dagpm，则低温阴雨过程3～4 d内结束。

ⅱ）非阻塞型

若此低温阴雨过程是由移动性槽脊造成，则当沈阳站24 h变高由负值转为正值，且其值≥5 dagpm，3 d左右低温阴雨过程结束。

3.4.3　秋季连阴雨的分析和预报

秋季素有秋高气爽、温湿宜人的气候特点。平均气温大多在16～19℃，大风强度一般较弱，暴雨成灾的可能性也较小，是四季中灾害性天气相对较少的季节。但10月以后，冷空气势力逐渐增强，南下后常在南岭形成静止锋，多出现阴雨天气，形成所谓"秋雨"现象。同时，初秋时节冷空气造成的强降温及低温，可使晚稻生长遭受"寒露风"危害。

（1）500 hPa环流形势分析

造成秋季低温连阴雨过程的500 hPa环流形势主要有欧洲阻高型、平直环流型和两槽两脊（包括两槽一脊）型三种环流形势。

①欧洲阻塞高压型

500 hPa欧亚大陆西部经向环流明显，欧洲到乌拉尔山一带有阻塞高压，阻塞高压东部有横槽，多数情况下在亚洲北部有一大的冷低压存在。亚洲40°N以南气流平直，多小波动东传，副高较强，脊线多在18°—20°N（图3.14）。

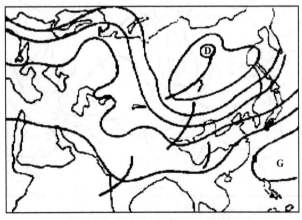

图3.14　欧洲阻塞高压型示意图

阴雨天气刚开始时,地面冷高压位置偏北,高压中心多位于贝湖西部,冷锋接近或即将侵入湖南,由于高空南支小槽的影响,江南先有阴雨天气。然后小槽东移,槽后引导冷空气侵入湘南,并在华南静止,形成秋季连阴雨天气。

②平直环流型

500 hPa欧亚大陆气流比较平直,没有长波槽脊,中西伯利亚常有一范围很广的冷低涡,这是极涡偏心的结果(图3.15),有的个例中这个冷涡位置偏北,位于北冰洋上空。西风气流的分支不确定,有时候明显,也有时不明显。副高较强,脊线在20°N附近。

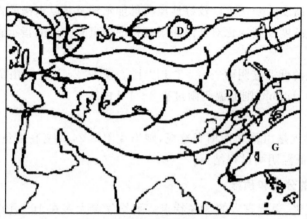

图 3.15　平直环流型示意图

阴雨开始时,地面冷高压中心多已移到45°N附近或以南,高压中心比较偏西,多位于105°E以西,冷空气从北路南下侵入永州,形成秋季连阴雨天气。

③两槽两脊(含两槽一脊)型

500 hPa欧亚中高纬度经向环流明显,亚洲东部和西西伯利亚各有一个大槽,贝加尔湖附近和欧洲为明显的暖脊(图3.16);30°N以南为平直西风气流,孟加拉湾附近为一南支槽,它与贝湖暖脊成反位相分布。这种反位相的组合有利于连阴雨的形成:贝湖暖脊前部的西北气流引导地面冷空气从偏东路径南下影响永州产生降水天气,孟加拉湾南支槽前西南暖湿气流源源不断地向湖南提供充沛的水汽,从而形成秋季低温连阴雨过程。

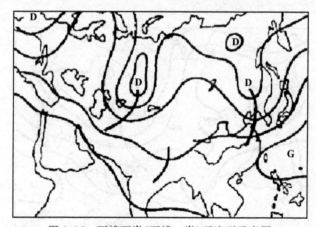

图 3.16　两槽两脊(两槽一脊)环流型示意图

（2）地面冷高压特点

秋季连阴雨是由于冷暖空气在永州上空交汇，形成中低层切变线和地面准静止锋以后形成的。当北方有一次小槽活动带来冷空气，就出现一次降水过程。小槽活动频繁时，冷空气就接二连三入侵湘南，于是就形成连阴雨天气。

通常用连阴雨开始那一天的地面冷高压中心强度来表示冷空气的强弱，造成秋季连阴雨的冷高压中心一般以 1031～1060 hPa 为宜（占 70.6%），其中以 1041～1050 hPa 为最多（占 35.4%）。

秋雨的形成与地面北路冷空气的关系十分密切，据1971—2000 年资料统计，有81.2%的秋雨是由北路冷空气侵入湘南后造成的，还有12.5%是由西路冷空气侵入所造成，只有6.3%是由东路冷空气侵入后造成的。

（3）低纬度环流形势

副高的强度及位置适中，一般用副高外围的 588 线范围及其所在位置来说明副高的强度。秋雨过程发生时，副高外围的 588 线一般位于两广及福建沿海上空，不太偏北或偏南，副高西伸脊点一般在 105°～120°E，脊线稳定在 20°N 附近。我国东南及南部沿海无台风活动。

（4）永州秋季连阴雨形成的预报经验

①注意欧洲阻高的动态，当欧洲阻高上游低槽已开始移动，阻高西侧暖平流明显减弱，并变为冷平流时，阻塞形势趋向崩溃，阻高东面横槽将转竖；地面冷高压增强并向东南移动，冷空气可能影响永州并形成降水。

②秋雨前 1～3 d 地面冷高中心一般有明显加强现象，增加值一般≥10 hPa。

当地面冷锋越过 40°N 时，若西南倒槽发展明显，则冷锋进入湘南后容易形成秋雨过程。

③副高脊线位于 20°N 附近时有利于秋雨的形成；南海有台风活动（特别是中等以上的台风活动）不利于秋雨形成。

秋雨开始前一天，850 hPa 在 35°—50°N 有明显东西向或东北—西南向的锋区；700 hPa 在100°E 以东，25°—45°N 范围内有低槽或切变，切变位置在 30°—35°N；500 hPa 副高西伸脊点达 120°E 以西，脊线在 18°—24°N。

④秋雨开始时冷空气大多已侵入湘南，个别未进入湘南的冷锋也已越过黄河；亚洲 500 hPa 的西风环流指数在秋雨前 4～11 d 出现一个峰点，其上升值达 100 或以上。

（5）永州秋季连阴雨结束的预报经验

①东亚大槽型

北支西风带小槽与南支低槽东移并在东亚沿海合并发展成东亚大槽；横槽转竖、东移，并在沿海加深成东亚大槽；西风带大槽东移到沿海停留。

东亚大槽建立后，槽底一般可达 30°N 以南，槽的西部在贝湖附近为一浅脊，高原东侧为明显的西北气流控制；此时副高已断裂，西面的脊移到中印半岛，东面的脊则退至 120°E 以东；地面大多伴有一次明显的冷空气南下，使停留在华南的准静止锋南移消失，雨区随之南压或就地减弱消失。

②平直西风型

本型特点是秋雨结束时东亚大槽不明显，亚洲大陆气流比较平直，西风带多小槽活动。当西风带有小槽东移至东亚沿海略加深，槽后西北气流扩展到长江中下游，中低层切变消失，雨区也就减弱消失。此型占总数的 26.3%。

本型地面往往没有明显冷空气南下,而是冷空气逐渐变性,气压场转成西高东低或南高北低型,湖南预报员习惯称为暖式转晴。

秋季连阴雨结束期的预报主要抓住东亚沿海大槽的建立和加深。具体到欧洲阻高型来说,主要在于阻高崩溃、横槽转竖的预报。只要横槽转竖,地面上引导一次较强的冷空气活动过程,迫使暖空气南撤,江南阴雨天气消失,这也就是预报员常说的"赶鸭子"天气。至于平直气流型和两槽两脊或两槽一脊型则要注意南北两支低槽在沿海合并加深,或西槽在东移过程中至沿海停留或加深,与此同时,新疆暖脊迅速发展东移。地面气压场往往转成南高北低型或西高东低型,冷空气迅速变性,华南静止锋锋消。

3.5 强对流天气及其预报

强对流定义:是指直径超过 2 cm 的冰雹、超过 17 m/s 的雷雨大风,任何级别的龙卷和对流性暴雨。

3.5.1 冰雹

(1)永州冰雹天气概况

永州市位于湖南西南部,与湘西北地区有较大差异,年冰雹过程出现率较低,在 1995 年以前,全市年平均在 1~2 次,1995—2010 年,极少出现冰雹。永州市冰雹集中出现在 3—4 月,且多出现在午后到傍晚,对烤烟及早稻秧苗影响最大。

永州冰雹多发区(图 3.17)主要有两个:阳明山及其周围、九嶷山及其周围;冰雹及降雹云移动路径主要有三条:①北路经由怀化、邵阳南部或雪峰山南部,进入本市祁零盆地南部(阳明山北部),最后消失于祁阳金洞山区或常宁东部地区;②西路由江永西部往东,经道县南部、江华北部进入九嶷山区;③南路由道县西部仙子脚、寿雁及其南部月岩林场往东北发展,进入阳明山南部地区,最后消失于新田北部山区。

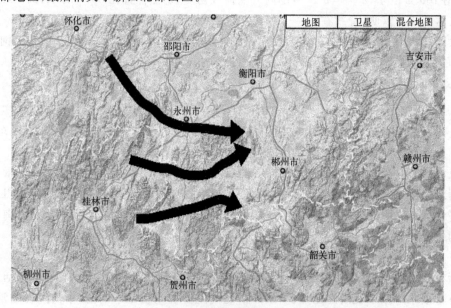

图 3.17 冰雹及降雹云移动路径

（2）冰雹天气形势及预报指标

①永州冰雹的主要天气形势有：高空冷槽、地面冷锋前飑线降雹型；高空冷槽、地面锋后降雹型；南支槽、地面倒槽锋生降雹型。较湘北地区冰雹的主要天气形势简单一点。

单站资料分析压、温、湿三要素，查看三要素是否已出现或即将出现超过同期多年极端最低气压、极端最高温度和湿度的平均值。无量纲值 $E-T$ 是否大于 0 或 $\ln(E/T)$ 是否大于 1；还要分析单站剖面图上是否连续 $2\sim3$ d 以上持续南风、降压、升温、升湿。

②冰雹预报的主要指标：沙氏指数 $SI\leqslant-3$，易发生；干静力不稳定度（$\Delta T=T_{850}-T_{500}$），$\Delta T\geqslant26$，易发生；不稳定总能量 It，当 $It>6$ 时，易发生。在预报业务中，多采用上游站怀化（57749）、桂林（57957）两站的高空站数据与产品。

冰雹常与其他强天气伴生，由于受中小尺度天气系统影响，在短期天气预报上，空漏率很大，只宜作临近预报（参见第 7 章）。如雷达回波出现三体散射、50 dBz 以上强中心、V 型缺口等，参照冰雹指数，可作出可能伴有龙卷的强烈天气警报。

3.5.2　雷雨大风

瞬间风速大于 32.7 m/s 的大风为 12 级，一般在内陆很少出现；瞬间风速在 24.5 m/s 的大风为 10 级，在永州也较少出现；永州较常见的雷雨大风为 17 m/s 以上或平均风速 12 m/s 以上。

（1）永州雷雨大风天气概况

永州市雷雨大风灾害频繁，主要发生在 3—8 月，约占全年 95% 以上，从 1971—2000 年共有 2895 个雷电日，平均每年有 96.5 d，且主要集中在 7—8 月，从一天各个时次看，以午后到傍晚出现频率最大，从 15 时开始，雷雨大风的频数陡增，17 时达到高峰，19 时日落之后频数锐减。7—8 月本市雷雨大风主要集中在以江华为中心的南岭北麓山地，7—8 月雷雨大风平均多达 10 d（次），总的分布趋势是北少南多。

因雷雨大风多由中小尺度天气系统造成，局地性较强。

从单站温、压、湿要素看，雷雨大风发生前，主要表现为高温、高湿，但温、压、湿三要素中，只要有两个要素超过了历年同期最大平均值，当天就可能出现雷雨大风。

永州 3—6 月雷雨大风多在偏南风突转偏北风（或强冷空气入侵）时发生，表现为系统性。7—8 月多局地自生性雷雨大风天气，故表现为局地性。

（2）永州雷雨大风天气预报经验

由于雷雨大风生命史短，且多由中小尺度天气系统造成，影响范围不大，故预报时限很小，主要依靠雷达回波资料及产品分析；一般在中短期精确预报上，难度较大；对于预报较大天气系统产生的雷雨大风，可分析大气不稳定度、水汽条件、模拟计算雷雨大风风速等。

对于西风带天气系统影响时，可根据怀化（57749）、桂林（57957）两个上游站的沙氏指数 SI、K 指数进行判断；当东风带天气系统（如台风、东风波、南海季风等）影响时，可根据郴州（57972）、梧州（59265）两个上游站的沙氏指数 SI、K 指数进行判断。当 $SI\leqslant-1.5$ 时，容易产生雷雨大风；$K\geqslant28℃$ 时，可能出现局地性雷雨大风，K 值越大，则出现的站数越多。

对于较大天气系统影响而出现的雷雨大风，其风速有以下关系式，可供预报业务参考：

$$V\approx2\times(T_g-T_c)\qquad\text{（单位：m/s）}$$

T_g 为对流温度，即气块从自由对流凝结高度（LFC）沿干绝热下降到地面时的温度；T_c 为气块下降到地面时的温度,即由层结曲线或状态曲线上的 0℃ 层沿湿绝热下降到地面时的温度,应用状态曲线求出 T_c,与计算出来的大风风速预报值与实况值比较接近,平均误差只比实况大 1.2 m/s;而用层结曲线计算求出 T_c 进而计算出来的大风风速预报值比实况平均要大 7.9 m/s。

对于较大天气系统影响而出现的雷雨大风,还可参考高空风场风速,一般高空风场与地面 1.2 m 高度风场有如下对应关系:

500 hPa 风速 V,对应地面 1.2 m 高度风速 $0.5V$;

700 hPa 风速 V,对应地面 1.2 m 高度风速 $0.7V$。

3.5.3　对流性暴雨

(1)永州对流性暴雨天气概况

统计 1971—2000 年资料,永州对流性暴雨在各月均有发生,其中以 4—6 月较为集中,以 11 月—翌年 1 月最为稀少,且多以西风带暴雨形式为主,多表现为中尺度云团、雨带;由地面雷达系统实况观测资料得知,对流性暴雨则多由超级单体、多单体及混合性絮状回波(层状云内嵌强对流)造成。如图 3.18 所示,发生于 2008 年 11 月 1—2 日永州深秋暴雨过程中的一张红外云图,其层状云内嵌强对流,强对流云顶亮温在 $-53 \sim -43$℃,因处于非汛期、雷达停机,短时临近预报为空白,极容易被漏报或忽略。

2日05时红外云图

图 3.18　2008 年 11 月 2 日 05 时(北京时)红外云图

东风带对流性暴雨,多发生于副高边缘、东风波扰动、台风或热带气旋外围。发生于副高边缘的对流性暴雨,其移向与生消主要受副高进退、加强或减弱影响;东风波扰动产生的对流性暴雨主要受东风扰动影响,一般暴雨落区在东风扰动区域内呈东西方向分布;台风或热带气旋外围产生的对流性暴雨,其落区与螺旋雨带(云系)及台风或热带气旋的移动路径有关,这些对流性暴雨都是东风带系统不稳定能量传输后,诱发对流单体或超级单体、多单体造成的。

(2)永州对流性暴雨预报指标

对流性暴雨多伴有雷电活动,短期预报可参考雷雨大风的沙氏指数 SI、K 指数指标进行判断其对流强度。由于雨量是降水强度与降水时间的累积产物,则风速或中尺度系统的移动速度相比较雷雨大风天气较小。

$$P = R \times \Delta t \qquad\qquad R = EWq$$

上式中 P 为累计降水量,R 为雨强(降水率),Δt 为降水持续时间,E 为降水效率,Wq 为云底水汽通量,其中:W 为上升气流速度,q 为比湿。

在临近预报上,可参考永州雷达探测定量降水公式对降水总量进行估算:

$$R = 0.0127 \times H \times L \times P^{0.46}$$

上式中 R 为累计降水量,H 为强中心云顶高度、L 为主移向水平尺度、P 为强中心回波强度,上式对块状回波降水估算较精确,对絮状回波降水误差可以控制在 30% 以内。

目前,对对流性暴雨预报也主要依靠临近预报技术,也即雷达、卫星跟踪、监测,加上简单外推法;一般西风带对流性暴雨的落区在其主移向的右前方,多个对流性单体先后经过某一区域或地点,可形成"列车效应",造成的降水总量往往是单一单体经过后所造成降水的数倍,这种形式的对流性暴雨最值得引起注意。

3.6 华南静止锋天气过程及其预报

华南静止锋是指活动于中国华南地区(20°—26°N)的准静止锋。一般意义上 6 h 内(连续 2 张图)锋面位置无大变化的锋定义为准静止锋,或简称静止锋。华南静止锋多为冷空气南下后势力减弱和南岭山脉的阻挡等所致,常与空中切变线相配合出现,有明显降水,是影响永州地区的重要天气系统之一。一年四季都可出现,每年 12 月—次年 6 月出现的最多,尤以春季 3—4 月出现最为频繁,经常造成江南大范围的持续低温阴雨天气,给工农业生产带来很大影响。

华南静止锋按其形成过程可分为两类:第一类是指冷锋南移进入华南而逐渐静止所形成,即南移类;第二类是在长江以南锋生形成的,即锋生类。华南静止锋按其致灾类型可分为两类:第一类是指主要发生于春季 3—4 月的与永州低温连阴雨相伴随的华南静止锋;第二类是指主要发生于 5—7 月的与暴雨相对应的华南静止锋。

3.6.1 春季华南静止锋气候概况

(1)华南静止锋的持续天数(统计 1971—2000 年资料)

表 3.5 是 3—4 月份华南静止锋的持续天数,可以看出:

①静止锋在永州平均停留时间为 3 d,最长的达 15 d。

②锋生类的平均停留时间长于南移类。

表 3.5 两类华南静止锋的持续天数

月份		3 月		4 月		3—4 月	
锋面类型		南移类	锋生类	南移类	锋生类	南移类	锋生类
华南	平均天数(d)	2.7	3.6	2.8	3.1	2.8	3.4
静止锋	最长天数(d)	10	12	7	15	10	15

（2）华南静止锋与永州春季3—4月低温连阴雨

统计静止锋与永州春季3—4月低温连阴雨过程可以看出,南移类静止锋共出现34次,其中出现低温15次,频率为44.2%;出现连阴雨23次,频率为67.6%。锋生类静止锋共出现64次,其中出现低温18次,频率为28.1%;出现连阴雨32次,频率为50.0%。

（3）华南静止锋与永州暴雨

统计静止锋与永州5—7月暴雨过程可以看出,南移类静止锋共出现33次,其中出现暴雨4次,频率为12%。锋生类静止锋共出现61次,其中出现暴雨9次,频率为15%。

3.6.2　华南静止锋的结构特征

（1）华南静止锋的结构

华南静止锋锋区结构明显,锋区内温度梯度和θ_{se}梯度都比较大,并存在明显的逆温层,锋区上界低空有θ_{se}的舌状高值区,锋区后部为θ_{se}的低值区。具体如下:

①华南静止锋的最大伸展高度较低,一般仅伸展到对流层中层;

②华南静止锋锋面坡度较小,锋面坡度一般在1/200～1/300,冷空气一般较薄;

③华南静止锋近地层锋面坡度较大,锋区一般具有南凸结构;

④华南静止锋的地面锋线多与锋区上界相联系。

（2）典型的华南静止锋

①浅脚锋:由于锋区北侧的冷空气较浅薄,锋区伸展的高度较低,一般顶部接近700 hPa左右,水平宽度约500 km左右,锋面坡度约为1/180,逆温结构不强。

②无脚锋:冷空气南下后由于地面的摩擦、辐射、湍流等作用,而使低层冷空气变性,低层锋区温度梯度减弱锋区结构消失从而形成的。

③折向锋:折向锋是指锋区向北侧倾斜一段距离后转为向南倾斜的锋。一般在600 hPa以下有一强的湿斜压锋区,锋区从地面开始向北倾斜,到达800 hPa左右开始转向南倾斜,降水主要出现在地面锋线附近。

3.6.3　华南静止锋形成的预报

（1）华南静止锋形成时的中高纬环流形势

①乌拉尔山阻塞高压型

在500 hPa高度上,欧洲或乌拉尔山地区存在一明显的阻塞高压,中心在50°N以北,在阻塞高压的东面为宽广的低压区,低压中心在贝加尔湖地区附近,有一明显的横槽。亚洲中纬度地区处于低压横槽的东南部,基本上为平直西风气流。北支锋区沿阻塞高压前西北气流引导地面冷空气南下,由于中纬度平直气流的作用,冷空气有所东移,往往从东路或北路南下,进入我国江南地区,并在华南静止。南支气流则绕过青藏高原南部伸向江南,在印度半岛及中南半岛之间形成一个低压槽,即南支低槽。南支低槽槽前西南气流把水汽源源不断的输送到江南地区。副高脊线一般位于15°N附近,位置偏东。

②平直西风型

在500 hPa高度上,亚欧中高纬度地区为极涡控制,极涡范围较宽广,中纬度地区为平直西风环流,副热带高压西伸并稳定维持在 15°N 附近。地面冷高压主体呈东西向,冷空气一般从偏东路径扩散南下至华南地区静止。

③两槽一脊型

在 500 hPa 高度上,巴尔喀什湖至里海一带为一高压脊或阻塞高压控制,高压西侧为一较弱的低槽,高压东侧为一宽广的大低槽控制。从乌拉尔山至我国东北地区为一致的西北气流控制,其上不断有小槽引导冷空气经蒙古地区东移。此时中低纬地区气流较平直,副高较弱,但较弱冷空气经东路南下进入江南地区后仍然趋于静止。

(2)冷锋南移转静止的预报经验

当冷锋抵达 100°E,40°N 时作为起报日,可使用下列指标:

①3 月 500 hPa,$H_{南宁} - H_{广州} \geqslant 1$ dagpm 时,冷锋南移静止,如 $H_{南宁} - H_{广州} \leqslant 0$ 时,锋面将不在华南静止。

②4 月 70°—110°E,45°—56°N 范围内高压中心强度在 1025~1040 hPa;08 时 $P_{成都} \leqslant$ 1013.5 hPa,同时 $P_{广州} - P_{呼和浩特} \geqslant 0$ 和 $P_{上海} - P_{成都} \geqslant 5$ hPa 时,锋面南下后静止。

3.6.4 华南静止锋锋生过程的预报经验

华南静止锋锋生的预报经验公式

$$Y = 2X_1 + X_2 + X_3 + X_4 + X_5 \geqslant 5$$

其中:

X_1:当 $P_{999贵阳} - P_{999上海} \leqslant -7$ hPa 且 $\Delta P_{24} \leqslant -5$ hPa 时编为 1,否则为 0;

X_2:850 hPa 江南有切变线或风速辐合(要求芷江的东南风或西南风 $\geqslant 10$ m/s,并且大于长沙与武汉的偏南风)时为 1,否则为 0;

X_3:850 hPa 芷江或桂林或郴州的偏南风 $\geqslant 10$ m/s 时为 1,否则为 0;

X_4:850 hPa 上 $\theta_{se} = 323$°K 的湿舌由华南伸向 25°N 以北时为 1,否则为 0;

X_5:500 hPa 黄淮地区有西南风与西北风的汇合,济南、郑州、南京有一站偏北风 $\geqslant 16$ m/s 时为 1,否则为 0。

应用 08 时天气图,当 X_1 等于 1 时依次计算 X_2,X_3,X_4,X_5。并以 Y 等于 5 为起报日,预报未来锋生。

3.6.5 华南静止锋过程结束的预报

华南静止锋结束过程主要包括静止锋南移及静止锋锋消两类。静止锋南移主要是锋后冷高压加强或冷空气补充引起的。在乌拉尔山阻塞高压形势下的静止锋过程当中,当阻塞形势崩溃,横槽转竖东移入海导致东亚大槽建立时,静止锋南移。在平直西风形势下由于小槽发展东移入海导致东亚大槽建立,静止锋开始南移。另外当 500 hPa 短波槽沿长江流域东移强烈发展时,导致锋后强烈加压或副高南退时,静止锋开始南移。静止锋锋消主要表现为锋后冷空气变性及副高显著增强。

(1)静止锋南移

①当静止锋上空有低槽发展东移加深,槽后冷平流强度最大处出现在 115°E 以西,

850 hPa图上南岭一带转偏北风,地面图上长江口或东海有气旋强烈发展时,华南静止锋将要南移。

②高空图上,当南海高压区为台风或热低压代替时,或中南半岛高压加强,南海高压减弱东退,使华南一带由偏南风转为偏北风,华南静止锋将南移。

③锋面坡度变陡,700 hPa切变线向地面锋线靠近时,静止锋将南移。

(2)静止锋锋消

①当静止锋上雨区开始分裂,雨势减弱,锋后气压梯度减小,并持续减压、增温,出现偏南风时,静止锋将减弱消失。

②与静止锋相联系的切变线北侧的高压同副高合并,或者副高增强北抬,静止锋接近500 hPa脊线时,静止锋将趋于减弱消失。

3.7　西南低涡天气过程及其预报

3.7.1　西南低涡天气的气候概况

春末夏初,是西南低涡影响江南最频繁的季节。西南低涡东移发展往往能造成长江中、下游地区和华南北部地区强烈的对流性降水,因此,西南低涡是永州主要的暴雨天气系统之一。

西南低涡定义:凡产生在700 hPa或850 hPa高度上,25°—35°N,97°—110°E范围内的小涡旋,称为西南低涡。具体规定是:在700、850 hPa图上,上述范围内有一条闭合等高线或有明显的气旋性环流的低压,并能维持12 h或以上的,不论其为冷性或暖性,均列为西南低涡。在25°N以南的海平面上发生的热带低压或台风北转登陆减弱而进入西南地区的低压,都不作西南低涡处理。

(1)西南低涡的源地与移动路径

西南低涡的源地主要集中在三个地区:分别是九龙生成区、四川盆地生成区、小金生成区。九龙生成区占低涡生成总数的44.7%,是西南低涡生成最多、最集中的区域,故这类西南低涡又称九龙涡;四川盆地生成区占29.0%,是第二集中区,可称之为盆地涡;小金生成区占19.9%,是西南低涡生成的第三集中区。

西南低涡在源地生成后,大多就近减弱消亡,但仍有部分移出四川影响我国东部地区的天气。西南低涡东移的路径大体可分为四条:低涡进入108°E并位于33°N以北的称北路;在27°—33°N之间东移的为东路;在27°N以南向东南移的称东南路。少数低涡位置偏南,移向东北,移经108°E、31°N以南,称东北路。一般来说,偏北路的低涡对永州没有影响,而东路、东南路径与东北路径的低涡对永州有影响。

(2)各月西南低涡的路径有如下特点

①4—5月低涡路径主要是沿长江中、下游东移,东路占绝对优势,其中也有少数在湖北南部折向东北的,偏北路的西南低涡为数极少;

②6月在湖北南部折向东北和偏北路的低涡明显增多,另外出现东南路低涡;

③7—8月的情况与前不同,出现东北路低涡,东路低涡明显减少,以偏北路低涡占绝对优势。

西南低涡移动路径随季节的变化是明显的,它与副高的位置与强度变化有密切的关系。

3.7.2　西南低涡的环流特征

通过多个实例合成分析,揭示影响永州的西南低涡在结构上以及在流场、单站要素和雨团活动等方面的特征。

(1)西南低涡的三维结构

东移的西南低涡之所以能形成强烈降水,一方面与周围环流系统的相互影响有关,同时也与其本身的动力和热力结构有密切的关系。从分析的一些个例中看出,影响永州的西南低涡在环流形势和结构上都比较类似,本节挑选影响永州降水的10个西南低涡过程作合成分析,从而了解什么样的环境背景下西南低涡会东移影响永州。

①高度场与温度场

由合成图(图3.19)可见,图中(a)为500 hPa形势图,东部西太平洋副高中心偏东且位于洋面上,西伸脊线偏南位于19°N附近,西部有一槽线位于四川盆地中东部105°E附近地区,且较深厚,整个下游地区为槽前的西南气流控制,从温度场来看,此槽位于暖舌内,槽底有一闭合暖中心,说明此槽为东移发展槽,槽前的正涡度输送有利于低层减压和气旋性涡度加大,高原东南侧的西南气流容易在四川盆地形成明显的辐合。从图中(b)700 hPa合成图上分析可知,整个四川盆地为一低压中心控制,从风场上看,有2个气旋性环流中心:一个位于四川盆地西北部(100°E,31°N)附近,处于青藏高原东侧生成区;另一个位于四川东北部(106°E,30°N)附近,处于四川盆地生成区。从温度场配置看,四川盆地西部的高原地区为暖中心控制,东北部有北方冷空气贯入,说明在槽后引导气流的影响下,700 hPa有冷平流沿着四川盆地西侧进入四川东部地区,冷平流一方面使等压面下降促使西南低涡发展东移,另一方面引起位势不稳定从而有利于降水发生。分析850 hPa的合成图(图略)也可以发现,其环流场配置与700 hPa相似。

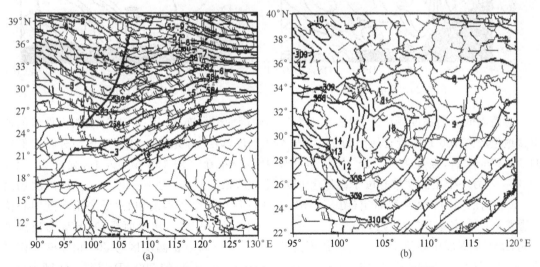

图3.19　影响永州的西南低涡500 hPa(a)和700 hPa(b)合成图
(实线为等高线,单位:dagpm;断线为等温线,单位:℃)

②散度场与涡度场

在散度场纬向剖面图分布中(图 3.20a),有 2 个辐合中心,一个位于四川盆地西部山地 100°E 附近,自低层到 450 hPa 为辐合区,其中以 550 hPa 辐合最强,范围最广,中心强度为 $-1.5 \times 10^{-5} s^{-1}$,450 hPa 以上为辐散区。另一个辐合中心位于四川盆地东部 107°E 附近,对应西南低涡的四川盆地生成区,地面到 650 hPa 为辐合区,最强辐合位于 800 hPa 附近,中心强度为 $-1 \times 10^{-5} s^{-1}$。无辐散层分布在 700~300 hPa,300 hPa 以上出现辐散,辐散大值中心位于低涡中心上空的 300 hPa 附近,约为 $1 \times 10^{-5} s^{-1}$。在散度场经向剖面图分布中(图 3.20b),西南低涡生成区的 30°N 附近自低层到 400 hPa 为散度辐合区,且辐合区向北倾斜,最强辐合区位于 700 hPa 附近,中心强度为 $-1.5 \times 10^{-5} s^{-1}$,400 hPa 以上为辐散区,辐散区中心位于辐合区之上的 250 hPa 左右,中心强度为 $3 \times 10^{-5} s^{-1}$。以上分析可知,中低层西南低涡生成区以辐合为主;高层基本都被辐散气流控制,且高层的辐散中心同样处在西南低涡生成区,这种高层的辐散极有利于上升运动的加强,也预示着可能有较深厚的上升运动发展。西南低涡的这种低层辐合、高层辐散的配置,有利于低涡发生、发展,且在低涡东北侧高空出现强的辐散,中低层辐合加强,有利于低涡发展、东移,从而影响永州地区。

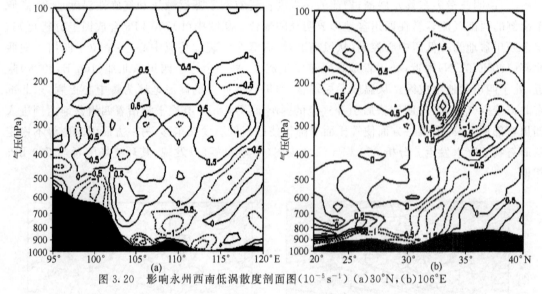

图 3.20　影响永州西南低涡散度剖面图($10^{-5} s^{-1}$) (a)30°N,(b)106°E

对西南低涡的涡度场诊断发现,在涡度场纬向剖面图分布中(图 3.21a),在西南低涡的四川盆地生成区 106°E 附近自地面到 350 hPa 为正涡度,以上为负涡度,正涡度中心分布在低层的 800 hPa 左右,强度为 $6 \times 10^{-5} s^{-1}$,负涡度中心分布在高层 150 hPa 左右,强度为 $-4 \times 10^{-5} s^{-1}$。另一个正涡度中心位于高原上 100°E 附近,强度较弱,为 $1 \times 10^{-5} s^{-1}$。从涡度场沿 101°E 经向剖面图分布中可看出(图 3.21b),高低空各有一个正涡度中心,低层正涡度中心位于青藏高原东南缘 27°N 附近,与西南低涡的九龙生成区相对应,从地面至 400 hPa 为正涡度控制,最大正涡度中心位于 700 hPa,强度为 $4 \times 10^{-5} s^{-1}$;高空正涡度区与 500 hPa 槽线相对应,正涡度区域从 500 hPa 延伸至对流层顶,中心位置在 37°N 的 300 hPa 左右,强度为 $3 \times 10^{-5} s^{-1}$。低涡区这种较强的正涡度环流分布,对于低涡的发展和移动具有重要的作用,该物理量经常与别的物理量如垂直速度等组合,构成新的物理量(如螺旋度等)来指示和预报低涡的发展、移动以及降水分布。

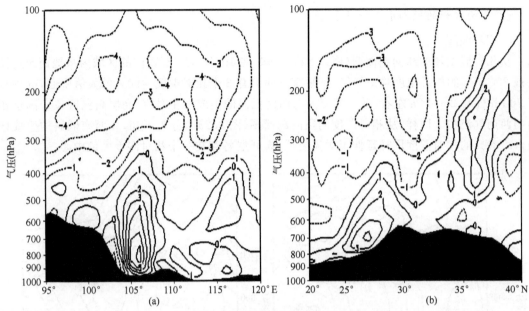

图 3.21　影响永州的西南低涡涡度剖面图(10^{-5} s^{-1})(a)30°N,(b)101°E

③垂直速度

由西南低涡垂直速度场的纬向剖面图(图 3.22a)可见,98°—114°E 的区域内从地面至 150 hPa 均为上升气流控制,有 3 个最大上升速度中心分别位于 100°E、103°E 和 109°E,与 700 hPa 西南低涡的生成区相对应,高原上的最大上升气流位于 450 hPa 左右,约为$-0.2\times$ 10^{-2} hPa/s,而盆地中的最大上升气流位于 700 hPa 附近,为-0.25×10^{-2} hPa/s。以西南低涡的四川盆地生成区为中心沿 107°E 作经向剖面图(图 3.22b)可知,最大上升气流位于 31.5° N 附近,中心强度为-0.45×10^{-2} hPa/s,与涡度场纬向分布相类似,向北倾斜。由上分析可知,东移西南低涡的垂直速度分布表现为从地面至对流层顶都为上升气流控制,最大上升气流中心位于低涡区附近。

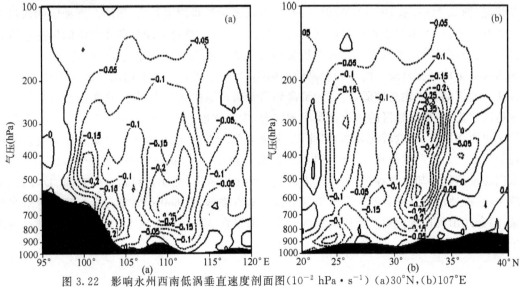

图 3.22　影响永州西南低涡垂直速度剖面图(10^{-2} hPa·s^{-1})(a)30°N,(b)107°E

（2）影响永州的低涡水汽输送条件

①相对湿度

从相对湿度场的纬向剖面图（图 3.23a）可知：在 103°—112°E 宽广的区域内从地面至对流层顶 200 hPa 的相对湿度均＞80％，且垂直方向上有 2 个相对湿度＞90％的大值中心，分别位于 700 hPa 与 250 hPa 左右，低层高湿区与西南低涡的生成区相对应，高层高湿区位于高空槽前的西南气流中。同样，从相对湿度的经向剖面图（图 3.23b）分析可知，在西南低涡的生成区域内＞80％的相对湿度同样延伸至对流层顶，高低层各存在一个相对湿度大值中心。

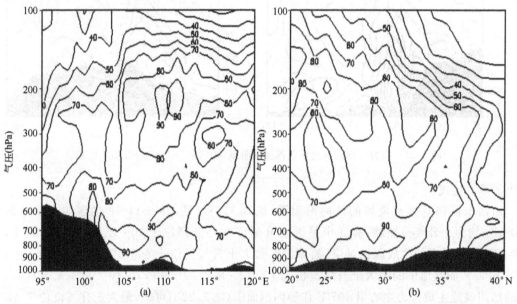

图 3.23　影响永州的西南低涡相对湿度剖面图（％）(a)30°N，(b)105°E

②水汽通量与水汽通量散度

为了进一步考察影响永州的西南低涡水汽条件，分析了低层水汽通量及水汽通量散度的分布情况（图 3.24a），从 700～850 hPa 的平均水汽通量矢量图可看出，影响西南地区的水汽来源主要有三支：一支来自孟加拉湾的西南水汽输送；另一支来自中印半岛和南海的偏南水汽输送；第三支是西风带的水汽输送。在四川盆地东北部的水汽通量出现气旋性辐合，与西南低涡的四川盆地生成区相对应。由于云贵高原的阻挡，影响了孟加拉湾对四川西北部的水汽输送，以致使该地区的水汽输送较弱，但在云贵高原与青藏高原的相互作用下，来源四面八方的水汽在该地区聚集，使得该地区的水汽通量出现辐合，中心强度达-2.5 g·cm^{-2}/s，还有一个辐合区位于川西南地区，强度较前者弱，因此，三个辐合区与西南低涡的三个生成区相对应。对水汽通量与水汽通量散度作垂直剖面（图 3.24b）分析可知，水汽输送在中低层较强，在 100°E 附近水汽通量值较小却出现辐合，对应西南低涡的小金生成区，处于四川盆地中东部的水汽通量值较大，在近地层出现来自西太平洋地区的偏东水汽输送，在 800 hPa 左右逐渐转为西南水汽通量，辐合区出现在水汽通量转向的地区。水汽通量在 500 hPa 及以上的地区迅速减弱，表现为平直的西风气流。

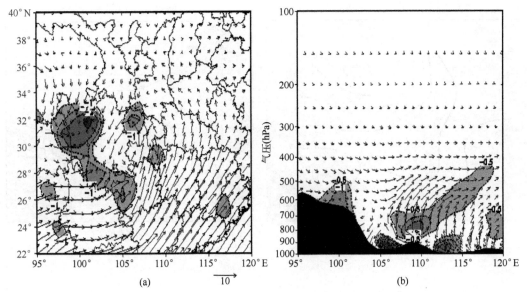

图 3.24　影响永州水汽通量($g \cdot cm^{-2} \cdot s^{-1}$)与水汽通量散度($10^{-5}g \cdot cm^{-2} \cdot hPa^{-1} \cdot s^{-1}$)

(a)700 hPa 与 850 hPa 的平均水汽通量与水汽通量散度；(b)沿 30°N 的经向剖面图

3.7.3　西南低涡的形成条件

（1）西南低涡生成的典型天气形势

西南低涡是否生成，取决于环流形势、上下层系统的相互作用等多个方面。过去的研究成果已经对西南低涡生成进行了统计分析，得出了一些有利于西南低涡生成的典型天气形势。以 700 hPa 为例，主要流场特征是在云贵到四川盛行气旋性气流，如：风速的辐合流场、气旋式弯曲等，而对流层高层辐散作用同样对西南低涡生成具有很好的促进作用。图 3.25 给出了有利于西南低涡生成的四类典型 500 hPa 天气形势。

①西风大槽类

亚洲上空以经向环流为主，西风大槽自中亚地区东移加深，经过青藏高原断裂为南槽和北槽，青藏高原到四川盆地均为槽前西南气流控制，且水汽充沛，当大槽东移到高原东部时，存在明显的 24 h 负变高，在中低层有利的气旋性切变下将有低涡生成。此类低涡生成过程多伴有一次冷空气活动，冷空气的侵入促使低涡后期能够不断发展。

②南支槽类

这类低涡生成于西风带盛行高指数环流及副高偏南的形势下，此时青藏高原上空南支槽活动频繁，其移动速度约为 10～12 个经度/d，当南支槽移动到高原东部时，在槽前辐散区下层的 700 hPa 气旋式流场中将有低涡生成。这类低涡常出现在四川九龙附近，当然四川盆地也可以产生。

③高原切变类

我国西北地区（青海、甘肃一带）有高压或高压脊，在印度的新德里附近为稳定少动的低槽，于是槽前的西南气流与脊前的偏北气流辐合于青藏高原中部，形成东－西向或东北－西南向的高原切变线，当高原切变东移到高原东部，在切变线南侧下层 700 hPa 有利的气旋性切变下生成低涡。

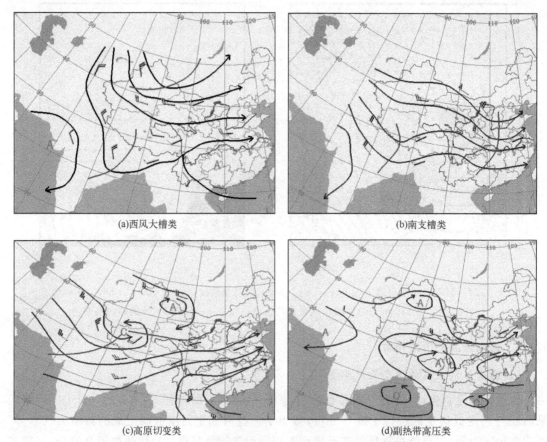

(a)西风大槽类　　(b)南支槽类

(c)高原切变类　　(d)副热带高压类

图 3.25　西南低涡生成典型 500 hPa 天气形势示意图

④副热带高压类

副高在西太平洋上的位置较北,但西伸进入大陆,脊线通过 120°E 经线的位置在 25°—28°N,西脊点在 100°—110°E、25°—28°N 附近,这时,云贵川处于副高西侧的西南暖湿气流控制,当青藏高原有低值系统东移到高原东部,或者青藏高原为高压,高原东部到四川处于两高之间的辐合区,在 700 hPa 有利的辐合流场下也易于西南低涡的生成。

(2)低涡形成的边界层特征

一般情况下,在九龙或巴塘的低涡形成之初,仅 700 hPa 上有反映,由于地处高原东侧,它离地表约在 1500 m 之内;四川盆地的低涡形成初期,只表现在 850 hPa 上,同样处在离地表 1000 m 左右的边界层中。可见除了高原热力作用这个重要的因素外,大气边界层内的特殊动力作用对西南低涡的形成也不容忽视。下面仅以九龙低涡为例,简述如下。

①当低层西南气流经 25°N 附近横断山脉南缘向东北方流入时,由于地形自西北向东南倾斜,气流右方处于自由大气层内,而左方则在边界层中,使气流左侧风速远比右侧小(一般可相差 2 倍以上),从而产生气旋性切变,有利于低涡形成和维持。

②由于边界层内黏滞摩擦作用的影响,风向左偏,这一方面加大了气流的气旋性曲度,同时使暖湿空气向稻城、九成地区辐合,在 700 hPa 高度形成低压环流,加之暖湿空气抬升凝结释放潜热的影响,为低涡进一步发展提供了有利的条件。

所以,四川九龙低涡生成之初,边界层内气旋性涡度的产生和积聚,以及风场辐合作用引起的垂直运动十分重要。而后期低涡的发展则往往和冷空气的活动有关。

3.7.4 西南低涡过程的预报着眼点

在预报中,主要需解决西南低涡形成后在什么情况下发生发展、东移影响等问题。

(1)低涡发生发展的预报条件

西南低涡暴雨是永州暴雨中非常重要的一类,常常造成严重的洪涝灾害。对引发这类暴雨的主要中尺度系统—西南低涡未来发展与否以及移动方向的判断是预报技术中非常关键的一部分。

①大尺度环境场影响因子。扰动流场对环境涡度场有正涡度平流的地区,有利于低涡发展。反之,不利于低涡发展;当中低层为正涡度,高层为负涡度,低层环境场为辐合时有利于低涡发展;环境场辐合越强时,低涡发展越快。反之,低层环境场辐散使低涡系统减弱;在低涡流场对环境温湿能有正能量平流(暖湿平流)的地区,有利低涡系统发展。在紧邻高能中心一侧的等值线密集区(能量锋区),常常是低涡系统发生、发展的地区。反之,在干冷平流区,不利于低涡系统发展;当高层环境场辐散时,有利于低涡发展;辐散越强,低涡发展越快;反之,高层环境场辐合不利于低涡发展。大尺度环境场对低涡发展的影响受到大气稳定度的制约。在弱不稳定和稳定大气中,低层大尺度环境场辐合是促使低涡发展的重要因子。在不稳定大气中,高层大尺度环境场辐散是驱动低涡发展的重要因子。

②地面感热加热与潜热作用。地面感热加热与暖平流对暖性西南低涡形成起着较大的作用;大尺度环境场的散度和由边界层摩擦作用产生的次级环流的积云对流释放的潜热是西南低涡发展的主要因子,潜热加热通过使低涡区气压降低,低层气旋性辐合以及高层反气旋性辐散加强,从而使西南低涡进一步发展。从能量转换上看,在低层,地形和潜热加热加强位能向散度风动能转换以及散度风动能向旋转风动能转换;在高层,地形通过加强旋转风动能向散度风动能转换,使高空辐散增强,而潜热加热通过加强位能向散度风动能转换亦使高空辐散增强。

③低空急流加强有利于低涡发展。当低空急流在西南地区南部突然加强时,高湿的气流流入四川盆地,由于秦岭、大巴山的阻挡,导致气流不能继续北上,在四川盆地产生强辐合,引起强烈上升运动,强辐合的产生必然有利于低涡的发展;低空急流加强引起的低层强辐合产生的潜热释放,导致中层位涡的增加,使得低涡十分深厚;在低涡生存期间,低空急流加强在西南低涡的南部引起低层强辐合,弥补低涡由于低层摩擦引起的旋转减弱,使低涡长时间稳定维持。

④角动量因子。低涡源地正角动量的大量增加为西南涡的形成提供必需的动力,对西南涡的生成具有一定的促进作用,而该地区角动量减小,则对低涡的形成产生明显的抑制作用。角动量输送变化是造成低涡逐月出现频率不同的不可忽视的动力因素。同时,角动量平流正值区与低涡出现源地有很大的对应关系。

⑤分层流因子。西南低涡的形成是与盆地、河谷及其上下气流分层有关的一种定常态。在上、下为西风分层时期,低层的浅薄暖湿西风有利于西南低涡的形成;在上、下为东、西风分层时期,上层浅薄东风也有利于西南低涡形成;小型的凸起山脉对西南低涡的形成没有影响。初夏大气低层相对薄而稳定的西南暖湿气流与高空干冷偏西气流之间形成稳定的分层流,这

种分层流与地形相互作用最有利于涡旋扰动的形成。

⑥地形因子。西南低涡的三个涡源形成原因主要是四川盆地与青藏高原和横断山脉相连接的陡峭地形附近由于涡管的伸展加强而产生,四川盆地南侧的横断山脉背风侧的涡度带以及四川盆地北侧沿青藏高原东北侧南移的背风槽所携带的涡度带。在西南低涡形成初期,横断山脉的主要作用是形成其东南侧的涡度带,当该涡度带并入西南低涡时,可以导致西南涡的加强。在西南低涡形成后,西南涡可以促使该涡度带向其靠拢,但当该涡度带向下游移动时,该涡度带可以拖带西南低涡东移。西北、西南向的风都不利于西南低涡的形成,而西风条件下西南低涡一般都能形成,但强的西风不利于西南低涡在源地的维持,更易向下游平流而脱离四川盆地。

⑦西南低涡形成的SVD(倾斜涡度发展)机制。由于地形作用而使得等熵面倾斜是SVD发生的重要条件,西南季风气流北上与高原地形相互作用形成较强的南风垂直切变,两者结合导致SVD发生,垂直涡度快速增长。

⑧耦合发展机制与非平衡动力强迫发展机制。当青藏高原-四川盆地垂直涡旋处于非耦合状态时,抑制盆地系统发展;当两者成为耦合系统后,500 hPa高原低涡前部强的正涡度平流与850 hPa四川盆地浅薄低涡区弱的正涡度平流在四川盆地上空形成垂直耦合,上下涡度平流强弱不同造成的垂直差动涡度平流强迫将激发500 hPa以下的上升运动与气旋性涡度加强,激发盆地系统发展与暴雨发生。高原低涡与盆地浅薄低涡涡区内大气运动非平衡负值垂直叠加,其强迫作用同时激发出气流的辐合增长。热带气旋与西南低涡的相互作用通过改变低涡邻域内的风压场分布,使大气运动的非平衡性质发生改变,促进低涡中心及其东部非平衡负值增强,其动力强迫作用能激发低涡区内低层大气辐合和正涡度的持续增长,激励低涡发展。

⑨低频重力波指数影响因子。低频重力波指数随时间变化与西南低涡发展有较好的对应关系,低频重力波越不稳定,西南低涡越易得到发展。

总之,西南低涡形成之初,是一种暖性的浅薄系统,而后在西风槽前的涡度平流和北方冷空气抬升作用,以及南方低空急流的水汽输送等有利因素影响下不断发展加深。如果在低涡形成后处于高空的西北气流区内,则此低涡的强度将逐渐减弱并填塞。

(2)低涡东移的预报经验

经验表明,发展的低涡就是东移的低涡。从日常工作和普查结果得知,西南低涡的东移与500 hPa低槽的位置有关系,700 hPa低涡位于500 hPa低槽槽前0~3个纬距时,其东移的概率在70%以上;700 hPa低涡位于500 hPa低槽槽前5个纬距之外或槽后2个纬距以外时,其东移的概率在20%以下。

西南低涡东移应具有下列形势条件:

①500 hPa低槽条件

ⅰ)500 hPa低槽较明显,其槽线将移过700 hPa低涡上空。

ⅱ)槽后有明显的西北气流。

ⅲ)槽后有明显的冷温度槽配合。

②700 hPa条件

ⅰ)700 hPa河西走廊的酒泉、张掖、西宁、兰州、合作5站为正变高,并有≥3 hPa的正变高中心南移;地面图上高原为正变压,且有≥3 hPa的正变压中心东移;重庆、恩施、怀化、贵阳

4 站 700 hPa 为负变高并有 2 hPa 以上的负变高中心存在,低涡将东移。

ⅱ)700 hPa,西宁、兰州、达日、武都 4 站为负变温,并有≤−5℃的负变温中心南移,长江中、上游南部的重庆、恩施、怀化、贵阳 4 站为正变温,低涡将东移。

ⅲ)当低涡东部在 700 hPa 或 850 hPa 出现西南急流时,低涡将发展东移。

ⅳ)700 hPa 华东沿海有明显低槽,长江中游为西北风,成都、重庆、贵阳 3 站正变高之和的平均值≥3 hPa,同时,长沙、武汉的等压面高度比成都低时,则低涡不东移。

③地面条件

ⅰ)西南倒槽发展,低涡附近有一 ΔP_3 中心和云雨区向东扩展,低涡将发展东移。

ⅱ)当冷空气从低涡的西部或西北部侵入时,低涡发展东移,若冷空气从低涡的东部或东北部侵入,低涡将在原地填塞。

(3)低涡路径的预报经验

低涡移动的路径,取决于低槽或切变的位置,也与副高的强弱和脊线的走向有关系。低涡一般沿切变线东移,到低槽影响引起切变更替或副高变化导致切变位置改变时,低涡移动的路径也随着发生变化。

通过分析 500 hPa 副高脊线所在的纬度与 700 hPa 低涡东移经过 110°E 时的纬度的相关分布发现:副高脊线偏北时,低涡的移动路径也偏北;脊线偏南,低涡的移动路径也偏南。但当西风带有高压或高压脊东移,在长江下游与副高合并,副高北侧边缘出现大片较强的正变高时,低涡路径将比原来偏北;当副高脊受西风带系统影响或其本身的周期性减弱,副高西北侧或北侧出现明显的负变高区时,低涡路径将比原来偏南。

(4)低涡暴雨过程的预报

一般情况下,低涡从启动到影响永州需要 12～24 h,少数低涡从川东到影响湘西南只要 6 h 左右就有强降水发生。低涡暴雨的预报详见第 4 章有关内容。

3.8　副热带高压系统

3.8.1　副热带高压概况

西太平洋副热带高压系统常年存在,它是一个稳定少动的暖性深厚系统。副热带高压是制约大气环流的重要超长波系统之一。在北半球,它主要出现在太平洋、印度洋、大西洋和北非大陆上,出现在太平洋西部的副热带高压或伸向大陆的西太平洋高压脊线,称为西太平洋副热带高压,简称副高。一般采用 500 hPa 高度图上西太平洋地区 588 线所包围的范围作为特征量。副热带高压系统是影响我国夏季天气的重要天气系统之一,而且是直接控制和影响台风活动最主要的大型天气系统。

副热带高压的位置和强度变化有持续性、周期性和季节性特征,一般副热带高压强时易西伸,弱时易东退,初夏脊线位置偏南,盛夏偏北,同时脊线位置的南北变化往往有半月左右的准周期摆动。

西太平洋副热带高压除在盛夏偶有南北狭长的形状外,一般长轴都呈西西南—东东北走向。在 500 hPa 以下各层都较一致,但其脊线的纬度位置随高度有很大变化(图 3.26)。冬季,从地面向上,副热带高压脊轴线随高度向南倾斜,到 300 hPa 以后,转为向北倾斜;夏季,对流层中部以下,多向北倾斜,向上则约呈垂直,到较高层后又转为向南倾斜。低层随高度仍然因为海洋上的热源或最暖区位于副热带高压的南方,而大陆上的热源或最暖区却位于副热带高压的北方。因此在 500 hPa 以下的低层,海洋上副热带高压脊轴线随高度往南偏移,而大陆上则往北偏移。这显示了热力因子对副热带高压结构的影响。

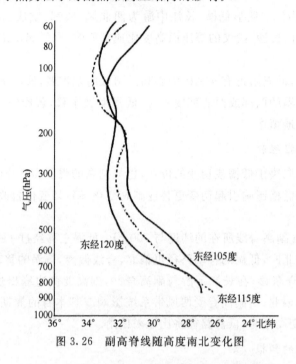

图 3.26　副高脊线随高度南北变化图

　　副热带高压脊的强度总的看来随高度是增强的。但由于海陆之间存在着显著的温度差异,使 500 hPa 以上的情况就不大相同。夏季,大陆上温度较高,所以位于该地区上空的高压随高度迅速增强,而位于海洋上空的高压则不然,其在 500 hPa 以上各层表现得比大陆上的弱得多。通常所说的太平洋副热带高压脊主要是指 500 hPa 及其以下的情况。

　　在对流层内高压区基本上与高温区的分布是一致的。每一个高压单体都有暖区配合,但它们的中心并不一定重合。在对流层顶和平流层的低层,高压区则与冷区相配合。

3.8.2　副热带高压的结构

　　副热带高压脊中一般较为干燥。在低层,最干区偏于脊的南部,且随高度向北偏移,到对流层中部时,最干区基本与脊线相重合。

　　因此,在夏季,当副热带高压西伸进我国大陆时,往往会造成长时间的高温干旱天气。另外在副高的南、北两缘有湿区分布,主要湿舌从大陆高压脊的西南缘及西缘伸向高压的北部。

　　热带高压脊线附近气压梯度较小,平均风速也较小,而其南北两侧的气压梯度较大,水平风速也较大。又因为副热带高压是随高度增强的暖性深厚系统,到一定高度上便形成急流。故其两侧的风速必然也随高度而增大,到一定高度上便形成急流。其北侧为西风急流,南侧为东风急流。

　　当副热带高压脊作南、北移动时,西风急流与东风急流的位置、强度、高度都会发生很大的变化。

在卫星云图上,副热带高压主要表现为无云区或少云区,无云区的边界一般较明显。这些云系在天气图上常反映不出来,但其出现对副热带高压强度减弱有一定的预报意义。另外,当强冷锋入海后,冷锋云系的残余常可伸入到副热带高压内部,甚至越过副热带高压进入低纬度,这在春秋季节发生较多。

3.8.3 副热带高压脊随季节变化规律

西太平洋副热带高压对我国天气、气候有重要影响,特别是它西部的高压脊。它的范围在500 hPa 图上,用 588 线表示。它的位置和强度随季节而变化。其位置的变化:南北方向,用副高脊线所在纬度的平均值代表。6—8 月脊线平均位于 24°N。东西方向用 588 线西伸端点所在经度代表,平均位于 122°E。

西太平洋副热带高压的强度和位置有明显的季节变化。每年 6 月以前,副高脊线位于20°N 以南,高压北缘是沿副高脊线北上的暖湿气流与中纬度南下的冷空气相交绥地区,锋面、气旋活动频繁,形成大范围阴雨天气,受其影响华南进入雨季(图 3.27a)。到 6 月中、下旬,副高脊线北跳,并稳定在 20°—25°N,雨带随之北移,长江中下游地区进入雨季,即梅雨(图3.27b)。7 月上、中旬,副高脊线再次北跳,摆动在 25°—30°N,这时黄河下游地区进入雨季(图3.27c)。长江中下游地区的梅雨结束,进入盛夏。由于处于高压脊控制,出现伏旱;7 月末—8月初,副高脊线跨越30°N,到达一年中最北位置,雨带随之北移,华北北部、东北地区进入雨季。8 月底或 9 月初,高压脊开始南退,雨带随之南移。10 月以后,高压脊退至 20°N 以南,大部分地区雨季结束。

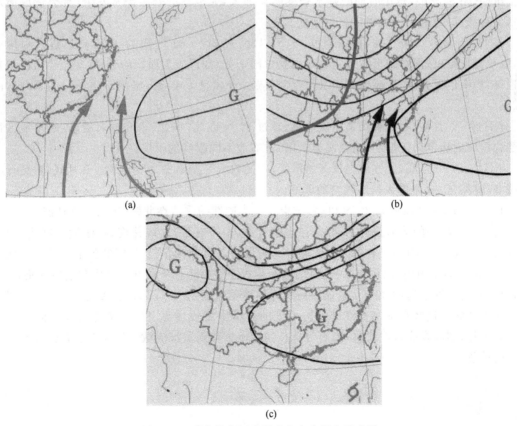

(a)

(b)

(c)

图 3.27　副热带高压脊随季节变化规律示意图

西太平洋副热带高压的季节性活动特点：夏季北进时，持续时间较长，移动速度较慢，而秋季南退时，却时间短，速度快。西太平洋副热带高压活动的年际变化较大。当其活动出现异常时，常常造成我国较大范围的旱涝灾害。

西太平洋副高对我国天气的影响十分重要，夏半年更为突出，这种影响一方面表现在西太平洋副高本身；另一方面还表现在西太平洋副高与其周围天气系统间的相互作用。在西太平洋高压控制下的地区，有强烈的下沉逆温，使低层水汽难以成云致雨，造成晴空万里的稳定天气，容易出现大范围的干旱。

3.8.4　副热带高压脊线位置对永州天气的影响

副高是向大陆输送水汽的重要系统，是降水的水汽来源，虽然主要依靠西南气流从印度洋输送，而太平洋副高的位置、强度和活动，不仅与西南气流的水汽输送有关，而且还影响着它南侧的东南季风从太平洋向大陆输送来的水汽。永州处于华南西北部，沿副高北上的暖湿空气与中纬度南下的冷空气相交绥，往往形成大范围的阴雨天气，是永州地区的重要降水带。降水带的南北移动同西太平洋副高的季节活动相一致，通常降雨带位于副高脊线以北约 5～8 个纬度。

每年 2—3 月，副高脊线稳定在 15°N 以南，华南地区、包括永州地区，常出现连续低温阴雨天气；4—5 月副高脊线在 15°—20°N 极锋雨带在华南一带，永州处极锋区的北侧，雨季开始（图 3.28a），入汛早的年份，这个时期永州部分县区也会产生暴雨。

6 月初—7 月上旬脊线越过 20°N，稳定在 20°—25°N，降水带位于长江中下游一带，永州进入主汛期（图 3.28b），这个时期的降水强度明显加大，大范围的暴雨经常发生，常会造成潇水河水位猛涨，局地的山洪地质灾害也频频发生。

7 月中下旬第二次北跳，脊线越过 25°N 以北，在 25°—30°N 摆动，黄淮地区进入梅雨季节，永州雨季结束，雨季结束后进入晴热高温少雨季节，常造成大面积的干旱，甚至容易出现夏秋连旱，华南地区因赤道辐合带北上，热带气旋、台风活动频繁，华南地区进入后汛期（图 3.28c）。

7 月底—8 月初，副高脊线第三次北跳，越过 30°N 以北，华北、东北进入雨季，永州地区往往受稳定的副热带高压控制，晴热高温少雨，常造成不同程度的干旱。

8 月中旬—8 月底，北方冷空气开始活跃，副高脊线开始南撤；9 月上旬—9 月底，副高脊线南撤 25°N 附近，永州进入秋高气爽的天气。

10 月上旬，副高南撤到 20°N 以南，结束一年为周期的季节性北跳，进入冬季环流。

由于每年副高的势力强弱不同，往往进中有退，退中有进，北跳速度慢，南撤速度快，梅雨期的长短和入梅、出梅的早晚都有很大差异。梅雨可以出现在 5—7 月间的各个时段。出现在 5 月的梅雨称为早梅雨，出现在 6—7 月的梅雨称为正常梅雨。一般在 6 月中旬前后入梅，7 月上旬出梅，梅雨期平均约 20 d。造成梅雨期连续降雨过程的天气系统，主要是准静止锋、切变线和西南低涡。这些系统在长江中下游地区的连续出现或缓移、停滞，都能造成大面积的洪涝。到 7 月，副高脊线再次北跳，降雨带从长江流域推移到黄淮流域。长江中下游进入晴热高温少雨季节。

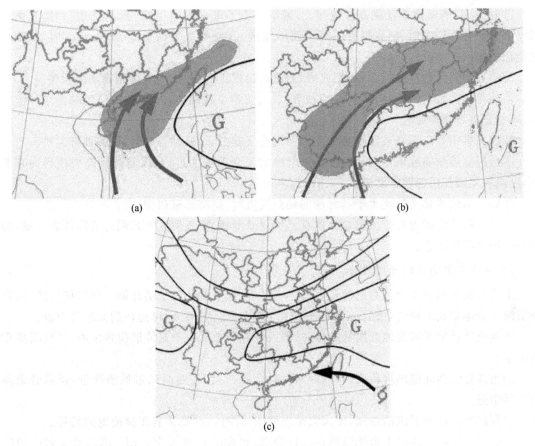

图 3.28　副高脊线位置对永州天气的影响

3.8.5　副高和台风移向的关系

强大的副热带高压不仅与菲律宾以东、以南洋面上发展起来的台风存在相互制约的作用，而且台风在移动过程中，副高的强弱和位置对台风的移速移向产生决定性的作用。

(1)7—9月，当副高偏弱，588线在台湾岛以东洋面上，菲律宾以东洋面上发展起来的台风，向西北方向移动时，由于副高的存在，台风绕副高的西侧会迅速转向北上。

(2)当有588线伸至内陆，且没有减弱的趋势时，台风在广东或福建沿海登陆后，在长江中下游地区迅速减弱成低气压或填塞。

(3)盛夏期间，副高较强大时，脊线在长江中下游地区形成高压阻塞带，迫使台风沿副高南侧的偏东气流向西移动，这类台风对永州有着直接的影响，圣帕和碧利斯台风就是在这样的环境场中向西移动，对永州产生了大范围的暴雨灾害。

(4)台风在副高南侧西移的同时，也会冲破副高脊西侧，使副高在内陆的西侧断裂成若干个小高压中心而减退，台风会在副高断裂处转向北上。

3.8.6　副热带高压脊线的预报着眼点

(1)副高西伸北进的预报经验

①在150°—160°E有低槽加深、维持或更替重建，低槽达到30°N，槽后的高压脊或青藏高压(或正变高)同副高打通合并，副高则加强西伸北进。

②6—7月,青藏高压比副高脊线偏北,或高原有588线闭合的高压,当其东移时,东侧的暖平流加压并入副高时,副高将有明显的西伸北进,高原的正变高达3~6 dagpm时,则副高可能出现第一次季节性北跳。

③东亚沿海低槽东移减弱,填塞北缩,或槽底出现正变高时,有利于副高加强西伸。

④热带辐合带上由于热带低压、台风槽、东风波和小扰动东传,使副高南侧的偏东气流加强,有利于副高西伸北进。

⑤西风带中有高压脊或正变高东移南下与反气旋打通、叠加合并时,副高西伸北进。

⑥台风登陆减弱或填塞副高往往作恢复性增强而西伸北进;台风越过副高脊线转向东北后,副高将尾随其后部西伸北进。

⑦副高南侧的偏南气流大于其北侧的偏西气流时,副高北进西伸。

⑧巴尔喀什湖附近有长波槽建立或有低槽发展南伸,其东侧110°E附近有高压脊形成,则有利于副高西伸北进。

(2)副高东撤南退的预报经验

①当乌拉尔山或中西伯利亚的阻塞形势破坏,贝加尔湖和巴尔喀什湖一带的横槽转竖,并在沿海一带建立长波槽时,槽后的西北气流引导地面冷空气南下,可迫使副高东撤南退。

②西风带低槽在河套地区发展加深时,槽底位置和槽后冷平流伸展位置偏南,可使副高东撤南退。

③副高脊线西北侧出现负变高,西风增强且范围扩大,表明西风带低槽移近,预示着副高将东撤南退。

④副高控制区域对应的地面,出现大范围的南风降压,副高将有东撤南退的趋势。

⑤副高连续两次或以上遭受西风带低槽侵袭,地面冷锋进入500 hPa副高脊线对应的位置,副高将东撤南退。

⑥青藏高原有负变高、负变温出现时,副高将减弱东撤。

⑦强台风靠近我国东南沿海或在台湾岛附近北上,台风外围的偏北气流和减压区进入大陆,在大陆的副高将东撤南退。

⑧台风在广东和福建一带登陆减弱后,与北方南下的冷空气相结合,发展成温带气旋东移,在大陆的副高将减弱东撤南退。

3.8.7　雨季结束与永州的高温天气

(1)雨季结束概况

雨季结束的气候标准是指:一次大雨以上降水过程以后,15 d内总雨量≤20.0 mm,则无雨日的第一天为雨季结束日。

雨季结束的天气标准是指:伸向大陆的西太平洋副热带高压脊线北跳到25°N左右,并且稳定控制达5 d以上。

雨季结束是大范围天气气候转变和大气环流季节转变的结果,主要取决于西太平洋副热带高压季节性的北跳时间,同时还受地理、地形等多方面的影响。因副高脊线北跳的速度和位置,决定雨季结束时间的迟早,永州的雨季结束日期多在6月底—7月初。也有雨季结束不明显的年份。

（2）雨季结束前的环流特征

雨季结束前,中高纬度多为两槽两脊型,40°E 和 100°E 附近为脊区,70°E 和 150°E 附近为槽区;中纬度东亚大陆沿海为一槽区,西太平洋副热带高压位置偏东偏南,主体在太平洋中部。

（3）雨季结束后的环流特征

雨季结束后西风带环流转为两脊一槽型,高压脊位于 60°E 和 135°E 附近,其间为宽广的低槽区;西太平洋副高脊线西伸北跳,脊线到达 25°N 附近,东亚沿海等压面高度上升 5 dagpm 左右。

（4）雨季结束与永州高温干旱

雨季结束后,永州进入晴热高温少雨天气,以日最高气温≥35℃为一个高温日,据 1981—2010 年资料统计,历年出现≥35℃的最多的日数一般在 35 d 以上,江永最少,为 27 d(2007 年),最多的达 61 d(祁阳 2009 年),其次永州、东安、宁远(2007 年)。

历年高温出现最多日数和历年高温累积日数都以北面突出,西南面次之,高温累积日数西南部 400～700 次,北部在 700～900 次,最多的祁阳 1029 次。总体趋势是西南角少,东北角多。从历年的干旱轻重情况来看,高温日数出现较多或累积高温日数较多的县区,其干旱程度也比较严重。

如 2003 年 6 月底雨季结束后,7—8 月降水特少,气温持续偏高,蒸发大,其中 7 月降水不足 20 mm,大部分县区不到 10 mm,为全市范围内的夏旱,全市 11 个县区、189 乡镇受灾,1783 个村组 23.4 万人、13.8 万头牲畜饮水困难,全市受旱耕地面积 154.1 hm²,旱作 39.5 hm²,无水翻耕 38.9 hm²,234 座水库、2.3 万处山塘干涸,563 条溪河断流。

（5）干旱产生的异常环流条件

副高明显偏强且西脊点偏西,稳定控制着江南和华南地区;鄂霍茨克海阻塞高压位置偏北或无阻塞形势;南支槽不活跃,水汽输送条件差;低纬度夏季季风槽偏强,热带系统不活跃。

（6）永州雨季结束的预报着眼点

①西太平洋副热带高压:副高强盛且稳定,位置偏强、西脊点偏西是造成永州持续干旱天气的主要因素。所以副高脊线的位置、副高强度和副高西脊点位置是预报永州干旱的重要指标,预报副高脊线西伸北进控制永州,也就预报了永州进入伏旱的起始时间。(副高脊线西伸北进的预报已在 3.8.6 节中阐述)

②冷空气活动情况:冷空气势力不强,冷暖空气主要在我国中西部地区,不利于永州降水的产生。

③西风带低槽位置:西风带低槽位置偏北,即使北部冷空气活动频繁,但南下势力较弱,不易在永州造成冷暖势力的交汇,导致干旱少雨。

④中低层西南气流强度:在中低层,江南到华南没有西南气流建立或西南气流弱,且空气湿度低,缺少足够的水汽条件,不会在永州产生降水,或者只有弱降水。

⑤台风生成的频率和移动路径:台风是缓解永州夏季干旱的一个重要系统。台风的位置和强度预报等,都是判断干旱缓解的重要因素。一般来说,由于受副高影响,台风的路径偏东或者偏南,此类台风对缓解永州干旱作用不大。

⑥雨季结束前,60°—80°E 是个暖脊,有大片的正变高和正变温,当西风带环流调整,巴尔

喀什湖有冷槽发展,60°—80°E转为负变高和负变温时,24~48 h内副高北跳明显,脊线越过25°N,永州雨季结束。

⑦雨季结束前日本上空500 hPa为正变高和正变温,当正变温达到2~3℃,正变高达到4~5 dagpm时,48 h内副高北跳3~4个纬距,预示永州雨季结束。

⑧6月下旬—7月初,青藏高压比副高位置偏北,当高原有3~6 dagpm的24 h正变高东移并入副高脊时,副高将出现第一次季节性北跳,脊线跳至25°N附近,稳定控制江南一带,永州雨季结束。

⑨6月下旬—7月初,当印度低压形成并可分析出580线,且加尔各答500 hPa为偏东气流时,副高脊线将出现第一次季节性北跳,雨季结束。

3.9　热带气旋

3.9.1　热带气旋的分类及统计特征

(1)影响永州的热带气旋统计特征

热带气旋(TC)是形成于热带洋面上,具有暖中心结构的强烈的气旋性涡旋。热带气旋可按其中心附近最大风力进行分类,2006年6月15日起我国正式实施《热带气旋等级》国家标准,根据GB/T19201—2006《热带气旋等级》国家标准,热带气旋分为6个等级即热带低压、热带风暴、强热带风暴、台风、强台风和超强台风,如表3.6所示。

表3.6　热带气旋等级划分

热带气旋等级	底层中心附近最大平均风速(m/s)	底层中心附近最大风力(级)
热带低压(TD)	10.8~17.1	6~7
热带风暴(TS)	17.2~24.4	8~9
强热带风暴(STS)	24.5~32.6	10~11
台风(TY)	32.7~41.4	12~13
强台风(STY)	41.5~50.9	14~15
超强台风(Super TY)	≥51.0	16或16以上

①时间分布特征

ⅰ)年际变化特征

1951—2010年间,影响永州并造成永州暴雨天气过程的热带气旋共有26个,平均每5年有2个,最多的年份有3个(1994年、1999年),最少的年份0个。从年际变化特征上看到(图3.29),影响永州的热带气旋频数略有上升,在1990—2005年这15年中有12次。但总体来说,由于永州地处大陆中南部,受热带气旋影响小,无明显的变化规律。

ⅱ)月分布

从月分布上看,1951—2010年影响永州的TC频数逐月分布呈单峰型,11月—翌年5月无TC影响永州,6月开始出现,8月达到峰值,9、10月个数不多,代表性不强,热带气旋影响永州的集中期是7—8月,占影响总个数的80.8%,其次是6月和10月,占7.7%(表3.7)。而7—8月间又以8月受热带气旋影响最多。

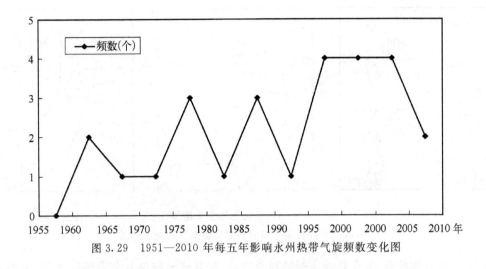

图 3.29　1951—2010 年每五年影响永州热带气旋频数变化图

表 3.7　1951—2010 年各月影响永州的 TC 频数及占总数的百分率

项目	6 月	7 月	8 月	9 月	10 月	合计
TC(个)	2	8	13	1	2	26
占总数百分率(%)	7.7	30.8	50.0	3.8	7.7	100

②空间分布特征

TC 的移动路径受所在地盛行风向和流场配置情况所制约。影响 TC 路径的大气环流系统主要有副热带高压和其他高压系统、热带辐合带(ITCZ)、低值系统(西风槽、东风波、热带气旋或热带云团等),还有西南季风、南下冷空气和下垫面的热力动力作用等都可能影响 TC 的移动路径。

按热带气旋基本路径预报业务,将登陆影响永州的热带气旋基本路径(图 3.30)划分为3 类:

ⅰ)第Ⅰ类(西行路径):当台风西行经过 125°E 时,中心位置在 20°—25°N,然后西行穿过台湾岛或附近,移动方位在 260°—290°,进入 21°—26°N、117°—121°E,在福建南部到广东东部沿海登陆(图 3.30a)。特例:在 18°—20°N 西行穿过南海,由台风北侧倒槽影响湖南省,可造成永州市暴雨。

ⅱ)第Ⅱ类(南海台风北上路径):主要指在南海生成的台风,其中西太平洋台风西行穿过菲律宾中部进入南海后北翘,归入此类。其特征为台风自南海北上,移动方位在 310°—350°。也有的按正常路径是在南海北部西移,但实际上是在南海北部急转北上,在广东沿海登陆(图3.30b)。

ⅲ)第Ⅲ类(西北行路径):当台风西行经过 125°E 时,中心位置在 14°—18°N,然后穿过菲律宾北部西北行,移动方位在 290°—320°,进入 20°—23°N、113°—119°E,在广东东部沿海登陆也有在福建南部登陆的(图 3.30c)。

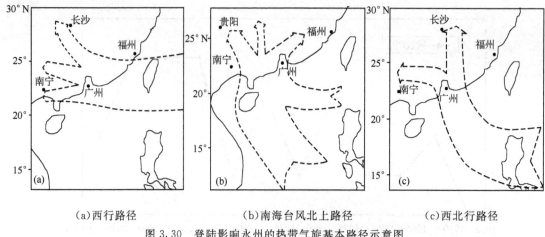

（a）西行路径　　　　（b）南海台风北上路径　　　　（c）西北行路径

图 3.30　登陆影响永州的热带气旋基本路径示意图

1951—2010 年共有 26 个影响永州的热带气旋，按登陆地段逐月分布统计表明：Ⅰ类路径登陆的热带气旋有 12 个占总数的 46.2%，以 6—8 月出现最多；Ⅱ类路径登陆的热带气旋有 4 个占 15.4%，仅在 8 月和 10 月出现；Ⅲ类路径登陆的热带气旋有 10 个占 36.4%，主要在 7—8 月出现。最早影响永州的热带气旋是 8402 号热带气旋"魏恩"，出现在 1984 年 6 月 21 日；而最迟的是 7013 号热带气旋"joan"，于 1970 年 10 月 18 日影响永州。冬季和春季（11 月—翌年 5 月）无影响永州的热带气旋出现。

（2）登陆和影响永州的热带气旋降水特征

为了避免地面观测站数不同造成的统计误差，采用永州全境 10 个常规测站（冷水滩站除外）资料完整的 1970—2010 年作为资料统计长度。1970—2010 年影响永州并造成暴雨的热带气旋共有 23 个。

以热带气旋影响过程造成日暴雨总站数≥6 站为全市性暴雨，≥3 站为区域性暴雨，≥2 站为局地性暴雨。23 个热带气旋中造成全市性暴雨的有 9 个，占总数的 39.1%；造成区域性暴雨的有 5 个，占总数的 21.8%；造成局部性暴雨的有 9 个，占总数的 39.1%。按其登陆路径统计的情况是：Ⅰ类路径登陆的热带气旋，主要造成全市性暴雨和局地性暴雨，分别占总数的 17.4% 和 21.8%，造成区域性暴雨的概率是 4.4%；Ⅱ类路径登陆的热带气旋，共 4 个，均为全市性暴雨；Ⅲ类路径登陆的热带气旋，主要造成局地性暴雨和区域性暴雨，均占总数的 17.4%。

3.9.2　确定热带气旋中心位置和强度的技术方法

永州天气预报业务确定热带气旋中心位置和强度的技术方法主要有：天气图定位、自动站资料定位、卫星云图定位、雷达定位、雷达和地面资料综合定位等。目前业务发布的热带气旋中心位置是基于各种定位方法的综合定位。

（1）天气图定位

天气图定位方法是根据热带气旋活动区域的风向风速、气压、变压等主要气象要素的变化，确定气旋中心的方法。在地面天气图上，分析闭合等压线（通常是 1000 hPa 或以下）构成区域的几何中心（风场辐合中心或气压值最低处），再参考 850 hPa 风场的分布，初步确定热带气旋中心。

　　热带气旋位于洋面上时,测站稀少,通常依赖船舶资料,但是船舶的定位以及所测风、压等要素值往往存在一定的误差。此外,热带气旋经过海岛或靠近海岸时,风向风速的分布也会受到地形的影响,因此在作定位分析时,应该对热带气旋周围的观测记录做细致的判断,不能完全依靠风场确定气旋的中心。同样,当近海热带气旋少动或处于停滞状态时,正负变压往往不明显,不能用变压作为确定气旋中心的一个依据。

　　热带气旋登陆后,能量瞬间大量释放,强度迅速减弱,因此定位思路及方法与洋面有所不同。目前陆上热带气旋定位主要依靠加密的自动站网,根据自动站风向、风速、气压、变压以及部分天气现象进行定位,相对洋面上的定位容易和简明许多。

　　(2)自动站资料定位

　　截至 2012 年,永州已经完成并投入使用的气象观测自动站布点有 340 多个,充分利用这些自动站的观测资料,大大提高了热带气旋运动的时空分辨率,其中最常用的要素是:风向风速变化、气压变化、气温变化、降水变化等。即使强度减弱至热带低压量级,仍可根据外推方法确定其中心位置。

　　(3)卫星云图定位

　　气象卫星(地球静止卫星)是从约 35800 km 的高度上由上向下探测热带气旋,2000 km 范围内的天气系统(如台风),卫星可以观测到其全貌。卫星云图在热带气旋定位中起到极其重要的作用,尤其在常规观测资料稀缺的热带洋面上,卫星云图是热带气旋定位的主要依据。

　　在卫星云图上,一旦云系中心有"眼"或紧密的弯曲云线、云带,那么热带气旋的中心位置往往很明显。但是,在许多情况下,热带气旋中心的云特征可能被其他的云所掩盖,或者受到风切变的扭曲而发生变形。这就给确定热带气旋的中心带来许多困难。因此利用卫星图像资料确定热带气旋的中心位置需要一种系统的分析方法。

　　在经过对大量个例统计分析的基础上,DOVARK(1991)归纳出了确定热带气旋中心的五个步骤,其中心思想是采用"逐步逼近"的方法。这种定位方法有助于分析人员在利用卫星图像资料确定热带气旋中心位置时,避免一些常见的错误。具体步骤为:

　　①确定热带气旋云型的整体中心。确定云型整体中心的目的在于能够集中精力来分析热带气旋的主要涡度中心。这一步通过热带气旋云型中大尺度云线的焦点,云带中心或曲率中心确定系统中心,或借助于标有中心位置的热带气旋发展模式云型与被分析的云型作比较的定位方法来完成。当然亦可以将两种方法结合来使用,以便确定热带气旋中心的大致位置。

　　②分析云型中心附近的小尺度云系的特征。为了提高精度,有必要对第一步得到的云型中心附近的小尺度云系特征进行分析。这些云包括,"眼"或眼的指示特征,低云线的弯曲、云量极小区(洞)或云线区,以及中高云特征。例如,云线或云带的弯曲,冷云区,穿透性的积雨云云顶或云盖中的空洞等。

　　③将中心定位与预报位置进行比较,将前面确定的中心位置与外推路径位置进行比较(即与预报路径进行比较),以便找出由于错误选择云系中心或者由于垂直风切变造成的云型位移带来的误差。这里已经假定系统中心位置的短时预报相当准确。

　　④比较前一时次与当前时次的中心在云型中的相对位置。将前一时次图像中的气旋中心

相对于云特征的位置,与当前时次的相对同一特征的云型中心的位置进行比较。做到前后一致,以便防止选错云的特征。例如,弯曲云带的轴线和云砧边界等特征往往具有持续性。因此,在实际工作中可以将前一时次的图像中重要的云特征连同中心位置描绘在一张透明胶片上,然后再将此胶片叠套在最新的图像上,通过使两幅图像上的持续云特征保持最佳匹配,通常可以得到令人满意的效果。

⑤中心定位的最后调整。这是在前面的中心定位基础上,针对网络误差、卫星观测角和云系中心偏离热带气旋的地面中心等问题所进行的最后修正。

(4)雷达定位

雷达是由地面向上空探测,受到地球表面曲率的影响,一般的气象雷达的探测范围<600 km。热带气旋进入雷达的探测范围时,根据雷达回波就可对其进行定位。如果雷达探测到较完整的台风眼壁回波时,可以准确地定出热带气旋的中心位置,在雷达回波上台风眼同卫星云图上的特征较为相似,对于强度较强的热带气旋多表现为圆形眼、同心双套眼,对中等强度的热带气旋多数为椭圆形眼或半圆形眼,强度较弱的热带气旋多出现破碎或不规则眼。如果热带气旋中心离雷达测站较远,无法测到台风眼区,或由于热带气旋强度弱,没有台风眼,但测到明显的螺旋云带,在这两种情况下可用螺旋云带定位,通常采用螺旋线套叠法。当热带气旋中心尚未进入雷达有效测距内,如果螺旋云带比较完整,可选取合适的多个螺旋线并进行套叠,找出螺旋线原点,定出热带气旋的中心位置。

3.9.3 热带气旋路径及强度预报

对永州有影响的热带气旋一般在夏秋两季,集中在7—8月,其中8月为最多,此时正值永州雨季结束后的干旱时期,所以,在热带气旋经过的地区,它的降雨可以缓和或解除旱象。另一方面,热带气旋所造成的大暴雨或连续性暴雨,也会带来重大的灾难,严重的可酿成巨灾。报准热带气旋的影响,充分做好防风、排涝或蓄水保墒等工作,就可趋利避害,为农业生产和水力发电带来好处。

(1)影响永州热带气旋移动的主要因子

热带气旋移动受到它本身内力与周围环境作用力的综合作用,其中环境作用力主要是热带气旋周围环境系统加于热带气旋的引导力。西太平洋热带气旋西行进入南海后,或南海热带气旋生成后,其移动路径与西风带系统、副热带高压南部的东风引导气流存在着密切的联系。

①副热带高压影响

西太平洋热带气旋进入南海之前路径西行,主要是受副热带高压南侧深厚而持续的偏东气流所牵引,热带气旋到达120°E附近以后,路径所发生的变化往往与副热带高压的分布、强度的变化有密切的关系。

当副热带高压势力强盛,长轴呈东西向,脊线稳定在25°—30°N;在日本南部和我国长江中、下游均有高压中心,500 hPa的中心强度在590 dagpm以上;受副热带高压南侧稳定的偏东气流影响,热带气旋稳定向偏西方向移动(图3.31)。另一种情形是,当副热带高压南侧为稳定的东南风气流时,热带气旋往往会向偏西北方向移动(图3.32)。

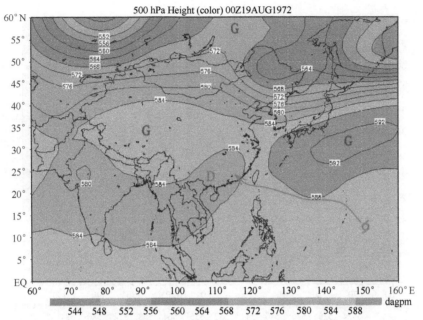

图3.31 副热带高压有利于热带气旋西行的配置图(1972年"贝蒂")

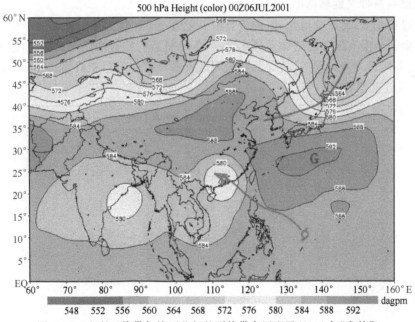

图3.32 有利于热带气旋西北行的副热带高压配置(2001年"尤特")

②西风带系统影响热带气旋转向

当热带气旋进入120°E以西南海海面时,如果中高纬度低槽在东亚上空发展加深时,冷空气将侵袭副热带高压,使高压明显减弱东退南落,从而使热带气旋在低槽前转向偏北或东北方向移动(图3.33)。

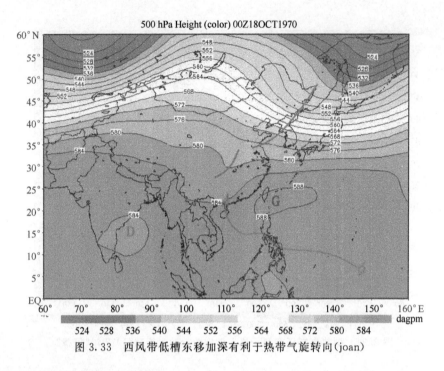

图3.33 西风带低槽东移加深有利于热带气旋转向(joan)

③南支槽对热带气旋移动的影响

在夏秋过渡季节,北支急流南移,南支急流开始建立,而南支槽一般很少移动,即使东移,多数也要减弱。当南支槽移过青藏高原东部时,如果槽后有明显的冷温槽配合,随着南支槽的移出,副热带高压进一步减弱东退,导致在南海西行的热带气旋急剧右偏,转向东北方向移动。9516号热带气旋就是其中一例(图3.34)。

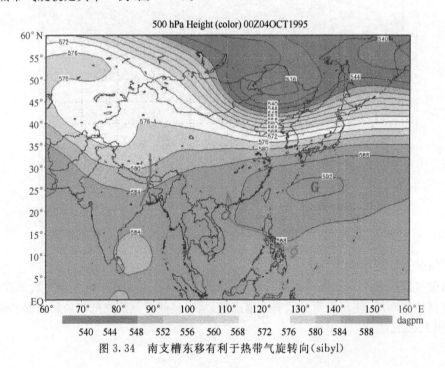

图3.34 南支槽东移有利于热带气旋转向(sibyl)

④热带辐合带对路径的影响

热带辐合带是热带气旋生成的源地,热带辐合带非常活跃时,从南海一直到西北太平洋有一条呈东西向的辐合带,这是多热带气旋产生的背景。也是西太平洋副热带高压加强西伸呈带状分布的形势,因而热带气旋受副热带高压南侧偏东气流的引导而西移。如在台风东部或南部出现东风,说明热带辐合带在热带气旋环流的东侧断裂,在热带气旋环流以东的范围内已经出现了南伸的副热带高压脊,在其西侧的南风引导下,就有利于热带气旋的转向。

此外,副热带高压处于衰退阶段,副热带高压南侧的偏东风引导气流减弱,则热带气旋移速减慢,或停滞、打转。图 3.35 是热带气旋"nelson"从台湾省西部沿广东省沿海西行进入北部湾海面后,在北部湾海面回旋打转了数天,最后减弱消失的过程示意图。

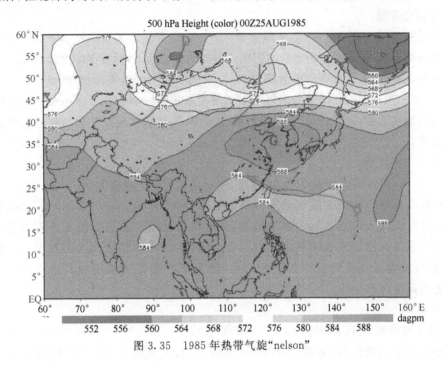

500 hPa Height (color) 00Z25AUG1985

图 3.35　1985 年热带气旋"nelson"

(2)影响永州热带气旋强度突变的主要因子

热带气旋强度突变过程是一次复杂的物理量场突变的过程,是热带气旋整体结构或某些环节上的结构发生剧烈变化的结果,而这种结构的剧烈变化又与环境流场上不同尺度的天气系统互相配置和运动密切相关。影响热带气旋强度突然加强的因素是多方面的,主要与天气形势和大气环流变化特征有关。热带气旋北侧的偏东风天气系统和南侧的西南风或南风天气系统突然加强有利于热带气旋强度的加强,当一个或两个天气系统同时突然加强时,造成正涡度突然加强和大气的湿斜压不稳定状态突然加强,导致热带气旋强度突然加强。分析中发现影响热带气旋强度变化的天气系统有多种,有时会出现两种以上天气系统同时影响,按主要影响系统分类,可归纳为下列几种。

①副热带高压型

副热带高压是热带气旋北侧和东侧的主要天气系统。副热带高压南侧的偏东风和副热带高压西侧的偏南风变化是导致热带气旋强度突变的主要原因之一,副热带高压又可分为 A 型和 B 型两类：

A 型：热带气旋强度发生突变前 12 h, 500 hPa 等压面 588 dagpm 线西端点从 115°E 以东地区突然加强西伸到 110°E 以西地区，副热带高压脊位于 25°—30°N，其中心强度达 592 dagpm 或以上。由于副热带高压突然加强西伸，热带气旋北侧与副热带高压南侧之间的地区，气压梯度突然加大，导致热带气旋北侧偏东风加强，从而使热带气旋在影响区内强度加强。

B 型：热带气旋强度发生突变前 12 h, 500 hPa 副热带高压脊从 17°—20°N 地区北跳到 25°—30°N，588 dagpm 线西端同时从热带气旋北侧和东侧突然向西推进，副热带高压突然北跳和西伸，导致热带气旋北侧和东侧的气压梯度突然加大，同时引起偏东风和偏南风的突然加强，而使热带气旋在影响区内强度加强。

②热带辐合带型

热带气旋强度发生突变前 24 h，从地面至 850 hPa 热带辐合带从南海中部地区北移到南海北部和华南沿海地区，使华南沿海和广西影响区内偏东气流加大，同时南海南部低纬地区有明显的赤道反气旋加强北移，导致南海中南部、中南半岛中南部西风、西南风加大，由于两支气流加强的作用，造成进入永州影响区活动的热带气旋强度突然加强。对应在云图上往往有旺盛的对流云系从热带气旋南部随西南气流卷入热带气旋云系中，为热带气旋发展和加强输送大量的水汽和不稳定能量。

③西南季风低槽型

普查中发现，热带气旋强度发生突变前 24 h 至突变时，地面至 850 hPa 由于西南季风暴发，西南季风低槽自印缅大陆加强东伸至永州影响区，影响区内气压下降，正涡度环流加强，导致热带气旋进入影响区后强度突然加强，这类天气型在卫星云图上有明显变化，西南季风暴发后，季风低槽云系自印缅大陆向东移动，其南部有明显的对流云发展，并随热带气旋南部西南气流卷入热带气旋中心附近云系，随后中心附近云系迅速加强发展，云区范围扩大，而使其强度突然加强。

④西风槽型

此类天气型盛夏出现很少，本市五十多年来仅有一例，发生在 1970 年 10 月，受台风"joan"及地面冷空气的影响，造成全市范围内的暴雨，其中蓝山 10 月 17 日降水 67 mm，18 日 131 mm，过程降水接近 200 mm。此次是有冷空气南下到达永州影响区与热带气旋环流相遇，对热带气旋强度产生较大影响。当西风槽引导弱冷空气南下入侵热带气旋北侧，其气压梯度加大，环流加强，另一方面弱冷空气的入侵，激发热带气旋区域内暖湿空气的能量释放，加剧热带气旋区域内湿斜压不稳定状态，诱发热带气旋云系急剧发展，导致热带气旋强度突然加强。但过强的冷空气入侵却起相反作用，强冷空气带来的强冷平流使热带气旋区域内暖湿空气迅速变冷变性，破坏了热带气旋暖心结构而导致热带气旋强度突然减弱。

⑤地形对热带气旋强度的影响

进入永州的热带气旋，主要表现为热带气旋登陆后形成的低压系统影响。又由于永州地形、地貌复杂多样，奇峰秀岭逶迤蜿蜒，河川溪涧纵横交错，山冈盆地相间分布，在复杂的地形影响下，热带气旋登陆后形成的低压系统进入该区域后强度会发生比较复杂的变化，常因摩擦作用加大，能量损耗加大，热带气旋环流受阻而其强度减弱，但有时又会使降水猛增，造成大暴雨或局地特大暴雨。

3.9.4　影响永州热带气旋暴雨预报

预报热带气旋暴雨时需要解决两个问题:一个是热带气旋路径的预报,以判断热带气旋能否影响本地;另一个是热带气旋强度预报,以判断热带气旋是否会造成暴雨,以及暴雨范围的大小等。

(1)有无暴雨的判断经验

经过普查历史资料后发现,不论热带气旋的源地出自何方,也不论热带气旋的路径如何;只要热带气旋进入 18°N 以北、105°—120°E 范围时,就有可能影响永州,这是永州出现热带气旋暴雨的必要条件,即所谓热带气旋暴雨预报的关键区。热带气旋进入关键区后可根据下列条件判断是否登陆影响永州:

①500 hPa 的形势必须符合两类台风暴雨中的任一类,而且这种形势要基本稳定。如果属于副高偏西类,要求副高南侧 588 等高线必须在 25°N 以北;如果属于副高偏东类,500 hPa 等压面上江南东部大陆必须没有＞588 的高压活动,如副高 588 等高线的西部边界线位于 125°E 以东则不利于台风登陆影响永州。

②当对流层低层在 35°N 以南的我国大陆基本上为低值区时,地面没有＞1005 hPa 的高压存在,尤其是湖南及其以东、以南地区无大片正变压存在,850 hPa 上无＞148 等高线的高压存在时,将有利于台风登陆,也有利于水汽的输送。

③在对流层中层江南为一致偏南(西南或东南)气流时,将有利于台风登陆。尤其是当南海有台风而华南为偏南风,或东南沿海有台风而华东一带为东南风时,均有利于台风登陆影响永州。

(2)水汽条件

水汽条件是暴雨预报的另一重要条件,当在永州的上风方 850 hPa 图上湿度较大,$(T-T_d)<2℃$ 的范围较广,热带气旋影响时永州容易出现暴雨。

(3)卫星云图特征与暴雨预报

①单一热带气旋的云图特征

卫星云图显示,除热带气旋本身的云团结构紧密外,其外围云带明显。特别是在热带气旋的南侧及西南侧有一条或两条发展明显的南风急流云带或西南季风急流云带或两者同时出现。这些急流云带的宽度一般在 200~300 km,长度在 1500~2000 km,这表明从赤道地区有源源不断的水汽和能量输入热带气旋环流中,为永州暴雨的出现提供有利的水汽输送条件。出现上述现象的最有利环流特征是:热带气旋东侧西伸南落之副热带高压在 110°E 经线附近突然准静止。它的出现,一方面为上述云带发展提供了环流背景场,同时导致进入内陆的热带气旋移速减慢,延长了暴雨时间,这为暴雨的出现提供了有利的条件。

②热带气旋环流与冷空气相互作用云图特征

这种类型的暴雨对于永州的危害大。它具有强度大、范围广、雨势猛等特点,往往出现洪涝灾害。从天气学上分析,有一自北向南的冷锋逐渐接近登陆热带气旋环流,锋面随之趋于静止,此时热带气旋在特定的环境流场作用下缓慢向偏北方向移动,这样冷空气与热带气旋所包含的暖湿气流发生相互作用,造成强烈的不稳定,从而导致暴雨的产生。这类暴雨的分布,相对于热带气旋中心来说,具有严重的不对称性,暴雨多出现在热带气旋中心以东地区约 100 km 范围内,这与卫星云图上冷暖空气云系的交绥区基本一致。值得提出来的是,在这类

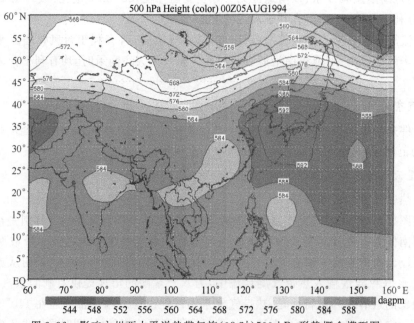

暴雨中,南方的偏南急流云系范围较小,强度也弱些,它的出现,冷空气的作用具有相当大的贡献。

③热带气旋与其他热带系统相叠加的云图特征

这一类型的云图特征最直观的反映是:热带气旋云系与其他热带系统云系相叠加,从而出现特大暴雨。卫星气象学的研究结果表明,任何两个或两个以上云团(系)的合并都会形成云团(系)的暴发性发展,从而出现强烈的天气现象。所以把握住不同系统云系的演变及其合并的时间是极为重要的,当然目前也有相当大的难度,同时外周云系的参与对这类特大暴雨的形成也是不可缺少的,在这类热带气旋的特大暴雨过程中,往往也伴随有单一热带气旋外围云带的卷入。

3.9.5 热带气旋暴雨天气概念模型

(1)西太平洋热带气旋暴雨天气概念模型

选取 1970—2010 年影响的西太平洋热带气旋个例,对暴雨当天的天气形势进行分析,在此基础上,建立影响永州的西太平洋台风暴雨天气概念模型。

①副热带高压呈带状分布,主体强大,脊线偏北的概念模型(图 3.36)

图 3.36 影响永州西太平洋热带气旋(08 时)500 hPa 形势概念模型图

500 hPa 平均环流形势表现为:副热带高压脊线明显偏北,平均位于 30°—33°N,距台风中心直线距离最近的约 750 km,距离最远的可达 1000 km。副热带高压脊线位置偏北有利于台风西行北翘。同时,副热带高压主体强大,由于副热带高压 588 等高线(或 586 等高线)南落西伸,使台风后部产生偏南风急流,带来大量不稳定能量,造成永州暴雨或局部大暴雨天气。

②低层辐合,高层辐散的概念模型

图 3.37 和图 3.38 分别是影响永州的西太平洋热带气旋 850 hPa 的流场和 200 hPa 的形势图,在 850 hPa 台风后部有一支强劲的南风急流,平均风速在 12～14 m/s(6～7 级)。

同时,在台风中心南侧从孟加拉湾经中南半岛到南海北部一带有一支西南低空急流与热带气旋环流相叠加,为登陆的热带气旋及时补充能量和充沛的水汽;而 200 hPa 高空永州处在南亚高压中心的东南侧,为东北到偏东的辐散气流,这种低层辐合,高层辐散的流场结构,致使台风登陆后也不会很快减弱,在地面维持一段时间热带风暴的强度,导致大范围暴雨的产生。

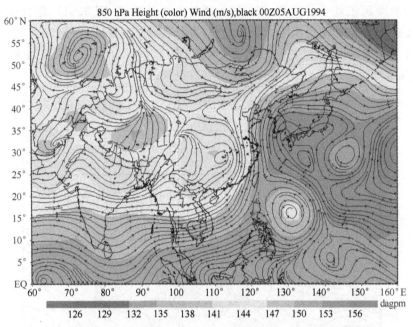

图 3.37　影响永州的热带气旋(08 时)850 hPa 低层辐合形势概念模型图

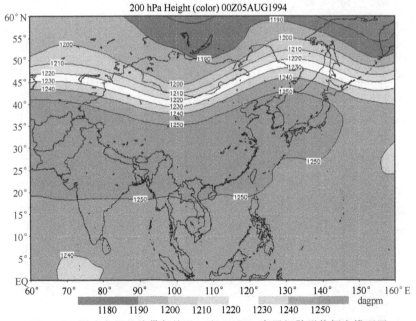

图 3.38　影响永州的热带气旋(08 时)200hPa 高层辐散形势概念模型图

（2）南海热带气旋暴雨天气概念模型

暴雨形势特点：当南海热带气旋中心进入 115°E 以西关键区时,地面气压场表现为东高西低的形势,华南西部处在向北开口的气压槽内(图 3.39),气压下降幅度大,有利于风暴中心向西北方向移动。500 hPa 天气图上(图 3.40),副热带高压位置明显偏北,脊线位于 30°N 附近,与此同时,南海季风正处于活跃期,850 hPa 西南风异常强盛(图 3.41),距台风中心南侧约 500 km 的范围,有一支西南急流卷入台风中心,为台风输送大量的水汽和不稳定能量,使台风发展加强。200 hPa 风场,南海北部为反气旋环流(图 3.42),由于辐散气流抽吸的作用,导致低层上升气流进一步的加强,使台风得到维持和发展加强。

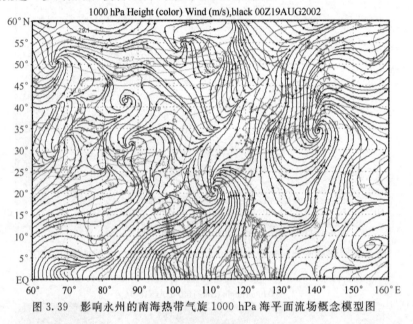

图 3.39　影响永州的南海热带气旋 1000 hPa 海平面流场概念模型图

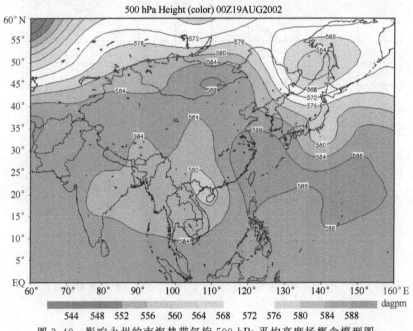

图 3.40　影响永州的南海热带气旋 500 hPa 平均高度场概念模型图

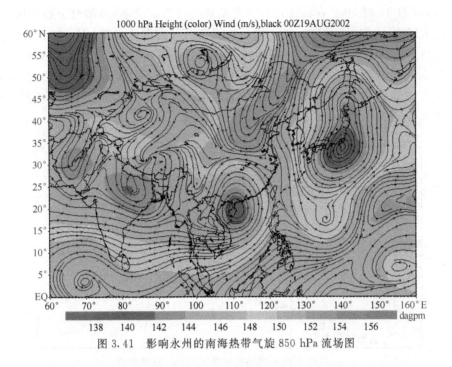

图3.41　影响永州的南海热带气旋850 hPa 流场图

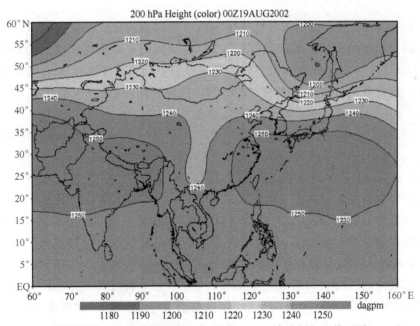

图3.42　影响永州的南海热带气旋200hPa 高度场概念模型图

3.9.6　影响永州的热带气旋典型个例分析

（1）0604 强热带风暴"碧利斯"引发永州异常暴雨的过程概况

"碧利斯"以少见的移动路径进入永州。2006 年第 4 号强热带风暴"碧利斯"7 月 9 日下午在菲律宾南部的西北太平洋洋面上生成,一直向西北方向移动,13 日 23 时在我国台湾省宜兰沿海登陆后,14日12时50分在福建省霞浦北壁镇沿海再次登陆,登陆时中心气压975 hPa,中心附近最大风力11级,风速30 m/s。随后继续向西北方向移动,14日16时在福建闽侯县境内减弱为热带风暴,15日凌晨01时进入江西南丰县境内,15日在遂川县境内减弱为热带低压,16日05时移出江西进入本市,16日20时前后进入广西东北部,随后消亡(图3.43)。从"碧利斯"后期移动路径来看,从福建登陆后,经江西、湖南折向西南方向进入广西,历史上少见,类似9607台风。

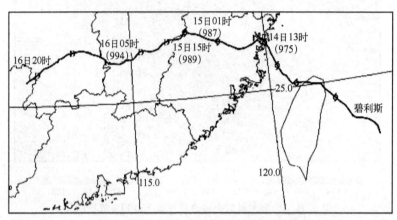

图 3.43 0604 强热带风暴"碧利斯"移动路径

雨情:受"碧利斯"减弱成的低气压环流和强盛的西南暖湿气流共同影响,15日凌晨本市南部受外围云系影响开始出现降水,15—16日连续两天全市出现暴雨到大暴雨,蓝山15日08时至17日08时累计雨量达212 mm,全市过程平均雨量135.3 mm,超过100 mm的有8个县区。这次暴雨过程具有范围广、强度大、持续时间长的特点,是近年来最强的一次暴雨过程。

灾情:因灾死亡2人。其他地区受影响情况:"碧利斯"台风引发的强降雨,在湖南省造成400多人死亡。其中,郴州市所属的资兴市死亡197人,失踪69人。

"碧利斯"后期路径折向西南移动的原因分析:

"碧利斯"后期路径折向西南方向进入广西与500 hPa西太平洋副热带高压和位于河套地区的大陆高压合并有关,两者合并后,在"碧利斯"的北侧形成一强大的高压主体,阻挡了"碧利斯"继续向西北移动的势头,受偏东气流引导转而向偏西方向移动(图3.44)。15日20时,副热带高压588线分裂成东西两环高压,大陆为一环,东海为一环,"碧利斯"处于两高之间的鞍形场内,移向偏西,移速明显减慢,这种形势一直持续到16日08时。16日20时以后,大陆高压东侧的东北气流明显加强,在其引导下"碧利斯"向西南方向移动,同时,华东一带出现明显的正变高,东环副热带高压也开始加强西伸,有利于"碧利斯"向负变高区即偏西南方向移动。

(2)异常暴雨成因分析

①强盛的暖湿气流作用

"碧利斯"在福建省霞浦北壁镇沿海二次登陆后,减弱成的热带低压绕道江西,于16日早上进入本市,在"碧利斯"进入本市前后的过程中,南海季风异常强盛。在7月15日的

850 hPa 流场上(图 3.45),可以清楚地看到南海有一支≥12 m/s 的西南急流和"碧利斯"低压环流西北侧的东风急流产生的两支主要水汽通道在本市长时间交汇,为"碧利斯"的维持提供了"燃料",同时将大量的水汽输送到永州上空,造成永州连续两天大范围的暴雨、大暴雨天气。

图 3.44 2006 年 7 月 14 日 20 时 500 hPa 环流形势

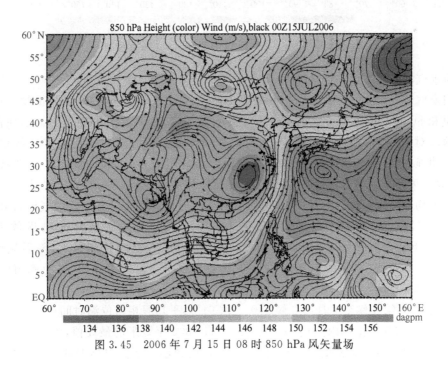

图 3.45 2006 年 7 月 15 日 08 时 850 hPa 风矢量场

②高空辐散作用

7月15日，"碧利斯"登陆减弱成低压后，在低层（850 hPa）长时间维持完整的低压环流，与高空辐散的抽吸作用使得"碧利斯"中低层的垂直运动和低空辐合气流加强有密切的关系。分析15日08时200 hPa高空流场（图3.46），大陆为明显的反气旋环流，这时"碧利斯"上空具有向西南方向流出气流，形成强辐散区，导致16日后半夜在广西境内有强烈的对流云团发展，高空辐散的作用是一个重要的因素。

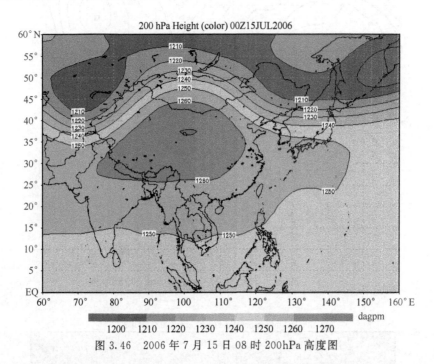

图3.46　2006年7月15日08时200hPa高度图

③强水汽场气候特征分析

据国家气候中心2006年5月发布的第1期季风监测报告表明：5月第4候，对流层低层索马里和80°E附近越赤道气流均较第3候明显加强，监测区内出现了明显的西南风，同时南海地区对流活动明显加强、北抬，南海夏季风暴发。第5候对流层高层南海地区上空东北气流明显加强，对流层低层索马里越赤道气流亦进一步加强，中南半岛完全被西南风所控制，大尺度环流背景及华南地区天气实况显示东亚夏季风环流形势已经建立。从7月第3候候平均850 hPa水汽输送图来看（图3.47a），越赤道气流与孟加拉湾气流合并后进入南海的西南气流，携带了大量的水汽。同时，分析南海监测区域纬向风指数表明（图3.47b），6月下旬南海纬向风指数开始加大，在"碧利斯"登陆时达到最大，随后逐渐减弱。强盛的南海季风既为"碧利斯"登陆后强度的维持提供了充足的潜热源，又为暴雨区上空输送了充足水汽和能量。

此外，从1月第4候至7月第3候110°—120°E候平均假相当位温时间—纬度剖面图上，7月第3候15°—35°N范围内假相当位温达到了自2006年以来的最高值，为350～360 K，对应露点温度达到了18～20℃的最高值，由此表明该区域已处于高温高湿和高能阶段，有利于扰动形成和对流不稳定能量产生，形成了有利于强降水产生的热力条件。

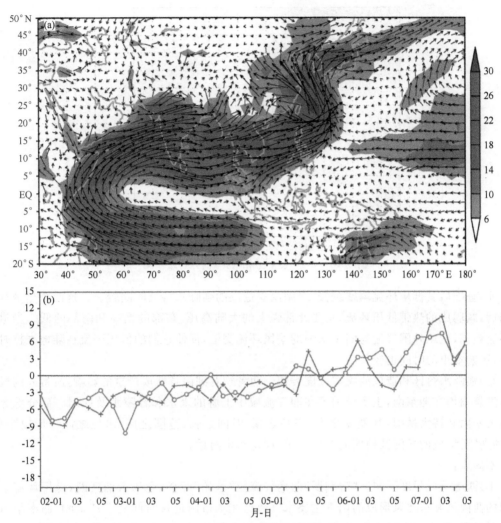

图 3.47　(a)候平均 850 hPa 水汽通量输送图(2006 年 7 月 11—15 日),单位:g·cm^{-2}·s^{-1};

(b)2006 年 3—7 月南海监测区域纬向风和假相当位温变化

其中:+代表纬向风(m/s),○代表假相当位温(K)

(3)"碧利斯"与"圣帕"对比分析

0604 号台风"碧利斯"登陆后,其低气压环流经久不消,历时 5 d;0709 号超强台风"圣帕"对内陆的影响竟长达 8 d,且均影响到本市,这与绝大多数热带气旋登陆后因海面水汽和潜热通量被切断,能量被摩擦耗散而快速减弱不同。因此,它们造成的暴雨时空分布的独特性和强致灾性,使得对它们的研究和对比分析显得十分重要。

①"圣帕"与"碧利斯"基本特征对比分析

相似点:

ⅰ)生成和登陆的地点基本一致(图 3.48)。两者都是在菲律宾吕宋岛以东的西北太平洋洋面上生成后往西北方向移动,在台湾登陆后,越过台湾海峡,在福建中南部再次登陆,减弱后的低压环流经江西进入湖南。但从登陆后低压环流移动路径来看圣帕较碧利斯路径偏北。

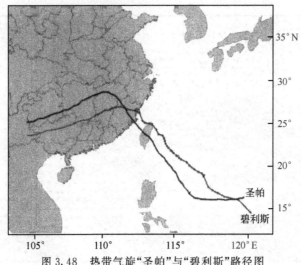

图 3.48 热带气旋"圣帕"与"碧利斯"路径图

ⅱ)登陆后其低压环流填塞缓慢,对湖南省造成的强降水持续时间较长。这两个热带气旋登陆后,减弱成的热带低压环流,均受北部强大的大陆高压、东部的副高和南部的低纬赤道高压环流包围,低压外围气流与同步增强的季风环流交汇,促使它们的低压环流在陆地维持时间较长,影响本市的时间也较长。

ⅲ)强降水落区和造成的灾害程度类似。两者均对湖南省造成严重的影响,所带来的成灾性致洪暴雨均在湘东南,主要暴雨区在湘江流域中上游的耒水和春陵水及四周。部分地方连续降大暴雨和特大暴雨,其强度之大、来势之猛、时间之长、范围之广、水位之高为历史罕见。"碧利斯"所形成的暴雨区稍偏向湘江上游,即永州市附近。

不同点:

ⅰ)西南季风强度不同。"碧利斯"西南气流较"圣帕"旺盛,季风云涌活跃,低压环流南北两侧的西南风和东北风形成的两支主要水汽通道在本市附近长时间交汇;"圣帕"西南季风云涌相对较弱,但由于自身内力强,且低压环流中心南部的切变较长时间维持,并在省内自南向北、自东向西转动。

ⅱ)台风结构特点有差异。"圣帕"登陆前为对称、准圆形实心台风,但登陆后变为不对称空心结构;"碧利斯"为不对称、东西向长轴椭圆形空心结构。

ⅲ)降水范围、持续时间和强度不同。"圣帕"的强降水范围大、持续时间更长(多 2d)、总雨量更多(全省平均降雨量多 40 mm),对湖南大部分地区都有影响,强降水落区自东向西呈移动性特点。而"碧利斯"与强盛的南海季风相互作用,强降水主要位于低压环流的西南侧,主要影响永州市及郴州,强降水时段更集中、短时雨强更强、洪水位更高。

②"碧利斯"和"圣帕"影响永州降水差异成因分析

台风"圣帕"仅给永州市带来一次区域性暴雨天气,与"碧利斯"相差甚大。

"碧利斯"影响永州市降水强度与对流层中低层的水汽辐合密切相关。"碧利斯"登陆期间为不对称的椭圆结构,影响永州降水的水汽主要来源于东海,受台风外围东北气流辐合影响,本市出现弱的水汽辐合,水汽通量散度值为 -3.0×10^{-7} g·s^{-1}·cm^{-2}·hPa^{-1},本市开始出现对流性天气。15 日 08 时(图 3.49a)随着"碧利斯"中心进入江西境内,由于受强劲的西南风影响,台风中心南侧被"压扁",北侧被"拉伸",台风变成南部等高线密集,北部等高线稀散的类似"不倒翁"不对称结构,这一结构在台风中心的西南侧即本市附近产生强的切变,有利于水汽辐合。主要的水汽辐合中心位于江西境内,湖南的水汽辐合趋于活跃,水汽通量散度中心值位于南岭附近为 $-6.0 \times 10^{-7} \mathrm{g} \cdot \mathrm{s}^{-1} \cdot \mathrm{cm}^{-2} \cdot \mathrm{hPa}^{-1}$,本市降水开始加强。15 日 20 时(图 3.49b)到 16 日 08 时(图 3.49c),当台风中心从江西南部西移到本市时,台风结构特征进一步发生变化。由于西南急流和台风中心东侧气流的相互作用有所加强,台风被进一步拉伸,原来类似"不倒翁"结构变成了东北—西南向的椭圆结构,本市到江西维持一条弧状的水汽输送带,水汽辐合强度进一步加强,中心散度达 $-1.5 \times 10^{-6} \mathrm{g} \cdot \mathrm{s}^{-1} \cdot \mathrm{cm}^{-2} \cdot \mathrm{hPa}^{-1}$,降水强度明显加大。16 日 20 时(图 3.49d)随着"碧利斯"低压中心进入广西,本市的水汽辐合强度有所减弱,水汽通量散度为 $-4.0 \times 10^{-7} \mathrm{g} \cdot \mathrm{s}^{-1} \mathrm{cm}^{-2} \mathrm{hPa}^{-1}$,本市降水减弱。

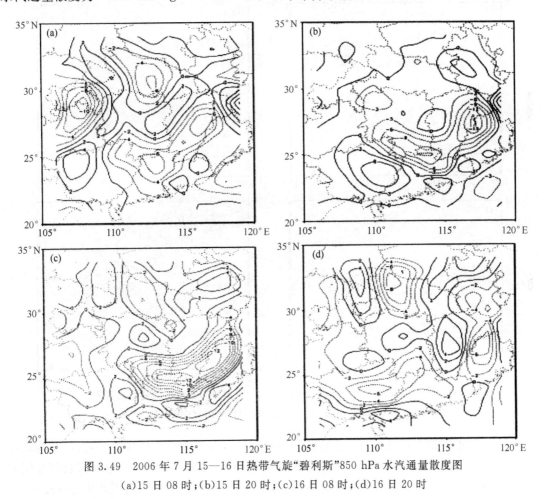

图 3.49 2006 年 7 月 15—16 日热带气旋"碧利斯"850 hPa 水汽通量散度图
(a)15 日 08 时;(b)15 日 20 时;(c)16 日 08 时;(d)16 日 20 时

由以上分析可知"碧利斯"登陆后,受台风结构的演变、移动路径的影响,本市降水的水汽来源于两方面,一是东部沿海,水汽辐合的强度相对较弱,产生的降水不强;二是受到来自南海的西南气流影响,与台风环流相互作用,在本市附近对流层中低层形成了一个十分强大的水汽辐合区,这个水汽辐合区的分布与台风的移动路径和台风的结构关系十分密切。当"碧利斯"向西移动,南海季风强度不断加强,导致水汽辐合区明显扩大、加强,同时不断西移。水汽辐合中心主体位置主要影响永州市及郴州。

　　相对而言,"圣帕"影响湖南暴雨期间,基本呈现出圆形结构,变化不如"碧利斯"大,其水汽辐合主要位于南海的偏西南气流和台风东北气流形成的辐合区域,即位于台风中心的西南面。由于台风中心移动路径位置偏北,导致水汽辐合区较"碧利斯"的水汽辐合区明显偏北,21日08时(图 3.50a),随着"圣帕"中心西移,水汽辐合中心移到郴州,水汽通量散度 $-1.2\times10^{-6}\mathrm{g\cdot s^{-1}\cdot cm^{-2}\cdot hPa^{-1}}$,水汽辐合明显加强。到 20 时(图 3.50b),随着台风低压中心从浏阳进入湖南境内,水汽辐合区范围加大,中心值达到 $-1.6\times10^{-6}\mathrm{g\cdot s^{-1}\cdot cm^{-2}\cdot hPa^{-1}}$ 以上,但位置偏东。22 日 08 时(图 3.50c),水汽辐合区西伸北抬至湘中,主要降水区也随之北抬,本市降水减弱。到 20 时(图 3.50 d),本市降水趋于结束。

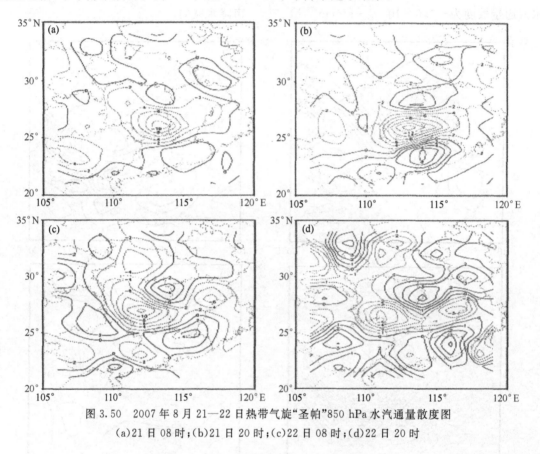

图 3.50　2007 年 8 月 21—22 日热带气旋"圣帕"850 hPa 水汽通量散度图
(a)21 日 08 时;(b)21 日 20 时;(c)22 日 08 时;(d)22 日 20 时

　　由以上分析可知,"碧利斯"和"圣帕"影响永州期间,由于受低压环流移动路径、结构的影响,水汽辐合区的位置、强度和维持时间存在差异,因此导致这两次降水分布特点也存在明显的差异。台风"圣帕"虽然在移动的过程中,台风结构变化不大,水汽能量辐合中心强度更强、强辐合区维持时间更长,但低压中心移动路径略偏北,对本市影响不大。"碧利斯"在登陆后缓慢西行的过程中,与西南季风相互作风,使得台风的结构变化复杂,主要的水汽辐合区域位于其低压环流的南侧和东侧。水汽通量辐合中心处于本市附近,使得本市降水短时雨强大、范围集中、维持时间长。

参考文献

陈联寿,罗哲贤,李英.2004.登陆热带气旋研究的进展.气象,**62**(5):541−548.

陈联寿.2007.热带气旋研究和业务预报技术的发展.应用气象学报,**17**(6):672−681.

程庚福,曾申江,等.1987.湖南天气及其预报.北京:气象出版社.

李佳,王晓峰,梁旭东.2007.2006 年西北太平洋热带气旋综述.大气科学研究与应用,(2):12−27.

潘志祥,何逸,高继林.1992.湖南台风暴雨的特征及其预报.气象,**18**(1):39−43.

潘志祥,叶成志,刘志雄.2008."圣帕"、"碧利斯"影响湖南的对比分析.气象,**34**(7):41−50.

湘中中.1988.中尺度暴雨分析和预报.北京:气象出版社.

中国气象局科教司.1998.省地气象台短期预报岗位培训教材.北京:气象出版社.

周慧,夏文梅,朱国强.2010.造成湖南暴雨的三个登陆热带气旋数值试验.气象科学,**29**(5):651−656.

第4章

永州的暴雨

4.1 暴雨的气候特征

4.1.1 暴雨的年际变化

永州市为多暴雨地区之一,年平均暴雨 42 站次,最多的 2002 年 87 站次,最少的 1991 年 30 站次。暴雨全年各月均有出现,但 4—8 月为多暴雨时段,占全年暴雨的 80% 以上,年平均暴雨 34 站次,最多的 2002 年 75 站次,而 5—6 月又是暴雨集中时段,占全年暴雨的 45%,年平均暴雨 19 站次,最多的 2005 年 31 站次(图 4.1)(资料来源:全市 11 个国家气象观测站,1981—2010 年)。

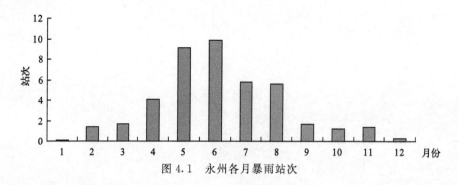

图 4.1 永州各月暴雨站次

单站年平均暴雨日数 3.8 d,最多的 2002 年新田 12 d,江永、江华、道县、新田一带为暴雨中心,单站年平均暴雨日数超过 4 d。4—8 月单站年平均暴雨日数 3.1 d,5—6 月单站年平均暴雨日数 1.7 d。

年平均大暴雨 4.1 站次,最多 1994、2002 年 15 站次,江永、道县、宁远、新田一带为大暴雨中心,单站年平均大暴雨日数达 0.5 d。而 5—8 月又是大暴雨集中时段,占全年大暴雨的 90% 以上。

自 20 世纪 80 年代至 21 世纪 10 年,暴雨频次加大、强度增强。20 世纪 80 年代年平均暴雨 37.9 站次、大暴雨 2.7 站次,90 年代年平均暴雨 40.2 站次、大暴雨 3.9 站次,近 10 年年平均暴雨 49.7 站次、大暴雨 5.6 站次(图 4.2)。

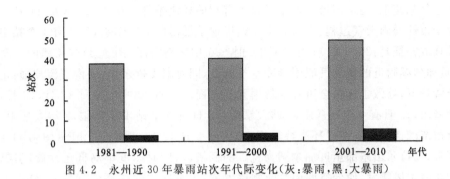

图 4.2　永州近 30 年暴雨站次年代际变化(灰:暴雨,黑:大暴雨)

4.1.2　暴雨日数分布概况

按 24 h 雨量≥50 mm 降水的暴雨标准,统计 1971—2000 年永州 11 个测站资料,1 月仅南部部分地区偶然出现过暴雨;2 月全市均出现过暴雨,但较易发生在南部的道县、江永、江华和蓝山;3 月平均暴雨有 1.6 站次,暴雨中心主要位于冷水滩、零陵、双牌、新田、道县;4 月开始,本市进入汛期,平均暴雨有 4.3 站次,主要位于本市冷水滩以南的大部分地区;5 月本市暴雨站次出现最多,平均暴雨有 9.5 站次;6 月平均暴雨有 7.2 站次;盛夏(7—8 月)虽已进入高温少雨季节,但有时降水强度和降水量仍然很大,平均暴雨仍有 4.9 和 6.0 站次,其中出现台风外围云系暴雨最多;9 月出现暴雨较多的地方是在本市中部;10 月以后暴雨站次逐渐减少,只是部分年份偶然出现。历年暴雨最多时 4 月有 11 站次(1980 年),5 月 20 站次(1978 年),6 月21 站次(1979 年),7 月 13 站次(1981 年),8 月 21 站次(1994 年),9 月 7 站次(1983 年);暴雨最少时 4—9 月均为 0 站次。

年平均暴雨日数分布是北少南多,道县是本市年平均暴雨日最多的地区,有 4.4 d,东安是平均暴雨日最少的地区,只有 2.8 d。

4.2　永州暴雨的基本天气系统类型

暴雨是永州的主要灾害性天气,根据资料统计,永州市一年四季均有暴雨发生,主要集中在春末至夏初,盛夏至初秋次之。按其影响的天气系统可分为西风带天气系统暴雨和热带天气系统暴雨两大类。

4.2.1　西风带天气系统暴雨

永州位于 25°—26°N 附近,在西风带天气系统中,经常位于孟加拉湾低槽前方和副热带高压西北侧,比较容易满足暴雨的形成条件。根据多年资料统计,结合高空 500 hPa 大气环流特征,将西风带天气系统暴雨形势归纳为:经向型、纬向型两类。

(1)经向型

经向型暴雨中,中高纬大气环流为经向环流特点,当为两槽一脊时,高压脊或阻塞高压位于贝加尔湖西侧,其东西两侧为较深的低槽,此时,东侧较深的低槽与冷锋结合南下影响本市;当中高纬为两脊一槽时,高压脊位于乌拉尔山附近和亚洲东岸中高纬,贝加尔湖地区为宽广的低槽区;与此同时,孟加拉湾上空有南支槽经云贵东移入侵,或西南地区有低涡存在,副高位置控制我国东部沿海,形成东高西低形势。低槽与副热带高压把大量暖湿空气输送本市上空,与北方的冷空气相交汇,为本市形成暴雨提供了有利的环流条件。例如,2008年11月7日本市出现一次全市性暴雨天气过程,全市有7个站出现了暴雨以上的降水,其中有1个站出现了大暴雨。其环流特征是:2008年11月6日08时500 hPa高空图(图4.3)中高纬度出现两槽一脊形势,贝加尔湖附近的偏北气流引导冷空气南下,同时南支槽东出,西南气流加强,正是在这样的环流背景下,导致了这场全市性的暴雨天气过程。又如2008年6月12日、13日,全市出现连续性暴雨,12日有4个站暴雨,1站大暴雨,13日有6个站出现暴雨,2站大暴雨,连续暴雨造成全市范围性暴雨洪涝。环流特征是:2008年6月13日08时500 hPa(图4.4)在乌拉尔山为高压脊,乌拉尔山东部至贝加尔湖为宽广的低槽区,同时印度半岛低压发展,引起一次强烈的印度西南季风暴发,使低空西南气流强盛发展,正是在这样的环流背景下,导致了这场全区性的暴雨天气过程。

(2)纬向型

纬向型暴雨是在中高纬度环流波动多、振幅小的特点下,降水系统影响本市时形成。在欧亚大陆范围内,高纬度地区为一稳定的东西向宽低压区,从低压南侧分裂出的移动性低槽活动频繁,经巴尔喀什湖或新西伯利亚南下影响,与此同时,东亚南支锋区较平,副热带高压成东西向,南支波动也较活跃,不断有小槽东移,这样北方冷槽带来的冷空气和南支波动带来的暖湿空气常在本市上空相遇,从而造成暴雨过程。例如,2008年6月8日08时500 hPa(图4.5),中高纬为平直波动环流,南支小槽活跃,造成本市8、9日连续性暴雨。

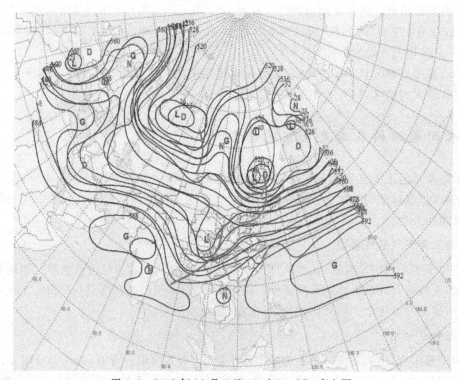

图4.3　2008年11月6日08时500 hPa高空图

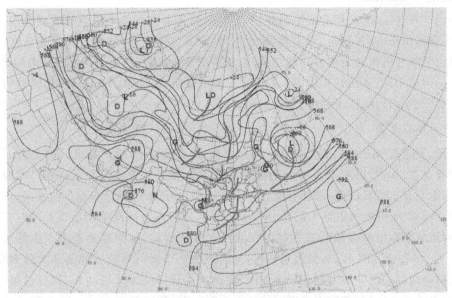

图 4.4 2008 年 6 月 13 日 08 时 500 hPa 高空图

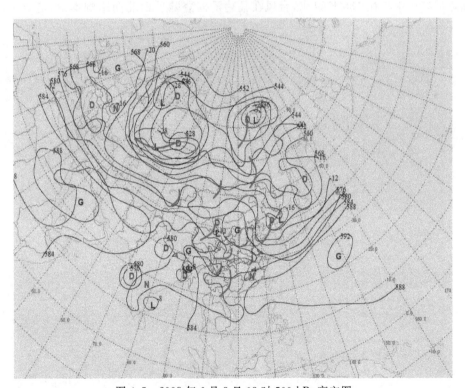

图 4.5 2008 年 6 月 8 日 08 时 500 hPa 高空图

4.2.2　热带天气系统暴雨

每年的 7 月开始,大气环流发生调整,东亚大陆和日本上空的西风急流减弱北退,副热带高压加强,脊线位于 30°N 附近,东亚大槽消失,热带辐合带北移,热带天气系统活跃,当台风从东南沿海登陆并沿西北偏西方向移动时,常给永州带来暴雨;当永州处在副高南侧或南海台风及低压的倒槽中时,永州时有暴雨。根据多年资料统计,结合大气环流特征,将热带天气系统暴雨形势归纳为:台风低压暴雨、台风倒槽暴雨。

(1)台风低压暴雨

500 hPa 副热带高压中心在 130°E 以东的洋面上,脊线位于 25°N 以北,588 线停留在东部沿海或西脊点在 115°E 以东的华北上空;或者 500 hPa 图上从青藏高原东部到日本海为一高压带,高压中心在 130°E 以西,西伸脊点达 115°E 以西,高压轴线略呈东北—西南向,但高压主体仍然偏北,588 线南边的边界大陆部分位于 25°N 以北,当台风从华南沿海登陆时有利其北上;或当台风从东南沿海登陆时有利其向西或西北方向移动,从而影响本市产生暴雨。例如 2006 年 7 月"碧利斯"(图 4.6),台风登陆后,减弱成的热带低压环流受北部强大的大陆高压、东部的副高和南部的低纬赤道高压环流包围,促使该低压环流维持时间长,西行过程中"碧利斯"与南海季风相互作用,激发中尺度对流云团不断发生,造成本市 15 日、16 日连续性暴雨和大暴雨。又如 2007 年 8 月 20 日(图 4.7)青藏高原东部到我国华北大部为 588 线控制的大陆高压,副热带高压中心在 130°E 以东,台风在福建沿海登陆后西北向影响本市,造成本市 4 站次暴雨。

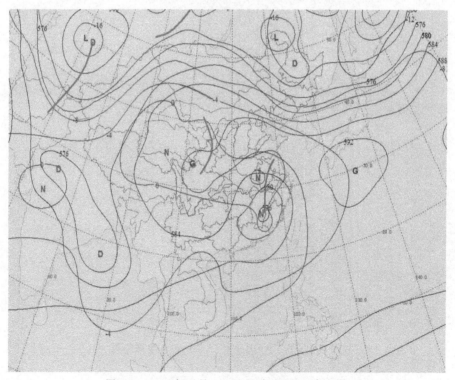

图 4.6　2006 年 7 月 15 日 08 时 500 hPa 高空图

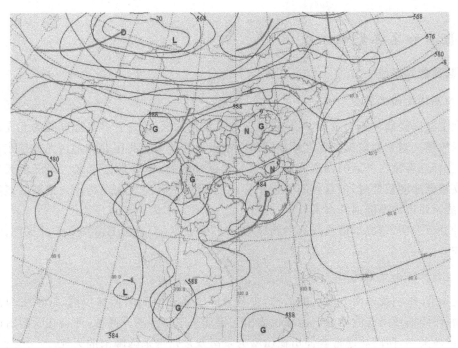

图 4.7　2007 年 8 月 20 日 08 时 500hPa 高空图

（2）台风低压倒槽暴雨

　　副热带高压控制我国东部沿海,588 线在我国沿海沿岸,华南沿海有台风低压,倒槽伸至湘南,造成本市部分暴雨。如 2008 年 7 月 8 日 20 时（图 4.8）,我国东部海上为副高,588 线在沿海,北部湾附近有热低压,倒槽伸至湘南,造成本市 9 日 2 站次暴雨。

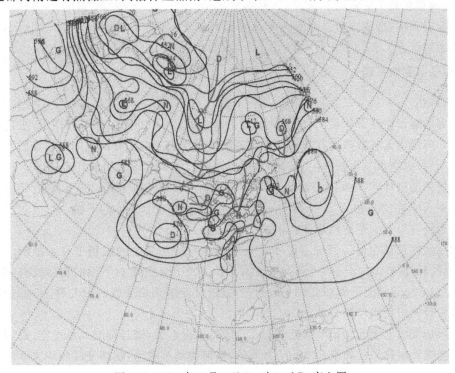

图 4.8　2008 年 7 月 8 日 20 时 500hPa 高空图

4.3　暴雨的主要影响系统

4.3.1　高层影响系统

（1）中高纬度西风槽类

亚洲上空以经向环流为主,西风槽自中亚地区东移加深,经过青藏高原断裂为北支西风槽和南支西风槽。当发展较深的北支槽伴随南下的极涡开始影响我国北方地区尤其是东北地区时,往往会伴随着蒙古气旋的剧烈发展,给东北地区和西北、华北地区带来大风降温天气。而如果北支槽低纬度较低时,一旦有南支槽东移,会引导北方冷空气南下与南支槽前的暖湿气流交汇,造成永州市大范围强降水天气。

统计分析表明,造成本市强降水的西风槽79％位于100°—120°E,30°—45°N区间,84％有南支槽配合。

（2）孟加拉湾南支槽类

春夏季节,影响我国南方地区的低槽,主要来源于高原南侧的孟加拉湾,常称之为孟加拉湾南支槽、印缅槽或南支波动等。孟加拉湾南支槽如果东移至离开高原,便会在云南附近形成低压区,即西南涡,西南涡通常会伸出低压槽为华南及永州带来强降雨的天气。

孟加拉湾南支槽活动有明显的季节性,10月—次年6月都有南支槽活动,其中3—5月最为活跃。而每年夏季副热带高压北进,西风带锋区北抬,25°N以南为副高控制,因而7—9月基本上没有明显的移动性南支槽活动。5—6月和9—10月是季节转换期,也是南支槽趋向沉寂或活跃的转换期。6月西太平洋副高加强西伸,则与东伸的伊朗副高间形成稳定的孟加拉湾低槽,长江中下游随之进入梅雨。这种低槽不再是南支波动,而是稳定性的。10月副高南退,南支波动重新趋于活跃。

统计分析表明,造成本市强降水的南支槽85％位于100°—110°E,25°—32°N区间,53％有高原低值系统配合。

4.3.2　中低层影响系统

（1）切变线

当南方的暖湿空气开始活跃,北方冷空气开始衰减,在700 hPa等压面图上,出现东西向的切变线。强降水天气就产生在地面锋和700 hPa等压面上的切变线之间。当锋面和切变线的位置偏南时,强降水发生在华南;偏北时,就出现在长江和南岭之间的江南地区。根据近20年历史天气图的统计,6月我国东部20°—40°N范围内有73％的图次(700 hPa)有完整清晰的切变线。而其中有80％位于25°—33°N范围内,即在青藏高原主体的下游。影响永州市区域的切变线系统有以下一些活动规律:

①切变线的移动在很多情况下都不由切变线本身所在层次的风场平流来推断。一般说来,切变线的移动与500 hPa的风场有密切的关系,500 hPa气流对下面的切变线有"牵引"作用,即500 hPa偏北气流下面切变线一般南移,偏南气流下面切变线一般北移。500 hPa气流与切变线平行则切变线停滞少动。

②如果切变线上面500 hPa气流方向在较大范围内一致,而且随时间也稳定,则切变线将沿此方向会连续地移动。如果500 hPa是浅的、移速快的小波动,则切变线将不受500 hPa风

场变化的影响,表现停滞少动。

③如果渤海-朝鲜一带有强低压发展则切变线移到华南或南海,有时可维持数天,华北高压加强南下控制长江流域。

④若有深厚低压在我国东北和渤海一带停滞,则在这低压西部偏北气流中常有冷性横槽逆时针旋转南移(500 hPa)。当500 hPa横槽转到低压正南方变成竖槽时,江南转NW风,切变线南移。

⑤在控制我国东部的高压东移的情况下,切变线先是发生非"暖锋式"的北抬,然后呈"暖锋式"继续北抬。有时可从华南沿海连续移到黄河流域。

⑥在华北高压入海、江淮切变线北移的过程中,如果500 hPa四川盆地是南支槽所在地,则切变线南侧南风很强,切变线北抬过程中有强降水发生。

⑦切变线上若有强的低涡东移发展(有时伴有500 hPa高原来的小槽),则低涡后方切变线明显南压。这种过程之后,原切变线往往不再北抬。

⑧已经移到华南沿海或南海的切变线减弱消失后,若高原东侧有气旋性流场发展东伸,会形成新的切变线。

(2)西南低涡

从天气图上分析,产生在700 hPa或850 hPa高度上,25°—35°N,97°—110°E范围内的小涡旋,称为西南低涡。上述范围内有一条闭合等高线或有明显的气旋性环流的低压,并能维持12 h或以上的,不论其为冷性或暖性,均列为西南低涡。在25°N以南的海平面上发生的热带低压或台风北转登陆减弱而进入西南地区的低压,都不作西南低涡处理。春末夏初,是西南低涡影响永州最频繁的季节。西南低涡东移发展往往能造成长江中下游地区和江南南部地区强烈的对流性降水,因此,西南低涡是永州主要的暴雨天气系统之一。

西南低涡的源地主要集中在三个地区:分别是九龙生成区、四川盆地生成区、小金生成区。九龙生成区占低涡生成总数的44.7%,是西南低涡生成最多、最集中的区域,故这类西南低涡又称九龙涡;四川盆地生成区占29.0%,是第二集中区,可称之为盆地涡;小金生成区占19.9%,是西南低涡生成的第三集中区。

西南低涡在源地生成后,大多就近减弱消亡,但仍有部分移出四川影响我国东部地区。西南低涡东移的路径大体可分为三条:低涡进入108°E并位于33°N以北的称北路;在27°—33°N东移的为东路;在27°N以南向东南移的称东南路。一般来说,偏北路的低涡对永州没有影响,而东路与东南路径的低涡对永州有影响。

低涡移动的路径,取决于低槽或切变的位置,也与副高的强弱和脊线的走向有关系。低涡一般沿切变线东移,当低槽影响引起切变更替或副高变化导致切变位置改变时,低涡移动的路径也随着发生变化。

通过分析500 hPa副高脊线所在的纬度与700 hPa低涡东移经过110°E时的纬度的相关分布发现:副高脊线偏北时,低涡的移动路径也偏北;脊线偏南,低涡的移动路径也偏南。但当西风带有高压或高压脊东移,在长江下游与副高合并,副高北侧边缘出现大片较强的正变高时,低涡路径将比原来偏北;当副高脊线受西风带系统影响或其本身的周期性减弱,副高西北侧或北侧出现明显的负变高区时,低涡路径将比原来偏南。

一般情况下,低涡从启动到影响永州需要12～24 h,少数低涡从川东到影响永州只要6 h左右就有强降水发生。暴雨发生前12～24 h,南岳山为偏南风或偏东风,风速达8 m/s或以上；若风速<8 m/s，则要求过程前 12～24 h 700 hPa 中广州、昆明的高度分别比芷江、西昌的高度≥4 dagpm；低涡中心及其东部有明显的湿中心存在。

4.3.3　地面影响系统

（1）地面冷锋

地面冷锋是在水平面气压图上的一个强的水平温度梯度带。在地面冷锋冷空气的一侧，跨越锋面方向存在着大的温度、湿度、垂直运动和涡度的水平梯度。沿锋的方向有涡度的最大区和辐合带。由于它经常与降水相关联，它可以造成局地的强烈天气，同时它可以为更小尺度的天气系统（或现象）的不稳定发展提供一个背景场。

入侵永州的冷空气根据路径不同，可以划分为：西路、北路、东路三条路径。西路冷空气是指冷空气主力从 105°E 以西地区南下，通常移动快、强度较强、降温明显，转晴快。北路冷空气是指冷空气主力从 110°E 附近南下，本市北部降温大于南部。东路冷空气是指冷空气主力从 115°E 附近南下，以后东移出海，再以"东灌"形式沿两湖盆地和湘桂铁路沿线走廊影响永州，东路冷空气对降水有利，特别是春季易造成永州市大面积强降水天气。在夏季，当沿河套有一股弱冷空气南下时，日平均气温在冷空气到达后 1 d 内下降不足 4℃。如果川东、黔西南有一暖低压发展，弱冷空气入暖槽会产生锋生。在桂东至永州中部的强辐合线上产生中小尺度涡旋，配合地面锋生，沿着南岭山脉一带可以触发产生强烈的暴雨。

（2）华南静止锋

华南静止锋是指活动于中国华南地区（20°—26°N）的准静止锋。一般意义上将 6 h 内（连续两张图）锋面位置无大变化的锋定义为准静止锋，或简称静止锋。华南静止锋多为冷空气南下后势力减弱和南岭山脉的阻挡等所致，常与空中切变线相配合出现。

华南静止锋按其形成过程可分为两类：第一类是指冷锋南移进入华南而逐渐静止所形成，即南移类；第二类是在长江以南锋生形成的，即锋生类。华南静止锋一年四季都可出现，每年 12 月—次年 6 月出现的最多，尤以春季 3—4 月出现最为频繁，经常造成江南大范围的持续低温阴雨天气，给工农业生产带来很大影响。

据资料统计，发生于 5—7 月的南移类华南静止锋致永州市区域产生暴雨的概率占 11.8%，锋生类华南静止锋致永州市区域产生暴雨的概率占 14.1%。华南静止锋是致永州市区域产生暴雨的重要天气系统之一。

4.4　地形对暴雨的影响

永州市大体是西部和西南高，东北及中部低，以三大山系为脊线，越城岭—四明山系雄踞西北，萌渚岭—九嶷山系矗立东南，都庞岭—阳明山系横插中部，呈环带状、阶梯式向两大盆地中心倾降。境内地貌复杂多样，奇峰秀岭逶迤蜿蜒，河川溪涧纵横交错，在三大山系及其支脉的围夹下，构成南北两个半封闭型的山间盆地。观测事实表明，永州市内几个多暴雨发生的地区和少暴雨发生的地区都与其所处的独特地形有密切关系。

永州暴雨的形成同大气环流的季节转换、冬夏季风的进退密切相关，并受永州特殊地形等多种因素的影响。

4.4.1　边界层对暴雨的作用

一般来说，边界层对暴雨的作用主要有 3 个方面：一是供应暴雨所需的大部分水汽；二是建立大气位势不稳定层结;三是触发不稳定能量释放,产生暴雨。

(1)供应水汽

边界层是暴雨生成和维持的主要水汽来源。在暴雨发生前后,大气中的水汽含量变化比起降水量来是微不足道的,因此,暴雨要求有天气尺度系统的持续不断的水汽输送,以补充暴雨区上空气柱内的水汽损耗。通常,在持续性暴雨发生时,有一支天气尺度的低空急流将暴雨区外围的水汽迅速向暴雨区集中。

(2)暖湿气流与位势不稳定层结的建立

永州的暴雨多数属于对流性天气,这就要求在暴雨发生前,上空或上游地区有强烈的位势不稳定层结。不稳定层结的建立,主要是通过边界层内暖湿气流的输送造成的。边界层内的强偏南气流是暖湿气流的输送带,其输送的水汽和热量使得暴雨发生前上空及其上游地区在对流层中下部形成强烈的位势不稳定。暴雨发生后,层结趋于中性,对流就不能进一步发展。如果要使暴雨继续维持,就要求在暴雨区位势不稳定层结不断重建,这种重建过程,也是通过边界层中的暖湿气流的不断补充来完成的。

(3)边界层对暴雨的触发作用

当大尺度的水汽条件和位势不稳定条件具备后,还必须有一定的上升运动才能触发不稳定能量释放而产生暴雨。与暴雨有关的上升运动是多种因素所引起的,有不同天气尺度的系统的因素,也有地形的因素。一般而言,大尺度天气系统造成的大尺度上升运动是暴雨发生发展的重要先决条件,它为中小尺度系统的发展提供了背景条件。但是,与暴雨直接有关的是中小尺度系统和地形引起的上升运动。而且,边界层对中尺度天气系统的形成有重要作用。山脉、河谷及海陆的分布引起的抬升、气流折向、热力作用等均可形成中尺度扰动。研究还证明,尽管下暴雨时上升运动的层次很厚,但边界层内的辐合上升运动与暴雨的对应关系最好。

4.4.2　地形对暴雨的增幅作用

暴雨是在充沛的水汽条件和有利的天气形势下产生的,但是,地形对暴雨的强度和落区的影响不容忽视。一些著名的特大暴雨都与特定的地形有关。永州"2006.7.15"特大暴雨、"2007.6.7"的特大暴雨等重大暴雨过程也都与地形有密切关系。

气流越过山脉时引起波动,在迎风坡上升,在背风坡下沉。如果风速小,气团稳定,地形引起的垂直运动随高度迅速减小。反之,如果风速很大,空气潮湿不稳定,地形引起的上升运动可以达到较高的高度。这就是同样的地形,气流方向和大小相仿,但有时出现强烈降水,有时降水不大,甚至没有降水的缘故。地形引起的上升运动使对流发展,从而造成降水,也可以成为中小尺度对流系统的触发机制。地形抬升作用的大小除了与山脉的高度、风速的大小有关之外,还与气流的方向与山脉走向的交角有关,所以,风向不同,雨强和落区也不同。南岭山脉和永州的其他一些山脉的高度一般在 $500 \sim 1500$ m。因此 925 hPa 及其以下的气流方向和大小与地形的作用尤为重要。

永州山地面积大,南倚准东西向的南岭山脉。境内峰峦叠嶂,雄伟壮观。越城岭—四明山系高峻陡峭,平均海拔 1500 m 以上的山峰有金字岭、紫云山、高挂山、大界岭、牛头歧等 21 座。都庞岭—阳明山系群峰起伏,到处崇山峻岭,其中海拔 1500 m 以上的山峰有韭菜岭、阳明山、杉木顶等 35 座。萌渚岭—九嶷山系群峰高耸,苍山如海,海拔 1500 m 以上的山峰有大龙山、癞子山、姑婆山、黄龙山、团圆山、紫良界岭等 44 座。

研究表明,地形阻挡及喇叭口地形的辐合效应对暴雨增幅有明显的作用。分析"碧利斯"和"圣帕"影响期间,实时自动站雨量实况和同时次的多普勒天气雷达、卫星云图,发现均有大片的回波生成,沿着山脉发展成强回波中心带,形成沿山脉的强降水中心。特大暴雨中心宁远、蓝山、江华、双牌等地正好位于阳明山山脉与南岭山脉的夹角处,对"碧利斯"低压西北侧不断增强的东北风而言,南部和东部均为迎风坡,使得强降水范围扩大,降水强度加大。而"圣帕"没有东北气流影响,所以暴雨增幅作用没有前者明显。此外,本市多水面覆盖的下垫面特征也是成为特大暴雨中心的另一重要原因,饱和湿土和江河水库等大型水体都是登陆热带气旋的潜热能源,饱和湿土、水面与大气边界层之间的多种交换过程不仅会延长热带气旋寿命,而且会产生更强的降水。由此可见,本市的特殊地形对台风过程特大暴雨中心的形成具有重要作用。

4.4.3 地形对暴雨中心位置分布的影响

研究表明山区复杂下垫面的热力和动力作用对暴雨有触发、加强或削弱、消亡的影响,在不同的区域地理背景下,地形的影响各不相同。在相同的地理背景下,不同的地形形态对暴雨的影响也有较大差异。地形性强迫抬升和辐合是触发暴雨和使之加强的重要机制,地形性辐散和下沉对应暴雨的低频区。夏季山区局地对流性暴雨过程在凌晨及午夜多发,其形成的根本原因是山地环流所形成的辐合"热点"。

由于受季风气候和地理地形因素的影响,形成了本市四季分明,气候的年内年际变化大的特点,灾害性天气较多,旱涝比较频繁。

南岭山脉是我国气候上的重要分界线,山脉高度大都在 1000 m 以上,很多山峰超过了1500 m,对本市气候有着明显的屏障作用。本市累年暴雨总日数总的分布是北少南多,道县、江永、宁远和新田是本市累年出现暴雨最多的地区,是本市的暴雨中心。宁、道、江盆地地处南岭北侧,四周为阳明山、都庞岭、萌渚岭、九嶷山所围绕,区内丘岗平缓起伏,水平气候差异较小。春季冷空气南下后,易生成南岭静止锋天气,当锋面南北摆动时,造成较强降水或长期阴雨低温维持。夏季对南方吹来的暖湿空气也有明显的阻尼作用,同时由于暖湿空气遇山被迫抬升,当有冷空气南下时,容易凝云致雨,形成强降水。另外盛夏当副热带高压控制湘中一带时,低空盛行的偏南风,越过南岭而产生"焚风效应",使得本市南部(南岭北坡)暴雨日比春季相对较少。同时新田背靠阳明山,由于山脉的屏障作用和焚风效应,使得阳明山南坡(新田)暴雨日比北坡多(表 4.1)。

表 4.1 累年春夏季各县区暴雨日数统计(单位:d)

	零陵	冷水滩	祁阳	东安	双牌	宁远	道县	新田	蓝山	江永	江华
3 月	7	5	2	3	6	2	8	6	2	5	2
4 月	12	4	8	1	10	17	21	13	8	21	14
5 月	27	11	21	18	28	29	37	27	23	39	26
6 月	18	15	23	19	17	18	20	19	23	19	27
7 月	14	8	10	14	15	14	15	15	14	11	14
8 月	23	9	18	18	13	23	12	22	17	12	15
合计	101	52	82	73	89	103	113	102	87	107	98

横贯本市中部的紫金山、阳明山等大片山地,地形高耸、山峦起伏,断续成簇,对北方入侵本区境内的冷空气起着明显的屏障作用。本区热量少、光资源较少,降水却非常充沛,成为全市多雨中心之一;700 m 以上多云雾缭绕,雨季长,雨量多,年降水量>1500 mm,祁阳县的白果市>1800 mm,双牌县的阳明山林场和司仙坳接近 1700 mm,成为多暴雨中心区,这是由于山脉对气流有阻滞和抬升作用,造成强烈的辐合,迎面风往往降水较多。山地降水除受地形影响外,还由于森林覆盖好,树冠蒸腾水汽含量大,有利于成云致雨。其北部祁、冷、永盆地为越城岭、四明山与阳明山区所夹持的广大平丘区,地势平坦开阔,其中丘岗起伏平缓,夏秋易旱,特别是 8 月下旬—9 月底,暴雨日数偏少。

永州市地形地貌比较复杂,气候的地带性与地形的非地带性交错影响,形成了光、热、水的重新分配,因而地域的差异十分明显。如同为本市南部宁、道、江盆地与蓝山相比,由于地形地势的影响,两地的气候相差很大。宁、道、江盆地四周为山所围绕,区内丘岗平缓起伏,水平气候差异较小;蓝山则为三面环山、南高北低,向北开口的丘岗地貌,夏秋季当冷暖气团在该县交锋时,易造成强烈的辐合抬升,加之蓝山位置偏东南,夏秋季受登陆台风外围影响和地形雨作用,致使降雨量多、强度大,所以夏秋季累年暴雨日数(表 4.2)比宁远多 3 d,比道县多 8 d,比江永多 13 d。新田背靠阳明山,东面跟郴州桂阳相邻,由于阳明山的屏障作用和夏秋季受登陆台风外围影响,使得新田暴雨日增多,为累年全市夏秋季暴雨日之最。

表 4.2　累年夏秋季各县区暴雨日数统计(单位:d)

	零陵	冷水滩	祁阳	东安	双牌	宁远	道县	新田	蓝山	江永	江华
6 月	18	15	23	19	17	18	20	19	23	19	27
7 月	14	8	10	14	15	16	15	15	14	11	14
8 月	23	9	18	18	13	21	12	22	17	12	15
9 月	2	3	4	3	7	3	5	7	8	3	4
10 月	5	3	5	5	4	4	5	4	3	3	4
11 月	1	1	1	2	2	1	1	3	1	3	1
合计	63	39	61	61	58	63	58	70	66	51	65

4.5　天气形势图型模式预报方法

以天气图为基础归纳天气过程,建立模式、寻找指标,对天气图进行分型建模,建立了全市西南低涡型、低槽切变型、倒槽类、冷锋型与南岭静止锋型等暴雨天气图形势指标。

4.5.1　西南低涡型

(1)入型条件

700 hPa 在 100°—110°E ,25°—30°N 范围内有闭合低压中心或有 3 站或以上的低压环流中心,其中有一站的风有偏北的分量,且 20°N 以北 120°E 以西无台风。

（2）预报指标

同时达到以下三条，即预报有一次暴雨过程：

①850 hPa：南宁站风向为 W—S，风速$\geq$4 m/s，或 E—SSE，风速$\leq$6 m/s，$T-T_d\leq$2℃，桂林站 $T_d\geq$15℃，24 h 露点变温：$\Delta T_d\geq$1℃。

②地面图上：成都站减桂林站的 24 h 变压$\geq-$5.5 hPa 至$\leq$7.5 hPa，福州站减安阳站的 24 h 变压$\geq$0.0 hPa 至$\leq$8.5 hPa。若福州站减安阳站的 24 h 变压$<$0.0 hPa 则要求成都站减桂林站的 24 h 变压$\leq$2.5 hPa；若福州站减安阳站的 24 h 变压$>$7.5 hPa 则要求成都站减桂林站的 24 h 变压$<-$2.5 hPa。

③地面图上南岳站：$T-T_d\leq$5℃，24 h 变压：$\Delta P_{24}\leq$4.0 hPa。

4.5.2　低槽切变型

（1）入型条件

700 hPa 在（100°—110°E，25°—32°N）范围内有风向切变的低压槽或切变线，要求槽线或切变线进入区域一个纬距才算在内，且 20°N 以北 120°E 以西无台风。

（2）预报指标

同时达到以下四条，即预报有一次暴雨过程：

①地面图上桂林 $T-T_d\leq$3℃。

②850 hPa：南宁站的风向 SW—S 风速$\geq$4 m/s 或风向 SE 风速$\leq$4 m/s；汉口的风向 W—SSW 风速$\leq$12 m/s 或风向 S—E 风速$\leq$4 m/s 或风向 WNW—ENE 风速$\leq$8 m/s 或为静风。百色和南宁的 $T_d\geq$16℃。

③700 hPa：成都 $T_d\geq$8℃，24 h 变高：$\Delta H_{24}\geq-$3 至$\leq$3。

④500 hPa：广州和南宁的高度均在 584～589 dagpm，贵阳在 582～587 dagpm，安阳站减福州站 24 h 变高：$\Delta H_{24}\geq-$3 至$\leq$3。

4.5.3　倒槽曲率型

（1）入型条件

地面天气图上，在（100°—115°E，24°—33°N）范围内，只要有一根等压线呈倒槽曲率，即属此类（如果倒槽前部有闭合低压，且符合切变条件，属切变类）。

（2）预报指标

同时达到以下五条中任一条，即预报有一次暴雨过程：

①850 hPa：桂林站 $T\geq$16℃，$T_d\geq$16℃，$T-T_d\leq$3℃，$T_{850}-T_{500}\geq$21℃，桂林站的高度在 143～151 dagpm；桂林站减重庆站温度 $T\geq$3℃；南宁站减桂林站的露点温度 $T_d\geq-$1℃。

②850 hPa：重庆站的高度 $H>$144 dagpm，桂林站减重庆站的高度 $H>$3 dagpm，桂林站减重庆站温度 $T\geq$1℃；桂林站 $T_{850}-T_{500}\geq$22℃；且桂林站在 700 hPa 图上的高度 $H\leq$315 dagpm。

③850 hPa：桂林站温度露点差 $T-T_d\leq$1℃，$T_d\geq$14℃；桂林站减重庆站露点温度 $T_d\geq$

1℃,桂林站减重庆站的高度 $H>1$ dagpm,南宁站减桂林站的露点温度 $T_d\geqslant-2$℃;且重庆站在700 hPa图上的高度 $H\geqslant307$ dagpm。

④700 hPa:桂林站的温度 $T<12$℃,$T_d\geqslant2$℃,桂林站的高度在 $310\sim313$ dagpm;桂林站减重庆站温度 $T\geqslant-2$℃;且在 850 hPa 图上南宁站减桂林站的露点温度 $T_d\geqslant0$℃,桂林站 $T_{850}-T_{500}\geqslant20$℃。

⑤850 hPa:南宁站偏南风,南宁站减桂林站的露点温度 $T_d\geqslant1$℃,桂林站的温度 $T\geqslant17$℃;且重庆站在 700 hPa 图上的高度 $H\leqslant307$ dagpm,桂林站减重庆站的高度在 $1\sim3$。

4.5.4　冷锋型与华南静止锋型

(1)入型条件

地面图上昆明—兰州—长沙—广州—昆明所围区域内有冷锋或此范围内 30°N 以南部分有静止锋,且锋面须进入上述一个经距,而且 120°E 以西,20°N 以北无台风中心。

(2)预报指标

同时达到以下三条中任一条,即预报有一次暴雨过程:

①500 hPa:广州站的高度在 $584\sim589$ dagpm,风向为 SSE—E—N,风速≤4 m/s;且在 850 hPa 图上:南宁站的高度 $H\geqslant584$ dagpm;百色站风向为偏北风 N,风速≤10 m/s。

②500 hPa:桂林、南宁站的高度均 $H\geqslant588$ dagpm;且在 700 hPa 图上:汉口站风向为 SW,风速≤14 m/s 或者风向为 S—W,风速≤10 m/s;桂林站的露点温度 $T_d\geqslant9$℃。

③850 hPa:桂林站的温度 $T\geqslant16$℃,$T_d\geqslant16$℃;若桂林站的温度 $T\leqslant15$℃,则南宁站减桂林站的露点温度 $T_d\geqslant1$℃,南宁站风向为 W—S,风速≥4 m/s。

4.6　单站气象要素暴雨预报方法

单站地面气象要素为:昨日 14 时风向、风速、温度、露点温度、海平面气压;今日 14 时风向、风速、温度、露点温度、海平面气压;今日 02 时风向、风速、温度、露点温度、海平面气压。把单站气象要素组成预报指标:

(1)昨日 14 时、今日 02 时 和 14 时气温均≥20℃,且当日 14 时 $(T-E)\leqslant1.0$℃,$P_{24}\leqslant-1.0$ hPa,$E_{24}\geqslant3.5$℃(代码说明:T:气温;E:露点温度;P_{24}、T_{24}、E_{24} 分别为当日 14 时海平面气压、气温、露点温度减昨日 14 时海平面气压、气温、露点温度的差值。下同)。

(2)昨日 14 时、今日 02 时和 14 时气温均≥20℃,昨日 14 时、今日 02 时气压<990 hPa,当日 14 时风速≤4 m/s,14 时 $(T-E)\leqslant-1.0$℃。

(3)昨日 14 时和今日 14 时气温均≥20℃,当日 14 时静风或南风,风速≤4 m/s,14 时 $(T-E)\leqslant4.0$℃,$(E14-E02)\geqslant2.0$℃。

(4)昨日 14 时和今日 14 时气温均≥20℃,当日 14 时 $E_{24}\geqslant4.0$℃,14 时 $P_{24}\leqslant-5.0$ hPa,14 时 $(T-E)\leqslant1.0$℃。

(5)今日 02 时海平面气压<昨日 14 时海平面气压,今日 14 时海平面气压<昨日 14 时海平面气压,今日和昨日 14 时 $(E-T)\geqslant1.5$℃,今日和昨日 14 时风速≤2 m/s。如当日 14 时 $(E$

$-T)\geqslant0.5℃$,则 14 时风速≤4 m/s,$P_{24}\leqslant-2.5$ hPa。

(6)昨日 14 时、今日 02 时和 14 时气温均≥15.0℃,当日 14 时$(E-T)\geqslant-2.1℃$,14 时风速≤4 m/s,且当日 14 时 $P_{24}\leqslant-4.0$ hPa,$E_{24}\geqslant1.2℃$,$T_{24}\geqslant2.5℃$。

在具备暴雨天气形势的情况下,以上 6 条单站地面气象资料预报指标,满足任一条,即预报单站有暴雨。

4.7　一次区域性大暴雨过程的中尺度分析

4.7.1　雨情灾情概况

2007 年 6 月 6—9 日湖南永州市境内出现了一次区域性大暴雨过程,降雨主要集中在永州市中南部。根据气象站资料 6 日 20 时—9 日 20 时(北京时,下同)全市 11 个县(区)平均降雨量 124.5 mm,南部 6 个县平均降雨量 176.2 mm,其中道县、宁远两县>200 mm;水文雨量点有 5 站>300 mm,最大达 347 mm。降雨主要时段在 6 日 22 时—7 日 13 时,暴雨中心区的 32 个雨量观测点 15 h 内有 11 个点降雨>100 mm,其中道县的月岩和驷马桥分别降雨 203.5 mm 和 310 mm;在此期间 1 h 雨量也相当大,道县的乐福堂和江永的千家峒 1 h 雨量分别达到 44.8 mm、46.8 mm。

由于大暴雨的范围广、雨强大,致使潇水中游出现了百年不遇的特大洪涝。再加上湘江上游的全州、灌阳、阳溯和兴安等地同时降大暴雨,两股洪峰在零陵区汇合,湘江永州段出现了自 1976 年以来的最大洪峰,给沿河两岸人民的生命财产安全带来了巨大的威胁。

4.7.2　过程的天气形势背景和中尺度分析

(1)天气形势背景分析

这次大暴雨过程从天气形势来看并不很明朗。500 hPa 中高纬度欧亚环流呈两脊一槽型,欧洲、东亚为高压脊控制,西西伯利亚为低槽区;低纬度气流较平直,西南地区有小波动东传。低层切变线也比较弱。6 日 08 时 700 hPa 切变线稳定在 30°N 附近,20 时稍稍南压到湘西北—滇东北一线。6 日 08 时 850 hPa 切变线位于重庆—鄂西南一线,切变线附近的风速也只有 3～4 m/s;20 时重庆切变线消失,在黔南—南岭有一新切变线生成,切变线两侧的风速最大为 8 m/s。08 时地面图上冷空气远在新疆,青藏高原到蒙古为强大的低压区,湖南处于入海高压后部,桂北有零散的雷暴区。14 时在湖南永州到广西全州一带出现较明显的风向切变(维持到 7 日 20 时),桂北雷暴区扩大并沿着风向切变向东伸展到湘南、粤北,雨强也随之迅速增大,20 时后大暴雨区覆盖桂林、永州两市大部分县区。

(2)中尺度分析

这次过程主要降雨时段先后有 14 个 γ 中尺度系统和 4 条 β 中尺度切变线影响暴雨中心区,其源地绝大部分在永州市与广西灌阳交界的乡镇。这 14 个 γ 中尺度系统维持时间≥9 个体扫的有 4 个,在 4～5 个体扫的有 5 个,其余 5 个≤2 个体扫,其中 γ1 维持时间最长,达到 20 个体扫。移动方向基本上是向 ESE 方向移动,其中 γ1 的移动方向是 ESE→SE→E→ENE,横扫了道县整个县及宁远大半个县(图 4.9)。

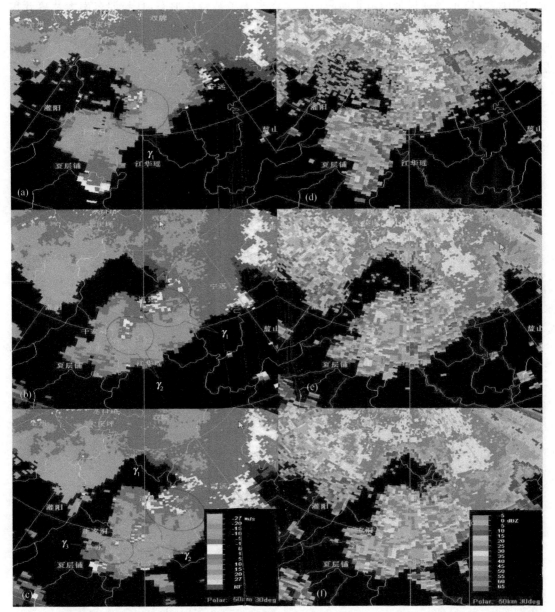

图 4.9　a、b、c 为 1.5°仰角 2007 年 6 月 6 日 22：51、23：28、23：40 时径向速度图，
图中圆圈所圈为 γ 中尺度降水系统，d、e、f 为 a、b、c 仰角对应时刻的基反射率因子图

　　第一条 β 中尺度切变线(β1)是由 γ1～γ3 三个 γ 中尺度系统在消亡中离开雷达的气流扩散贯通而形成一条南北向的逆风带(图 4.10a、b)，这逆风带的 SE 边缘即是切变线所在。该逆风带于 7 日 00：11 时形成，以后向 ESE 方向移动，影响道县、宁远、蓝山和新田四县，01：37 时融合于湘东南大片离开雷达的气流中而消失，历时 15 个体扫。

　　第二条 β 中尺度切变线(β2)是由广西全州东部一小范围的逆风区与源于道县西北部的 γ 中尺度系统 γ5 中离开雷达的气流相接，在大片流向雷达的气流中形成一条 NW—SE 向的逆风带(图 4.10c)。于 7 日 00：41 时形成，随后向 ESE 方向移动，面积逐渐向南北两个方向扩散。7日02:45时该逆风带因南北面积的扩大而失去了其带状形态,且与湘东南大片离开雷达的气流相连接,这时逆风带消失,历时21个体扫,造成了道县全部、双牌大部和江永、江华、宁远、零陵区部分乡镇的强降雨,道县乐福堂7日02时1 h雨量44.8 mm就是$\beta2$和$\gamma5$共同影响的结果。

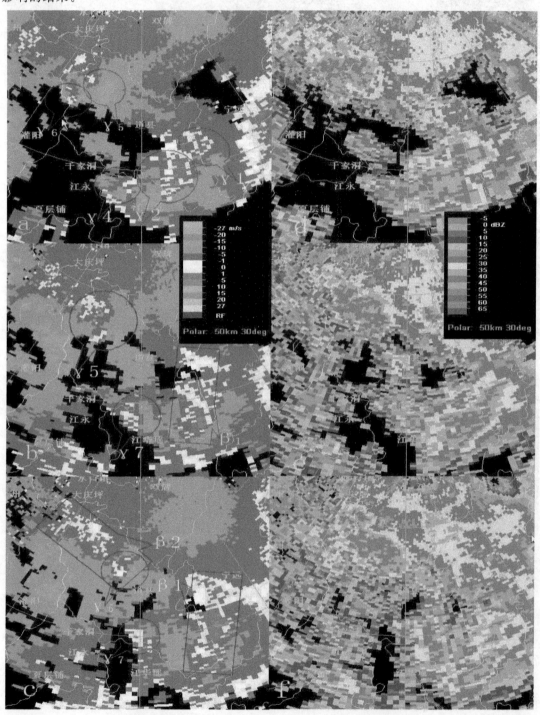

图 4.10 a、b、c 为 1.5°仰角 2007 年 6 月 7 日 00:17、00:41、01:00 径向速度图,图中圆圈所圈为 γ 中尺度系统,矩形所圈为 β 中尺度切变线,d、e、f 为 a、b、c 仰角对应时刻的基反射率因子图

在第三条逆风带南北面积扩大且与湘东南大片离开雷达的气流相连接的同时,南部 150 km 处有离开雷达的气流发展并逐渐向北推进,使得二者之间流向雷达的气流变狭窄,而形成一条流向雷达的逆风带(图 4.11a),逆风带的北侧即是切变线 $\beta3$ 的位置。这条切变线 7 日 02:45 时形成,以后向 ESE 方向推进,并且其上有 $\gamma10$、$\gamma11$ 生成,05:49 时消失,历时 31 个体扫,造成了道县宁远两县南部、江华北部和蓝山全部乡镇的强降雨。

第四条 β 中尺度切变线($\beta4$)是道县城关附近 $\gamma12$ 的逆风区与灌阳 γ 中尺度系统的逆风区贯通而形成的一条 WNW—ESE 向、气流离开雷达的逆风带,其南侧流向雷达的气流增强,江

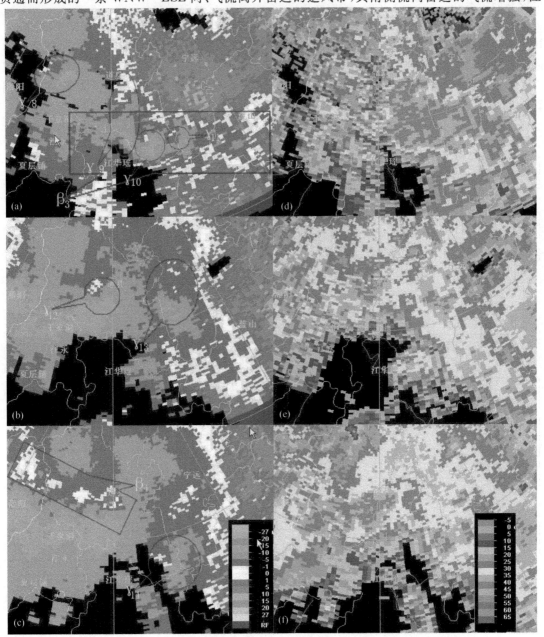

图 4.11　a、b、c 为 1.5°仰角 2007 年 6 月 7 日 03:21、05:49、06:26 径向速度图,图中圆圈所圈为 γ 中尺度系统,矩形所圈为 β 中尺度切变线,d、e、f 为 a、b、c 仰角对应时刻的基反射率因子图

永千家峒风速接近 20 m/s。以后逆风带进一步加强并东移,影响道县宁远两县大部分乡镇和江永江华两县北部乡镇,10:20 时并入湘东南的离开雷达气流中而消失,历时长达 40 个体扫,江永千家峒 7 日 07 时 1 h 雨量 46.8 mm 就发生在 β4 发展阶段(图 4.11c)。

4.7.3 过程的干侵入分析

天气形势对产生区域性大暴雨并不很有利,中尺度天气系统却发展得如此旺盛,且维持时间如此之久。分析垂直风廓线 VWP,发现主要原因是由于有干冷空气自对流层高层逐渐向下侵入的结果。

6 日 19:27 时前 VWP 基本上是风向随高度顺时针旋转,风速随高度增加不大,低层在 4~10 m/s,5 km 以上为 10~14 m/s。从 19:33 时起对流层高层(11 km 附近)有 NW 气流逐渐向低层侵入(风速保持在 14~16 m/s),高层风向开始随高度逆时针旋转,并且在贴地层出现 SW 与 SE 风切变线(图 4.12 a),风速的垂直分布变化不大。22:51 时高层 NW 气流侵入到 4.5 km 的高度后暂停往下入侵,这种状况维持了 4 h 多。

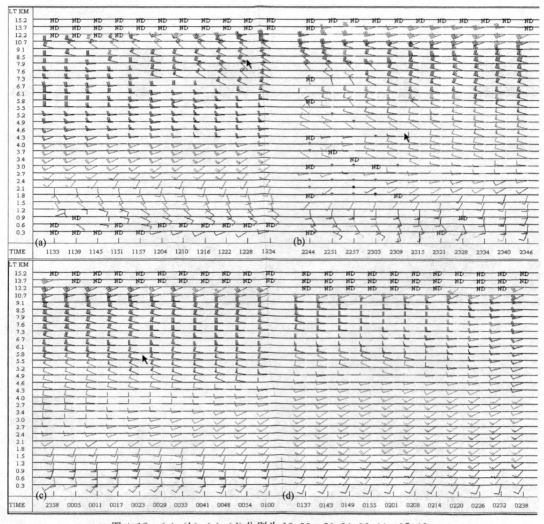

图 4.12 (a)、(b)、(c)、(d)分别为 19:33—20:34、06:44—07:46、
07:58—09:00、09:37—10:38 时段的垂直风廓线 VWP,图中的时间是世界时

7 日 02:08 时 NW 气流缓慢向低层侵入到 3 km 的高度,这时贴地层切变线基本上消失,暖平流降到 3 km 以下,3～8 km 为一致 NW 气流,而冷平流却抬升到 8 km 以上(图 4.12 b)。7 日 08:23 时以后低层暖平流逐渐向中层推进,NW 气流向高层收缩,高层冷平流也随之退却消失,10:30 时以后变为上下一致西南气流(图 4.12 c、d),中高层冷平流彻底消失。此时间比强降雨减弱的时间提前了 2 h 多,这可能是强降雨减弱的一个提前信号。

4.7.4　区域气象观测站网降水资料应用评估

这次区域性大暴雨过程的预报服务非常成功,除了全面分析永州雷达回波资料做出准确预报外,及时搜集提供区域气象观测站(下称区域站)降水资料,对领导防汛决策起到了关键性的作用。到 2007 年 5 月底止,永州 11 个县区共建区域站 73 个,加上 11 个县区气象站和 25 个水文报汛雨量点,构成了一个比较密集的中小尺度天气系统观测网。将气象台与市防指联网,把 6 min 一个体扫的雷达回波图和连续观测的区域站降水资料及时传递到市防指。安排一位局领导和一位预报专家专门参加市防汛会商会议,还通过电话、传真和手机短信每小时一报,将天气演变情况和雨情及时报告给市委市政府有关领导和市防汛抗旱指挥部(以下简称市防指),给领导防汛抗灾决策提供全面的科学依据。6 月 7 日上午市防指根据区域站降水资料了解到涔天河水库库区降雨不大的信息,下令涔天河水库适当关闸将下泄流量由 960 m³/s 减至 300 m³/s,同时与省防指协商,将双牌水库 11 孔闸全部打开泄洪,实现了湘江和潇水两股洪水的成功错峰,降低零陵区以下湘江水位 0.5 m 和道县洪峰水位 0.8 m,保证了道县一中考场考生高考的顺利进行,大大减轻了潇水、湘江两岸的损失。由于区域站降水资料在防汛科学调度中发挥了重要作用,使得这次百年不遇的区域性大暴雨造成的洪涝却是相当于 30 年一遇的,灾情的大大减轻是不言而喻的。

综上所述,可以得出以下几点认识:

(1)这次区域性大暴雨过程在天气形势上不是很明朗,但在雷达回波图上反映比较清楚。强降雨阶段有 14 个 γ 中尺度系统和 4 个 β 中尺度切变线相继生成,γ 中尺度系统的生命最长维持 2 h,最短的只有一个体扫时间;β 中尺度切变线的生命较长,最短维持 1.5 h,最长达 4 h,同时 β 中尺度切变线上往往有 γ 中尺度系统叠加。

(2)这次区域性大暴雨过程中尺度系统发展如此旺盛,主要是有弱干冷空气从对流层高层逐渐向中低层侵入,造成层结不稳定,使强降雨得以维持。当弱干冷空气侵入到中低层而停止,西南气流由中低层向上推进到对流层高层时,强降雨将减弱,而且比实际强降雨减弱的时间提前 2 h 多,这可以作为预报强降雨减弱的参考指标。

(3)区域站降水资料在天气预报服务中能起到"四两拨千斤"的作用,它使防汛的主动权牢牢地掌握在决策者手中。一方面由于通信条件的改善,区域站降水资料能迅速送达决策者手中,给部署防汛抗灾、转移群众赢得了宝贵的时间,避免灾情的进一步扩大;另一方面区域站网布局合理、覆盖面广,对于强降雨的实际落区一目了然,使决策者指挥防汛抗灾、实行科学调度有了充分的依据和针对性,既节约了人力物力又达到了事半功倍的效果。还有区域站降水资料的充分利用能弥补天气预报的失误。有时由于种种原因对中小尺度天气系统认识不足而造成局地强降雨预报失误,区域站降水资料可以及时揭示中小尺度降雨系统的存在,对于进一步分析中小尺度降雨系统的演变,作好后续预报服务至关重要。

参考文献

丁一汇.1993.1991年江淮流域持续性特大暴雨研究.北京:气象出版社.

丁一汇.1996.中尺度天气和动力学研究.北京:气象出版社.

零陵地区气象局区划办.1985.零陵地区农业气候资源及区划报告.

斯公望.1990.暴雨和强对流环流系统.北京:气象出版社.

陶诗言.1986.中国之暴雨.北京:科学出版社.

赵鸣,陈潜.2007.边界层过程对暴雨影响的敏感性试验.气象科学,(1):1—10.

第5章

永州的山洪地质灾害

永州位于湖南省南部,地处亚热带地区,雨量丰沛,降雨时段集中。地形地貌复杂,以中低山、丘陵盆地和坡地平原为主,高差较大,湘江上游纵横切割本区。区内岩性以浅变质岩、岩浆岩和碎屑岩为主,地质地形特征有利于斜坡变形发生,在暴雨和人为因素的作用下容易引发滑坡、崩塌、泥石流等地质灾害。水系以湘江、潇水、祁水、白水、紫溪河、芦洪江、永明河、宁远河、新田河为主,大小河流共 733 条。永州市总面积 22556.62 km²,辖零陵、冷水滩 2 个区和祁阳、东安、双牌、道县、江永、宁远、蓝山、新田、江华 9 个县,共 108 个镇、59 个乡、22 个民族乡、284 个居委会、5359 个村委会。

5.1 山洪地质灾害概况

永州是湖南省地质灾害发生程度相对较高的地区,由于具备较特殊的地形地貌,以及愈来愈剧烈的人类工程活动,具有发生频率高、灾情严重、防治难度大等特点。每年因崩塌、滑坡、泥石流、地面塌陷等地质灾害,造成一定程度的人员伤亡和经济损失。地质灾害主要分布在山地丘陵区,以祁阳、双牌、江华、道县、金洞等县区尤为严重(图 5.1)。此外还由于矿业活动引发的地面塌陷等地质灾害灾情也较为严重。

5.1.1 山洪地质灾害类型

据永州各县(区)地质灾害调查与区划成果资料,辖区内共查明各类地质灾害调查记录 678 处,其中滑坡 414 处、崩塌 78 处、泥石流 29 处、地面塌陷 100 处、危险斜坡 53 处、地裂缝 4 处。这些调查记录包含已发生的灾害点和仍存在隐患的调查点。

5.1.2 山洪地质灾害分布

全市已发生的地质灾害调查点 319 处,仍然存在地质灾害隐患的调查点 667 处。其中已发生的滑坡、崩塌和泥石流地质灾害主要分布在地形地貌较复杂的地区,包括越城岭、阳明山、都庞岭、九嶷山、萌渚岭等中、低山谷地以及其间的丘陵盆地和坡地平原附近。采空区地面塌陷主要分布在零陵区和祁阳县的煤矿、多金属矿区附近,岩溶区地面塌陷主要分布在碳酸盐岩地区,在永州北部和南部均有分布。各县(区)地质灾害分布情况如表 5.1 所示。

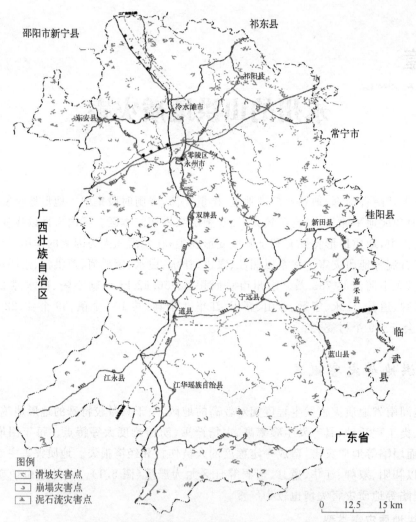

图例
滑坡灾害点
崩塌灾害点
泥石流灾害点

0   12.5   15 km

图 5.1 永州市崩塌、滑坡、泥石流地质灾害分布图

表 5.1 永州市已发生的地质灾害分布一览表(单位:处)

灾情行政区	滑坡	崩塌	泥石流	地面塌陷	地裂缝	合计	占总数百分比	分布范围
零陵区	3		5	16		24	7.52%	各乡镇均有分布
冷水滩区	15	2	1	2		20	6.27%	主要分布在北部
祁阳县	10		2	18		30	9.40%	各乡镇均有分布
东安县	2		6	21	1	30	9.40%	主要分布在北部和西部
双牌县	53	8	3	1		65	20.38%	各乡镇均有分布
道县	4		2	5		11	3.45%	主要分布在北部和东南部
江永县	6	2	2	6		16	5.02%	主要分布在北部和西南部
宁远县	20	3	1	2		26	8.15%	主要分布在北部和南部
蓝山县	17	3	2	4		26	8.15%	主要分布在南部
新田县	28	3		3		34	10.66%	各乡镇均有分布
江华县	30		4	3		37	11.60%	主要分布在东部山区
合计	188	21	28	81	1	319		

5.1.3 突发性山洪地质灾害特点

(1)降雨是引发突发性地质灾害的主要自然因素。永州市地处中亚热带季风湿润气候区,降雨表现出明显的季节性和地域性。

(2)突发性地质灾害受地形、区域地质等条件的控制。滑坡、崩塌、泥石流、地面塌陷等地质灾害主要分布在山地丘陵地区,其中以祁阳县、零陵区、东安县等最为严重。

(3)突发性地质灾害具有发生突然、暴发力强、历时短、成灾快、危害大的特点,一般发生的时间、地点、规模、强度等具有很大的不确定性。

(4)突发性地质灾害不是孤立发生或存在的,在某些特定区域内随自然因素发生。如矿区地质灾害及人为因素诱发的地质灾害约占全市地质灾害总数的90%以上。

5.1.4 地质灾害灾情

据统计,永州市历年共发生地质灾害319处,按灾情分级标准,中型5处、小型314处,因地质灾害死亡11人,直接经济损失约2451.15万元。其中人员伤亡严重的为蓝山县,经济损失较严重的为东安县和新田县。各县(区)灾情现状如表5.2所示。

表 5.2 永州市地质灾害灾情现状表

灾情行政区	灾情级别				灾害损失			
	大型(处)	中型(处)	小型(处)	合计(处)	死 亡(人)	毁房(间)	毁田(亩*)	直接经济损失(万元)
零陵区			24	24	1	20	135.8	133.6
冷水滩区	1		19	20		296	87	275.1
祁阳县			30	30	2	54	650.8	223.3
东安县			30	30	1	56	46.05	318.25
双牌县	2		63	65	2	158.5	10	713.5
道县			11	11		30	50	66
江永县			16	16		21	18	46.2
宁远县			26	26		23	30	130.5
蓝山县	1		25	26	5	58.5	33	61.5
新田县	1		33	34		365	150	393.3
江华县			37	37		34	40	89.9
合计		5	314	319	11	1116	1250.65	2451.15

*1亩＝1/15公顷,下同。

5.1.5 地质灾害险情

据统计,全市仍存在隐患的地质灾害调查点667处,其中以祁阳县、东安县和零陵区分布较多,分别占总数的24.3%、18.3%和17.1%;受威胁人数较多的有双牌县和祁阳县,分别占总数的17%和17.1%;威胁资产最多为双牌县,占总数的24.8%。全市险情级别为大型及其以上隐患点38处、中型隐患点201处、小型的428处。各县(区)地质灾害险情现状如表5.3所示。

表 5.3　永州市地质灾害隐患险情现状表

险情行政区	险情级别						威胁人员及资产		
	特大型（处）	大型（处）	中型（处）	小型（处）	合计（处）	所占百分比	威胁人数 （人、占百分比）		威胁资产 （万元、占百分比）
零陵区		2	34	78	114	17.1%	1134	7.1%	3601.7　10.1%
冷水滩区		3	8	10	21	3.1%	1069	6.7%	1524.5　4.3%
祁阳县		6	44	112	162	24.3%	2729	17.1%	6208.5　17.4%
东安县		3	15	104	122	18.3%	1843	11.5%	2851　8.0%
双牌县		8	21	35	64	9.6%	2708	17.0%	8873　24.8%
道县		2	12	32	46	6.9%	1308	8.2%	2480　6.9%
江永县		1	4	12	17	2.5%	324	2.0%	1044　2.9%
宁远县		3	15	8	26	3.9%	1140	7.1%	1818　5.1%
蓝山县		1	13	11	25	3.7%	663	4.2%	1052　2.9%
新田县		7	14	13	34	5.1%	1766	11.1%	4232.9　11.8%
江华县		2	21	13	36	5.4%	1286	8.1%	2051.5　5.7%
合计		38	201	428	667		15970		35737.1

5.2　山洪地质灾害成图分析

地质灾害形成是由地质环境条件决定的，即隐患体所处的地形地貌、气候和岩土体的岩性、结构、产出状态等因素决定的。综合本市地质灾害的形成条件主要有：地层岩性条件、地质构造条件、地形地貌条件等。地质灾害的诱发因素主要分为两类：一是自然因素，如降雨、融雪、地下水作用、地震等；二是人为因素，主要有矿业开发、边坡开挖、弃土堆载、水库蓄水和泄洪、工程爆破、森林砍伐等。

永州市地貌条件较复杂，地质环境条件脆弱，矿业活动较多，人类工程经济活动日益强烈，暴雨以及极端降雨事件频频出现。主要表现在以下几方面：

5.2.1　人类工程经济活动使地质灾害加剧

强烈的人为活动是破坏地质环境和引发地质灾害的重要因素之一。近年来，人类生活和工农业生产都显著影响着地质环境，各类工程的地表和地下开挖、切坡、爆破、过量抽取地下水、蓄水和引水、滥伐山林破坏坡面植被、不合理和盲目堆载等，都严重破坏了当地地质环境，直接或间接地引发了大量地质灾害。据调查资料统计，本市人为活动引发的地质灾害占其总数的90%以上。

5.2.2　自然条件变化使地质灾害加剧

永州市自然条件变化加剧地质灾害的方式主要是气候变化大。气候特征造成了永州大气降水充沛，雨量集中。因此，也造成了辖区滑坡、崩塌、泥石流灾害频频发生。据资料统计，永州市多雨区一般为滑坡、崩塌地质灾害高易发区，降雨尤其是暴雨，是诱发滑坡、崩塌和泥石流灾害的主要因素，这些突发性地质灾害的发生与降水量的年际变化和年内变化相关，丰水年是突发性地质灾害多发年份,反之,为地质灾害少发年份。年内变化规律呈现与年内雨季的一致性,多出现在 4—7 月,占全年突发性地质灾害的 85.19%。

永州市突发性地质灾害的发生绝大部分是强降雨直接引发的,每年汛期地质灾害造成的人员伤亡和经济损失占全年的 90% 以上。如 2006 年,受"碧利斯"和"格美"等强热带风暴(台风)影响,全市累计发生地质灾害 50 起,造成直接经济损失 1530 万元。2007 年,受超强台风"圣帕"影响,全市累计发生地质灾害 45 起,直接经济损失达 1286 万元。2010 年全市引发地质灾害 41 处,损坏房屋 41 栋 193 间,建筑面积 6610 m²,直接经济损失 545 万元。

5.3 地质灾害气象预报预警

5.3.1 地质灾害气象预警级别

地质灾害气象预警级别,根据《国土资源部与中国气象局关于联合开展地质灾害气象预警工作协议》分为 5 个等级。1 级:可能性很小;2 级:可能性较小;3 级:可能性较大;4 级:可能性大;5 级:可能性很大。

5.3.2 地质灾害气象预警灾种

预警灾种为降雨诱发的区域性地质灾害,即滑坡、崩塌、泥石流等地质灾害。

5.3.3 地质灾害气象预警发布

地质灾害预警信息由市国土资源局和市气象局等组成的专家组会商确定,预警结论由市国土资源局和市气象局联合发布。

地质灾害气象预警预报在汛期每日进行不间断工作,只有等级在 3 级以上时才向社会公众发布。即 1 级和 2 级为关注级,不向公众发布;3 级为注意级,用黄色表示;4 级为警报级,用橙色表示;5 级为加强警报级,用红色表示。

5.3.4 地质灾害气象预警信息获取

(1)社会公众在新闻媒体观看到未来 24 h 全市地质灾害气象预报预警图文信息。

(2)预报灾害发生区域内的县区国土资源部门,收到联合预报机构发出的未来 24 h 区域地质灾害气象预报预警图文信息的传真。

(3)预报灾害发生区域内的群测群防人员,收到联合预报机构发出的未来 24 h 区域地质灾害气象预警预报手机短信。

(4)当预报预警级别为 4、5 级,气象台短时预报(1~6 h)降雨量大且持续时间长时,联合预报机构随时用电话或手机短信息,直接向可能发生灾害的县区、乡镇发布地质灾害预报预警信息。

5.3.5 地质灾害气象预报预警思路

探讨崩塌、滑坡、泥石流地质灾害的时空分布规律及孕灾地质环境条件与气象因素,提出科学实用的区域突发性地质灾害气象预警预报思路,减少地质灾害的发生具有重要的现实意义。

(1)对永州市地质灾害形成的地域差异和发灾规律进行总结,进而对永州市的滑坡、崩塌、泥石流突发性地质灾害进行危险性区划;

(2)分析典型历史灾害数据(包括地质、气象资料),确定永州市区域突发性地质灾害诱发

因素的指标体系;

(3)基于不同预警级别,提出永州市区域突发性地质灾害的发灾阈值;

(4)建立永州市区域突发性地质灾害发生的理论模型;

(5)基于GIS技术平台,利用短时及短期天气预报数据,对突发性地质灾害进行3~24 h (短时—短期)气象预报预警,建立永州市区域突发性地质灾害气象预报预警信息系统。

5.3.6　地质灾害气象预报预警

(1)预警对象

突发性地质灾害监测预警对象主要是:

①严重破坏交通线路地段;

②威胁乡镇所在地及基础设施如通讯、电力等;

③威胁重要工程如桥梁、水坝和铁路等设施安全的地段;

④威胁水上航运和水库运营者;

⑤威胁重要自然保护区或古文化区;

⑥可能造成严重后果的工矿区;

⑦可能造成严重经济损失的农业区;

⑧威胁大区域山地居民点,且不宜撤离的地区;

⑨区域生态地质环境脆弱,又必须开发的地区。

(2)预警系统分析

　　通过对永州市境内已发生的或潜在的崩塌、滑坡、泥石流等突发性地质灾害进行统计,充分考虑形成和诱发地质灾害的相关因素,主要参考因子为区域地层、区域构造、区域地形地貌、水文及工程地质条件、区域气候类型、植被覆盖情况、人类工程活动与降雨量等,初步设定崩塌、滑坡、泥石流地质灾害易发程度基本评判标准,通过对各类条件下的地质灾害发灾规律的综合分析,结合历史灾害资料和历时气象资料,分析出不同条件下的发灾阈值,从而建立地质灾害预报预警数值模型和地质灾害气象预报预警自动化系统,该系统主要分为六大模块,系统总体框架设计如图5.2所示。

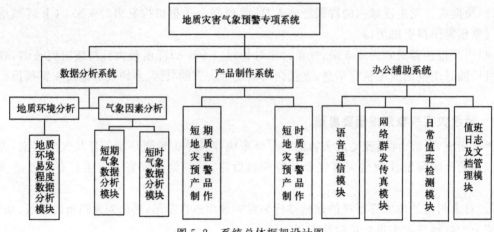

图5.2　系统总体框架设计图

（3）地质灾害监测预报

根据永州市突发性地质灾害主要发生灾种，通过监测降雨量、岩土体含水量及斜坡变形特征的动态变化，掌握示范区内典型滑坡的形成、演变过程，寻找降水过程—入渗过程—斜坡变形过程之间的内在规律，并结合岩土体物理力学性质测试，为滑坡、崩塌、泥石流灾害的成因机制提供基础资料，为基于降雨资料的滑坡、崩塌、泥石流实时预警预报提供理论基础。

①滑坡监测预报

综合各方面研究，滑坡动态预报模型可划分为三大类：

第一类，确定性预报模型：极限分析模型；斋腾迪孝模型；E. HOCK 模型；流变试验预报模型；

第二类，非确定性预报模型：Verhulst 模型；灰色系统预报模型；协同预报模型；突变理论预报模型；

第三类，综合信息模型：黄金分割类比分析等。

由于斋腾迪孝模型以土体蠕变理论为基础，以应变速率为基本参数，所以在一定程度上反映了滑坡变形的本质，因而，较多研究者用斋腾迪孝模型进行滑坡预报，取得了一定的效果。

②泥石流监测预报

泥石流预报是选择极重度和重度危险地区或单条泥石流沟进行预报。对降雨型泥石流，预报的任务：首先要确定预报范围内激发泥石流发生的降雨临界值；然后根据地区气象预报的降雨量与临界降雨量进行对比，预报近期内泥石流发生的情况。为了提高泥石流预报的可靠性，作好降雨量预报是泥石流预报的前提条件。据统计，永州以往发生泥石流的降雨量为 130～550 mm，降雨强度为 20～120 mm/h，一般为 50 mm/h 以上。实际情况表明，具有相当大的降水量和降雨强度才能发生泥石流，降雨量和雨强越大，形成泥石流的概率就越高，规模也越大。

5.4 山洪地质灾害典型个例

2006—2010 年因强降雨和人为不合理的工程活动等因素的影响，本市发生了较为严重的地质灾害，据统计，全市共发生较大地质灾害 240 处，倒塌房屋 424 间，破坏公路 48.6 km，损毁农田近 224.8 hm²，直接经济损失 8489 万多元。五年来发生的典型地质灾害事件有：

（1）20060716 台风暴雨地质灾害

2006 年 7 月，强热带风暴"碧利斯"影响湖南永州，15 日 02 时—16 日 20 时，全市出现暴雨或大暴雨，部分地方出现了特大暴雨。台风暴雨共造成全市 11 个县区普遍受灾。受灾重的有蓝山、道县、宁远、江华四个县。受灾乡镇 90 个，重灾乡镇 8 个，重灾村 16 个，受灾 111.4 万人，各类经济损失 5.33 亿元。全市被洪水围困 7 万余人，紧急转移 4.33 万人。因洪水倒塌房屋 493 户 1513 间，损坏房屋 3571 间，造成危房 146 户 524 间。损坏小型水库 28 座、堤防 475处 13910m、护岸 182 处，损坏灌溉设施 596 处。发生地质灾害 39 起，其中滑坡 28 起，崩塌 9起，泥石流 1 起，地裂缝 1 起。

（2）20070608 暴雨洪涝

2007 年 6 月 6—9 日，受西南暖湿气流和地面冷空气共同影响，全市大部普降暴雨，部分地方出现大暴雨,局部出现特大暴雨。暴雨中心区在九嶷山、都庞岭、明渚岭和阳明山一带。全市平均降雨量 124.5 mm。道县的泡水河和宁远的九嶷河出现百年不遇的洪水,蓝山舜水河出现 50 年一遇的洪水。全市 11 个县区全部受灾,受灾 14.8 万人,被困 23.7 万人,紧急转移安置 28.6 万人,倒塌房屋 1.6 万间,损坏房屋 9.6 万间,直接经济损失 11.8 亿元。受淹县城 4 座。

(3)20080610暴雨洪涝山体滑坡

2008 年 6 月 8—13 日,永州出现了全市性暴雨、大暴雨局部特大暴雨的天气过程,造成全市性洪涝,范围之广,强度之大,历史罕见。全市过程平均雨量 200.9 mm,其中道县、江永达到重度洪涝。潇水干流洪峰水位刷新历史纪录,涔天河水库出现建库以来最大洪峰水位255.98 m,道县县城遭受到有史以来最大洪水袭击,70%的城区被淹。全市近 26 万多人受灾,发生较大的山体滑坡 27 起,给永州造成了严重的损失。

(4)20100620双牌县茶林乡全药冲村特大泥石流

2010 年 6 月 20 日 00—08 时发生的强降雨,引发了本市重大洪涝灾害。此次强降雨时间主要集中在凌晨 01—06 时,地点主要集中在阳明山区一带,最大降雨站点双牌茶林 149.6 mm,其中 6 h 内达到 140 mm;凌晨 3 时 20 分,双牌县茶林乡全药冲村发生特大泥石流灾害。由于预报预警及时准确,领导高度重视,安排部署周密,防灾体系健全,抗灾责任落实到位,应急反应行动迅速、撤离群众措施得力,65 人全部成功避险,未造成人员伤亡,全市地质灾害防治再次创造"零伤亡"的奇迹。

参考文献

王仁乔,周月华,王丽,等.2005.大降雨型滑坡临界雨量及潜势预报模型研究.气象科技,33(4):311-313.
永州市国土局.2010.永州地质灾害特征及防治对策与建议.
永州市国土局.2011.永州市地质灾害防治规划.

第 6 章

数值预报产品释用方法

6.1 数值预报产品的统计释用方法

由于数值预报技术的迅速发展，到 20 世纪 70 年代后期，数值天气预报已经能相当准确地报出 3 d 以内的高空、地面形势，预报准确率已经超过主观预报，至于 4～7 d 的形势预报也已具有相当的参考价值。但是，对气象要素的预报，如降水、温度、风、云、能见度等的预报，不但不准确，耗费大量的计算时间，而且有的要素还难以直接用数值预报作预报；另一方面统计天气预报的发展，日益显示了其在要素预报方面的强大优势，但其存在缺乏物理基础的弱点及相关预报因子的优良性不易提高等缺点。

数值预报和统计预报相结合产生的动力－统计预报应运而生。目前数值预报产品释用最常用的方法主要有完全预报方法和模式输出统计方法。

6.1.1 完全预报方法简介

完全预报方法（Perfect Prognostic Method）是根据预报量和预报因子的同时性的加权组合，利用历史观测资料来确定局地气象要素，其推导方程的函数关系式为 $y_0 = f_{pp}(X_0)$，其中 y_0 表示起始时刻 t_0 的预报量，X_0 为起始时刻 t_0 时的可获得的因子向量。上式可以看成是 X_0 对 y_0 的说明，而不是向前的预报。

为了用导出的方程作预报，用模拟实际环流的数值预报模式的输出结果 X_t 代入 $y_0 = f_{pp}(X_0)$ 而求得 y_t。

本方案中假设模式输出是与实测值完全一致的，即它认为数值预报是完全对的，所以称为完全预报方法。

实际上，由于数值预报中的误差是不可避免的，X_t 并不能与所要模拟的实际环流完全一致，所以数值预报的误差会不可避免的在统计预报中产生相应的误差。

6.1.2 模式输出统计方法简介

为了克服用 X_t 代替 X_0 过程中所带来的误差，可以从数值预报模式输出的归档资料中选取预报因子向量 X_t，求出预报量 y_t 的同时性或近于同时性的预报关系 $y_t = f_{mos}(X_t)$，在应用中，把数值预报输出结果代入 $y_t = f_{mos}(X_t)$ 中，即可求得相应的预报量。这种方法即模式输出统计方法（Model Output Statistic Method），它是由 Glahm 和 Lowry 在 1972 年提出的。

它不用使用长时期的观测资料，其优点是建立预报方程时自动地考虑了数值预报的系统误差和局地气候学，同时大量利用了数值预报的物理量场，效果往往较好。但是当数值预报模式改变时,预报方程也要做相应的改变。

以上简要地介绍了主要数值预报模式及数值预报释用技术。实际工作中主要是建立以数值预报为基础的综合预报方法。

6.1.3　释用资料和关键区

(1)释用资料

永州主要选取以下资料进行本区域的统计释用:

①欧洲中心(ECMWF)数值预报产品:

500 hPa 高度;

700 hPa 和 850 hPa 风场;

850 hPa 相对湿度;

850 hPa 温度;

海平面气压。

②T639 数值产品:

850 hPa、700 hPa、500 hPa 和 150 hPa 风场;

500 hPa 高度;

850 hPa、700 hPa、500 hPa 涡度;

850 hPa、700 hPa、500 hPa 散度;

850 hPa、700 hPa、500 hPa 垂直速度;

850 hPa、700 hPa 假相当位温;

850 hPa、700 hPa 水汽通量散度等。

(2)关键区

永州市地处江南南部、南岭北部,范围在 $110.8°$—$112.5°E$,$24.65°$—$26.83°N$,中心位置 $111.62°E$,$26.23°N$。在永州上游东西约 600 km、南北约 600 km 范围内设置关键区。选择 7 个探空站组成 6 个三角形;即重庆、芷江、宜昌;长沙、芷江、宜昌;贵阳、芷江、桂林;芷江、桂林、郴州;芷江、郴州、长沙;长沙、宜昌、芷江。

6.1.4　特征量的选取及计算方法

(1)特征量的选取

①在重庆、芷江、宜昌 3 站中有一站的对流稳定度指数 $1c < -6.0$;

②在长沙、芷江、宜昌 3 站中有一站的潜在稳定度指数 $1i < -2.0$;

③在贵阳、芷江、桂林 3 站中有一站的 850 hPa 湿静力温度 $I_{850} > 68℃$;

④在芷江、桂林、郴州 3 站中,有一站的 850、700、500 hPa 三层温度露点差的总和 $\sum\limits_{850}^{500}(T-T_d) < 6.0℃$;

⑤在芷江、郴州、长沙 3 站中有一站 700 hPa 湿有效位能通量 $FA_{700} \geqslant 30 \times 10^5 (hPa/m/s)$;

⑥在长沙、宜昌、芷江 3 站中有一站的 700 或 850 hPa 的涡度 $\zeta > 2.5 \times 10^{-5}/s$。

(2)计算方法

根据这些物理量的临界值,发现达到临界值的项次越多,雨量也越大,满足 5~6 项时有大暴雨过程;满足 4～5 项时有暴雨过程;满足 3～4 项则有大雨过程(有时也有 2～3 站暴雨);如只满足 1～2 项或 2～3 项时,一般只是小雨或中雨过程。

预报 24 h 内低涡暴雨过程时,还可运用下列权重回归方程:

$$\hat{y} = 0.205x_1 + 0.205x_2 + 0.295x_3 + 0.295x_4$$

临界值 $y_c=0.75$,若 $\hat{y}>y_c$,可预报有区域性暴雨,反之,报无区域性暴雨。此方程对低涡暴雨的拟合率为 85%。因子意义为:

x_1 为 08 时在长沙、芷江、桂林、宜昌 4 站有一站的 ρ 为"1",反之为"0",拟合率为 77%。

x_2 为 08 时 ΔS_i,在芷江、桂林、宜昌 3 站中有一站的 $M = \sum_{i=1}^{n} M_i$ 为"1",反之为"0",拟合率为 77%。

x_3 为 08 时 ω_p 在 6 个三角形中有一个三角形的 700 hPa 或 600 hPa 的 $\omega_p < -3.0 \times 10^{-3}$ hPa/s 为"1",反之为"0",拟合率为 85%。

x_4 为 08 时 H_{hail},在 6 个三角形中有 2 个三角形的 X_1 为"1",反之为"0",拟合率为 85%。

6.2　暴雨数值预报产品释用方法

数值预报产品在天气预报业务中的基础和支撑作用已经确立。但是,数值预报产品的精细度还远不能满足业务预报服务的需求,预报员的经验和综合分析的作用将是长期的。

根据误差检验和预报实践体会及降水产生的物理机制,永州市气象台开发了基于 T639 数值预报产品的暴雨预报方法。

6.2.1　主要释用资料

(1)500 hPa、850 hPa 风向角度值;

(2)500 hPa、850 hPa 高度;

(3)500 hPa、850 hPa 涡度;

(4)500 hPa、700 hPa 散度;

(5)500 hPa、700 hPa、850 hPa 垂直速度;

(6)500 hPa、850 hPa 水汽通量散度;

(7)700 hPa 比湿;

(8)T639 降水预报产品(12 h 累积雨量);

(9)海平面气压。

6.2.2　预报基本站点的选取及关键区

对暴雨预报的处理,从本市地理环境特点方面考虑,寻求适合本地的一般气候规律。在大量的历史资料统计基础上,通过反复分析论证,把全市分为两个部分,即分为南部地区和北部地区,并确定两个预报基本站点。北部地区选定永州站,南部地区选定道县站。以预报基本站点为中心,所在关键区经纬度:北部地区为 25°—35°N、100°—115°E,南部地区为 24°—34°N、

102°—113°E。

6.2.3 物理量预报指标的界定和预报方程的建立

(1)槽线位置及强度：500 hPa 24 h 预报风向角度值(100、30)、(100、35)、(110、35)、(110、30)经纬度框内的格点平均值与(105、25)、(105、30)、(115、25)、(115、30)经纬度框内的格点平均值的差值。

(2)低涡或切变线位置：850 hPa 24 h 预报(111、25)、(112、25)、(111、27)三个经纬度格点平均值与(107、26)、(108、26)、(107、28)三个经纬度格点平均值的差值。

(3)空气质点旋转运动物理量的强度：500 hPa 24 h 涡度数值预报产品(108、25)、(109、25)、(110、25)、(106、28)、(107、28)、(108、28)、(111、26)、(112、26)、(113、26)经纬度格点平均值。

(4)速度场辐散、辐合物理量的强度：500 hPa 24 h 散度数值预报产品(108、25)、(109、25)、(110、25)、(106、28)、(107、28)、(108、28)、(111、26)、(112、26)、(113、26)经纬度格点平均值。

(5)空气上升运动物理量的强度：700 hPa 24 h 垂直速度数值预报产品(108、25)、(109、25)、(110、25)、(106、28)、(107、28)、(108、28)、(111、26)、(112、26)、(113、26)经纬度格点平均值。

(6)空气湿度物理量的强度：700 hPa 24 h 比湿数值预报产品(108、25)、(109、25)、(110、25)、(106、28)、(107、28)、(108、28)、(111、26)、(112、26)、(113、26)经纬度格点平均值。

(7)海平面气压变化特征量：当日 14 时海平面气压(111、25)、(112、25)、(111、26)、(112、26)四个格点的平均值与昨日 14 时海平面气压(111、25)、(112、25)、(111、26)、(112、26)四个经纬度格点的平均值的差值。

把这些序列的指标值所对应的暴雨实况列入指标序列表中。有暴雨用 RI 表示，无暴雨用 X_i 表示。指标序列表共罗列了数值预报产品从 2004—2008 年 3—6 月逐日资料(缺 60 d 资料)。表 6.1 列出其中部分资料。

表 6.1　指标序列(数值)

日期	实况	指标序列							
		X_1	X_2	X_3	X_4	X_5	X_6	X_7	X_8
2004.3.1	X_i	N42	N37	4	−1.3	−1.2	0	3.7	1.8
2004.3.2	X_i	S46	S33	6	−2.1	−3.5	−3	2.9	2.3
2004.3.3	RI	N46	S54	7	2.5	−4.6	2	4.3	3.5
2006.5.1	RI	N48	S41	8	3.1	−3.6	1	3.1	3.5
2006.5.2	X_i	N35	N42	5	2.4	−0	0	4.1	0.5
2006.5.3	RI	N52	N34	7	2.5	−4.8	1	5.2	3.1
2006.5.4	X_i	S46	N45	7	−2.2	−1.0	−2	4.5	1.1
2006.5.5	RI	N36	S44	6	2.1	−3.8	3	4.3	3.3
2008.6.30	RI	N49	S35	6	3.2	−5.1	4	4.9	3.5

表 6.1 中的平均值取一位小数。N 表示风向角度值 275°—85°，S 表示风向角度值 95°—

265°。对表 6.1 进行综合分析,把每个指标分成二级(A、B)。A 级:可能出现暴雨;B 级:不可能出现暴雨。各序列指标的分级标准为:X_1:$\geqslant N36$ 为 A 级,否则 B 级。X_2:$\geqslant S36$ 为 A 级,否则 B 级。X_3:格点平均值的差值 $\geqslant 6.0$ 为 A 级,否则 B 级。X_4:格点平均值 $\geqslant 2.5$ 为 A 级,否则 B 级。X_5:格点平均值 $\leqslant -3.5$ 为 A 级,否则 B 级。X_6:格点平均值 $\geqslant 1.0$ 为 A 级,否则 B 级。X_7:格点平均值 $\geqslant 4.1$ 为 A 级,否则 B 级。X_8:格点平均值的差值 $\geqslant 3.2$ 为 A 级,否则 B 级。表 6.2 给出分析结果的指标级别,只给出 A 级和单项指标出现 A 级的百分率。

表 6.2　指标级别表

级别要素	X_1	X_2	X_3	X_4	X_5	X_6	X_7	X_8
分级标准(A 级)	$\geqslant N36$	$\geqslant S36$	$\geqslant 6.0$	$\geqslant 2.5$	$\leqslant -3.5$	$\geqslant 1.0$	$\geqslant 4.1$	$\geqslant 3.2$
百分率(%)	69	79	70	77	66	64	65	67

利用表 6.1 数值代入多次方程:

$$Y = a_1 x_1 + a_2 x_2 + a_3 x_3 + \cdots + a_m x_m \tag{6.1}$$

a_1、a_2、$a_3 \cdots a_m$ 为权重系数,通过查权重系数表,得出:

$a_1 = 0.16, a_2 = 0.15, a_3 = 0.17, a_4 = 0.13, a_5 = 0.09, a_6 = 0.14, a_7 = 0.09, a_8 = 0.07$ 代入方程(6.1):

$$Y = 0.16x_1 + 0.15x_2 + 0.17x_3 + 0.13x_4 + 0.09x_5 + 0.14x_6 + 0.09x_7 + 0.07x_8 \tag{6.2}$$

方程(6.2)即为预报方程。把表 6.2 分出的级别代入方程(6.2),令 $A = 1, B = 0$,即得出每次预报结果值。

当 $Y \geqslant 0.69$,具备暴雨天气形势;$Y < 0.69$,不具备暴雨天气形势。

6.3　一种用数值预报产品做雨季结束预报的方法

6.3.1　雨季结束预报的复杂性

根据湖南省天气气候地方标准 DB43/T233−2004,雨季结束指的是:一次大雨以上降水过程以后 15 d 内基本无雨(总降水量 < 20 mm),则无雨日的前一天为雨季结束日。雨季中若有 15 d 或以上间歇,间歇后还出现西风带系统降水(15 d 总降水量 $\geqslant$ 20 mm),间歇时间虽达到以上标准,雨季仍不算结束。此定义包含了以下三层意思:一是要出现一次大雨以上的降雨过程,二是大雨过后要出现 15 d 或以上的晴热少雨期,三是西风带天气系统向东风带天气系统的转换。由此可以看出,雨季结束的预报不像降水、温度、风等预报那样单纯,它的预报要包括强降雨、晴热少雨期和西风带天气系统的转换三方面的内容,其难度可想而知。书中不妨称雨季结束这类包含多项预报内容的预报为项目预报,而降水、温度、风等为要素预报。由于它的复杂性,在短期预报的实际工作中虽然已到多年雨季结束日期附近,预报员还是迟迟不能作出雨季结束的最后决定,一般是等大雨过后连续几日晴热天气的出现再根据天气形势作出决断,这个时候往往失去了山塘水库蓄水的最佳时机,给以后的抗旱工作带来很大被动,还给商家采购、调节商品失去盈利良机。

另一方面,由于地形等因素的影响,再加上气象观测站一县区仅一个,即所测降雨的代表性问题,同一区域各地雨季结束的日期也不尽相同,例如,2005 年本市各县区雨季结束日有 3 站出现在 6 月 22 日,5 站出现在 6 月 28 日,其余 3 站在 6 月 29 日—7 月 1 日(表 6.3)。雨季结束是大尺度天气系统转换的结果,因此对于市气象台制作雨季结束预报不能太过分地强调单一站点雨季结束的某一日期,而应着重关注众多站点雨季结束的相对集中日期。

表 6.3 2005 年永州市各县区雨季结束日期 (月/日)

站名	零陵	冷水滩	祁阳	东安	双牌	道县	宁远	新田	蓝山	江永	江华
雨季结束日	6/28	6/28	7/1	6/28	6/29	6/22	6/22	6/28	6/28	6/30	6/22

6.3.2 雨季结束预报的数值预报产品释用方法

雨季结束预报复杂,又不能不作预报。只要抓住了影响雨季结束的主要天气系统,问题就不难解决。通过反复认真分析,认为低槽和副高是该项目预报的关键天气系统。低槽东移引发雨季结束前的强降雨,副高加强西伸控制本市出现晴热高温少雨期,也实现了西风带系统向东风带系统的转换。故在二次开发应用省气象局 WOSIS 系统的时候,筛选出 NWP 衍生产品中欧洲中心 5 d 平均场 C 区高度预报图和 30°N 槽脊活动图来制作本市雨季结束预报,效果很好。下面介绍如何用这两张数值预报产品图制作本市雨季结束预报。

(1)5 d 平均高度预报图和 30°N 槽脊活动图简介

5 d 平均高度预报图,即 WOSIS 系统中的欧洲中心 5 d 平均场 C 区高度预报图是利用 20 时东亚地区 500 hPa 的测站高度资料经客观分析转换成 2.5°×2.5° 经纬度的格点值,即得到一张格点资料分析图。再由此分析图为初始场作出有限区域的数值预报图,预报时效从 24~168 h,共 7 张预报图。5 d 平均场高度 24 h 预报是将预报初始场前 3 d 的分析场、预报初始场及 24 h 的预报场共 5 d 相应格点值的平均作为 24 h 预报,也就是说它是 4 d 分析场与 1 d 预报场的平均;同理,5 d 平均高度 48 h 预报是 3 d 分析场与 2 d 预报场(24 h,48 h)的平均。以此类推,5 d 平均高度 168 h 预报是 72 h、96 h、120 h、144 h 和 168 h 5 张预报图的平均(图6.1)。

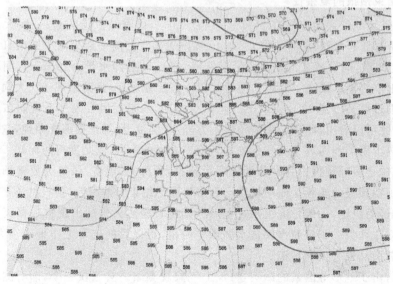

图 6.1 2005 年 6 月 27 日 20 时 500 hPa 5 d 平均高度 144 h 预报

WOSIS 系统中的 30°N 槽脊活动图是取 30°N 一个纬圈 20 时的 500 hPa 经客观分析后的格点资料以及 24～168 h 的预报资料,以每 10 个经度的分析值和预报值作为横坐标,从左至右按 180°W、170°W……170°E、180°E 次序进行横向排列;日期为纵坐标,最下方是预报起始场日期前 2 d 的分析值,往上依次是前 20 日、前 19 日……起始场的分析值,起始场日期旁边用"△"标出。由"△"标识符位置向上最后 7 行依次是 24、48……168 h 的预报值。换句话说,"△"以下是分析值,"△"以上是预报值,再根据分析值和预报值分析等值线,标注出高、低值中心(图 6.2)。

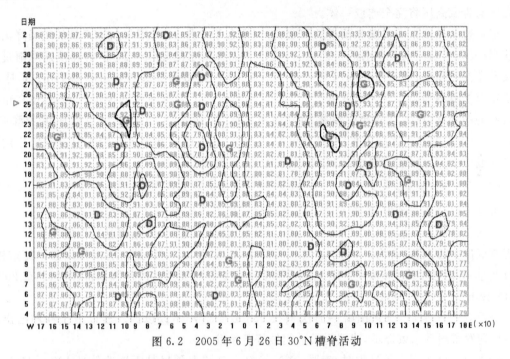

图 6.2　2005 年 6 月 26 日 30°N 槽脊活动

(2)雨季结束预报的制作

雨季结束是副热带高压西伸控制本市的结果。所以在 5 d 平均高度预报图上,如果副高不断加强西伸,588 线不断往西推进,待(25°N,110°E)点的位势高度值≥588 dagpm 时,西风带天气系统向东风带天气系统转换成功。

副高加强西伸控制本市之时,也是副高第二次北跳之时。在副高北跳前,往往在青藏高原先有低槽东移,引起湖南省雨季结束前的最后一次强降雨。尔后青藏高原有高压加强东移与西太平洋副高合并,促使副高北跳,湘中及以南地区进入晴热少雨的旱季。

具体在 30°N 槽脊活动图上,进入 6 月中旬以后如果先有高度低值中心(区)从 90°E 往东移经过 110°E,尔后 100°E 点的预报值有高压加强并且数值持续≥588 dagpm,当 100°、110°、120°E 的高度预报值均≥588 dagpm 时,就完成了高原高压与西太平洋副高的合并。

2005 年的雨季结束预报本市预报得非常成功,5 d 平均高度预报图和 30°N 槽脊活动图功不可没。6 月 25 日 20 时 5 d 平均高度预报图显示,588 线在 24 h 预报图上位于 125°E 以东,其他时次预报图 588 线逐渐西进,到 168 h 预报图上 588 线西伸到郴州。尔后几天各时次的预报 588 线一直在向西推进,直到 27 日 20 时 144 h 预报越过(25°N,110°E),以后湘中以南完全受副高控制。

在相同日期的 30°N 槽脊活动图上,6 月 19 日低槽位于 100°E 附近,具体表现在 100°E 附近有一低值中心。尔后低值中心缓慢东移,强度逐渐减弱,这表明低槽在东移过程中是往北收缩的。随着低槽的东移,90°E 有高压加强东移,25 日 20 时 100°、110°E 位势高度分别为 593、592 dagpm,而 24～168 h 预报这两个经度的位势高度一直在 588 dagpm 以上。尽管 48～120 h 预报 120°E 的位势高度在 584～588 dagpm 波动,但 7 月 1 日(25 日 20 时 144h 预报、26 日 20 时 120 h 预报、27 日 20 时 96 h 预报)以后就稳定在 588 dagpm 以上,这说明未来西太平洋高压与青藏高压将完全连成一体。

根据这两类预报图实况和预报的演变,市气象台于 6 月 26 日下午(在 27 日的较强降雨过程前)就发布了晴热高温少雨天气消息,并提出了加强蓄水的建议。27 日出现较强降雨过程后又发布专题预报,进一步明确晴热高温少雨期来临,要加强蓄水和防暑降温工作。6 月 29 日还发布了晴热高温天气警报。由于市气象台提前作出了雨季结束的预报,有关单位在市委市政府的部署下,在做好防汛保安的同时加强了蓄水,到 6 月 29 日止全市较往年多蓄水 2 亿 m³。由于山塘水库蓄满了水,尽管 2005 年 7—10 月本市大部分区县降水总量较历年同期偏少 6 成以上,但全市大部分地方没有出现太严重的旱情。

(3)预报工作流程

根据上面分析与预报,特制订如下雨季结束预报工作流程:

进入 6 月中旬以后,在本市区尚未出现大雨过程时,查看 30°N 槽脊活动图实况 90°、100°E 是否有低值中心东移(有为 yes,无为 no,下同),且随后 90°、100°E 是否有高压加强跟随东移,以及北京 08 时或 20 时降水预报图上是否有中雨以上等值线经过或包围本市(若用北京 20 时 MM5 48 h 降水预报,则取市区内格点值平均)。

查看 5 d 平均高度预报图哪一时次预报 588 线到达郴州或以西。若以上条件均已出现(yes),则发布雨季结束提示,建议有关部门做好蓄水准备。

若本市区已出现大雨过程时,查看 30°N 槽脊活动图上预报是否连续数日 100°、110°E 位势高度≥588 dagpm,以及 5 d 平均高度预报图上 588 线持续西进且(25°N、110°E)点的位势高度≥588 dagpm。满足这些条件(yes)则发布雨季结束警报,提示有关部门转移工作重点,加强蓄水准备抗旱。

如果 5 d 平均高度预报图上(25°N、110°E)点位势高度稳定≥588 dagpm 且 30°N 槽脊活动图上预报 100°、110°、120°E 三点的位势高度稳定≥588 dagpm,则发布干旱预报,提示有关部门加强抗旱工作。

6.3.3 雨季结束预报新方法的优点

用 5 d 平均高度预报图和 30°N 槽脊活动图制作雨季结束预报有以下 3 个方面的优点:

(1)这两类图既有实况的反映又有预报的结果,预报与实况进行了有机结合,使预报员对天气形势和系统的演变一目了然,从而使预报员更能准确地把握天气的变化。

(2)5 d 平均高度预报图侧重于天气形势的变化,而 30°N 槽脊活动图则侧重于天气系统的生消移动。用这两种图制作雨季结束预报,实现了天气形势和天气系统的定量结合。

(3)5 d 平均高度预报平滑掉了噪声干扰,对于一个区域的雨季结束预报具有很强的稳定性,预报的可信度很高。

参考文献

蔡树棠,刘宇陆.1993.湍流理论.上海:上海交通大学出版社.

郭秉荣,丑纪范,杜行远.1986.大气科学中数学方法的应用.北京:气象出版社.

国家气象中心.1993.数值天气预报新技术讲义.数值天气预报新技术讲习班.

廖洞贤,王两铭.1986.数值天气预报原理及其应用.北京:气象出版社.

田永祥,沈桐立,葛孝贞,等.1995.数值天气预报教程.北京:气象出版社.

闫敬华.1996.数值预报研究综述.广州热带海洋气象研究所建所20周年纪念册.

杨大升,刘余滨,刘式适.1983.动力气象学.北京:气象出版社.

游性恬,张兴旺.1992.数值天气预报基础.北京:气象出版社.

俞小鼎.2002.数值天气预报技术概要,中国气象局培训中心科技培训部.

赵鸣,苗曼倩,王彦昌.1991.边界层气象学教程.北京:气象出版社.

中国气象局科教司.省地气象台短期预报岗位培训教材.北京:气象出版社.

周毅,刘宇迪,桂祁军,等.2002.现代数值天气预报.北京:气象出版社.

朱盛明,曲学实.1988.数值预报产品解释技术的进展.北京:气象出版社.

第 7 章

永州的雷达回波特征分析

7.1 雷达回波的识别

新一代天气雷达是在一系列固定仰角上扫描 360°进行采样的,即在某一个仰角,雷达天线绕垂直轴进行 360°扫描,就是常说的 PPI 方式扫描,所采集到的是圆锥面上的资料。在每个仰角上,以雷达为中心,沿着雷达波束向外,随着径向距离的增加,距地面的高度也增加。雷达探测到的任一目标的空间位置由仰角、方位角、目标物距雷达的倾斜距离确定。

7.1.1 反射率因子

反射率因子是在瑞利散射条件满足情况下单位体积内所有降水粒子直径 6 次方之和。其理论表达式为:

$$Z = \sum_{\text{单位体积}} D_i^6 , \text{单位为 } mm^6/m^3$$

它只与降水粒子本身的尺寸和数密度有关,与雷达特性和降水到雷达的距离无关。反射率因子 Z 值的大小,反映了气象目标内部降水粒子的尺度和数密度,常用来表示气象目标的强度。

雷达取样体积内的所有降水粒子产生的回波功率与降水粒子集合的反射率因子成正比,与取样体积到雷达的距离的平方成反比。

$$\overline{P_r} = \frac{CZ}{r^2}$$

当不满足瑞利散射时,Z 用等效反射率因子替代。回波功率(P)是雷达接收到的功率值。它并不完全反映降水粒子的特征,真正反映降水粒子特性的是反射率因子(Z)。由于回波功率不是直接测量出来的,而是通过与雷达最小可测功率相比的方法间接求出来的。人们习惯用 dB 的概念来表示回波功率的大小,即:$N(dB) = 10 \lg(P_r/P_{\min})$,$P_{\min}$ 为雷达的最小可测功率;由于反射率因子(Z)的变化区间很大,甚至可跨越几个数量级,为方便起见,人们常用 dBz 来说明反射率因子的大小,即:$dBz = 10 \lg(Z/Z_0)$,$Z_0 = 1 \text{ mm}^6/m^3$。

(1)降水回波

降水的反射率因子回波分为三类:积云降水回波、层状云降水回波、积云层状云混合降水回波。

积状云降水回波具有密实的结构,反射率因子空间梯度较大,其强中心的反射率因子通常在 35 dBz 以上(图 7.1);层状云降水回波具有均匀的纹理和结构,反射率因子空间梯度小,反射率因子一般 >15 dBz 而 <35 dBz(图 7.2);积状和层状混合云降水回波具有絮状结构(图 7.3)。

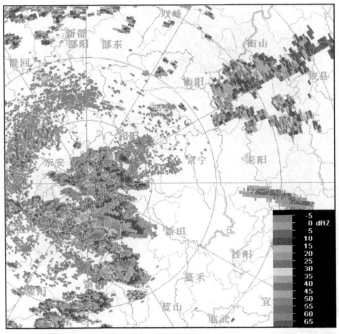

图 7.1 积状云降水回波

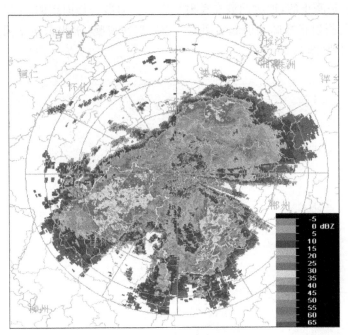

图 7.2 层状云降水回波

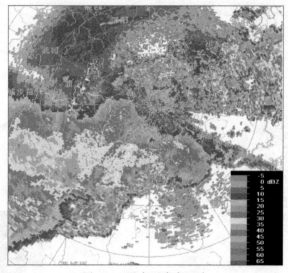

图 7.3　混合型降水回波

（2）非降水回波

非降水回波包括：地物回波、海浪回波、昆虫和鸟类回波、大气折射指数脉动引起的回波、云的回波等。

由于地面目标是静止的，地物回波在反射率产品上的形态是固定的，不随降水回波变化而变化（图 7.4）；大气折射指数脉动引起的回波一般出现在夜晚，永州雷达站天黑以后到第二天天亮之前均可观测到（图 7.5）。

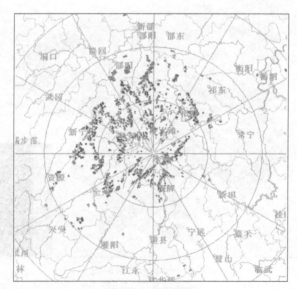

图 7.4　地物回波

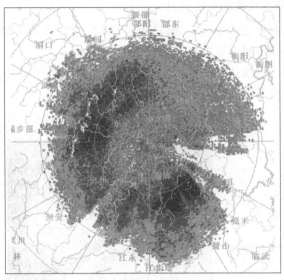

图 7.5 大气折射回波

7.1.2 径向速度

新一代天气雷达所探测的风是径向风,而不是实际风。在 PUP 上,径向速度的大小和正负是通过颜色变化表示的,一般暖色表示正径向速度,冷色表示负径向速度,作为一种约定俗成,离开雷达的径向速度为正,流向雷达的径向速度为负。当实际风速为零时或雷达波束与实际风向垂直时,径向速度为零,称为零速度;径向速度相同的点构成等速度线;零等速线即由"新一代"速度为零的点组成。因此,可根据径向风的分布反推实际风,主要依据是零等速线的分布:从 PUP 显示屏中心出发,沿径向划一直线到达零等速线上某一点;过该点划一矢量垂直于此直线,方向从入流径向速度一侧指向出流径向速度一侧,此矢量即表示垂足点所在高度层的实际风向。在探测采样较好的情况下,若某高度层出现最大入流或出流径向速度中心,这就是该高度层的实际风向(图 7.6)。

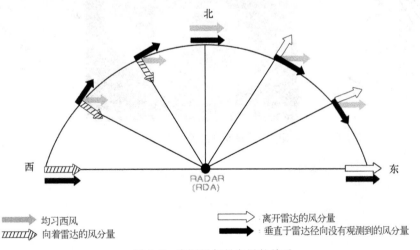

图 7.6　实际风与径向风的关系

（1）大尺度水平风场不连续流型的识别

上面判断实际风向和风速的方法，一般只适用于风向均匀或风速连续变化的情况，而对于诸如锋面、切变线、辐合线等风向不连续时就不适合了。

图7.7、7.8为锋面经过雷达站前后的样图，图7.9、7.10为2010年6月19—20日降水过程锋面经过永州雷达站的实际速度图。

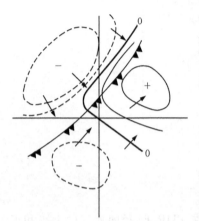
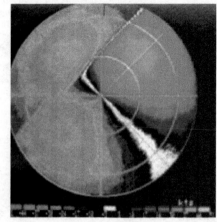
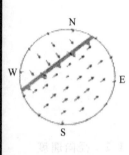

图 7.7 锋面未过雷达站样图

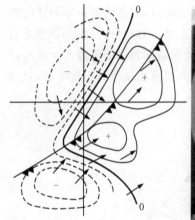
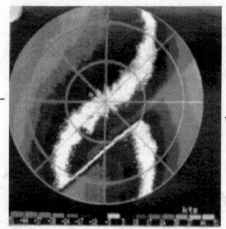
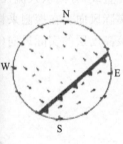

图 7.8 锋面已过雷达站样图

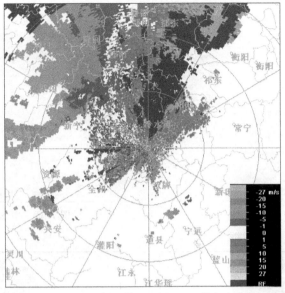

图7.9 2010年6月19日19:45径向速度图

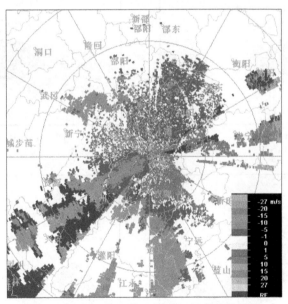

图7.10 2010年6月20日03:51径向速度图

（2）中γ尺度系统的速度图识别

由于中γ尺度系统尺度较小，它的速度图像特征不是在整个PUP显示屏范围内表现，而只表现在显示屏的某一小区域（该区域包含了整个中γ尺度系统）。在识别中γ尺度系统时，一般将其所在的小区域放大显示，首先确定所选择的小区域在雷达有效探测范围内的方位，以及小区域的方向，并近似认为该小区域在同一高度层上。图7.11～7.18为8种中γ尺度系统的特征。

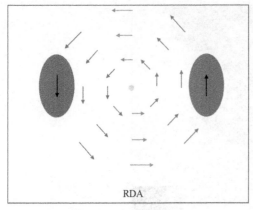

图 7.11　中 γ 尺度气旋

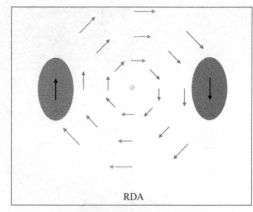

图 7.12　中 γ 尺度反气旋

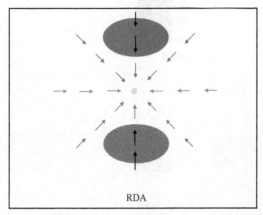

图 7.13　中 γ 尺度辐合

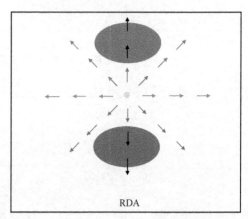

图 7.14　中 γ 尺度辐散

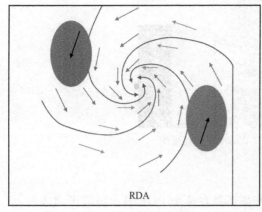

图 7.15　气旋式辐合

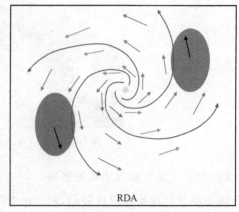

图 7.16　气旋式辐散

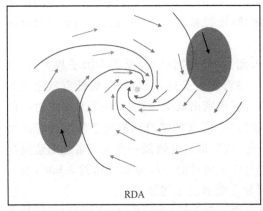

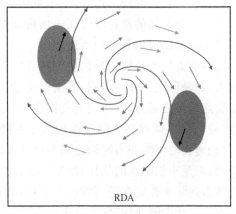

图 7.17　反气旋式辐合　　　　　　　图 7.18　反气旋式辐散

7.1.3　垂直累积液态含水量

垂直累积液态含水量(VIL)定义为某底面积的垂直柱体中的总含水量,其计算公式为:

$$VIL = \int_{底高}^{顶高} 3.44 \times 10^{-3} Z^{4/7} dh$$

其中 Z 为反射率因子,h 为高度。VIL 产品反映降水云体中,在某一确定的底面积($4\ km \times 4\ km$)的垂直柱体内液态水总量的分布图像产品。它是判别强降水及其降水潜力,强对流天气造成的暴雨、暴雪和冰雹等灾害性天气的有效工具之一。

对于暴洪,VIL 的平均值为 $5\ kg/m^2$,回波中心的 VIL 值在 $10 \sim 25\ kg/m^2$,据大量资料的统计,当同一地点连续 10 个体扫($1\ h$)的 VIL 值在 $10 \sim 25\ kg/m^2$ 时,便有 $>25\ mm$ 的短时暴雨出现。暴雨的 VIL 值远远小于可能出现冰雹时 VIL 的最小值($35\ kg/m^2$)。

在短时预报中 VIL 是一个很重要的参数,其值越高,出现灾害性天气的可能性越大。当单体的 VIL 值呈跳跃性的增长且 VIL 值 $\geq 40\ kg/m^2$ 时就有可能出现冰雹,并且降雹前 $1 \sim 2$ 个体扫垂直液态水含量都有一个跃增现象,VIL 值越大,则冰雹直径就越大。VIL 值在 $50\ kg/m^2$ 或以下的一般为 $<2cm$ 的冰雹,$>50\ kg/m^2$ 时即可降 $2 \sim 7cm$ 的大冰雹。

7.1.4　风廓线

VAD 风廓线图反映的是雷达站上空 $30\ km$ 范围内的风场结构。VAD 风廓线图对于暴雨的预报主要有以下作用:

(1)利用 VAD 风廓线可以有效地判断各层的低槽、切变及冷锋是否已过本站。根据大量的观测事实,发现 VAD 风廓线资料对于本站西风带降水有很好的指示作用:当风向随高度顺时针转动,并且在 $1.5 \sim 3\ km$ 有 $>12\ m/s$ 的急流存在时,降水在雷达站的西部和北部;风速在 $8 \sim 10\ m/s$ 或有低层的风转北风时对于本站的降水最有利;当 $3.0\ km$ 高度上的风向转为偏北风时,本站的强降水结束。

(2)利用 VAD 产品还可以判断低空急流的演变情况,当 $3\ km$ 以下的西南风增大时,低空急流增强,降水北抬;反之,降水南压。

7.2　暴雨回波特征

暴洪是指强降水在短时间内(不超过 $48\ h$)造成的局地洪水。它取决于两个方面的条件,一是短时间内较大的降水量,另一个是相应流域的水文条件,包括地形、地表类型、过去的降水情况等。主要关注的是在短时间内出现较大累积雨量(短时暴雨)。短时暴雨是由相对较高的降水率和持续相对较长时间而造成的。

　　新一代天气雷达能够提供的资料有以下几个方面:一是雨强估计,反射率因子越大,雨强就越大;二是低空急流的识别,暴雨产生的条件之一是要有充分的水汽供应,而低空急流是为暴雨输送水汽的通道,新一代天气雷达径向速度图可以识别出低空急流;三是降水持续时间的估计,总的降水量取决于降水率的大小和降水持续时间,降水持续时间取决于降水系统的大小、移动速度的快慢和系统的走向与移动方向的夹角,这些都可通过新一代天气雷达的监测产品得到;四是累积降水的估计,根据研究,需要雷达对降水估计的空间分辨率达到 5 km²,新一代天气雷达降水算法在距离雷达 120 km 以内的区域是能满足上述要求的。

　　永州地处南岭北侧,发生暴雨的主要天气系统有西风带系统(高原槽、南支槽)和东风带系统(东风波、台风登陆后减弱的热低压)。

7.2.1　西风带暴雨回波特征

　　西风带暴雨影响的天气系统有高空槽和地面冷空气,其环流形势如图 7.19 所示。

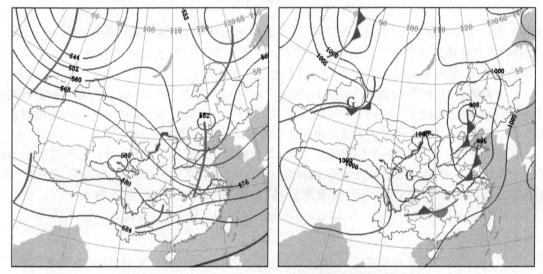

图 7.19　2005 年 6 月 1 日 08 时 500 hPa 和地面形势图

　　(1)南支槽暴雨回波特征

　　此类暴雨为南支槽东移所致,回波多为层状或混合型回波。

　　①回波呈絮状,结构均匀,有大面积的强度在 30～35 dBz 块状回波,强中心在 45～50 dBz,回波沿东偏北方向移动,移速在 20 km/h 左右(图 7.20 和 7.24)。

　　②回波顶高平均为 6 km,强中心在 8 km 左右(图 7.22 和 7.26)。

　　③速度图上有明显的西南急流,雷达站西南向有负速度中心,东北向有正速度中心(图 7.21 和 7.25)。

　　④VIL 一般为 5 kg/m²,强中心 10～15 kg/m²(图 7.23 和 7.27)。

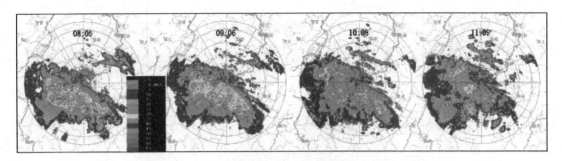

图 7.20　2007 年 6 月 7 日 08:05—11:09 的反射率因子图

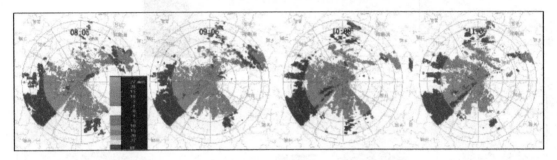

图 7.21　2007 年 6 月 7 日 08:05—11:09 的速度图

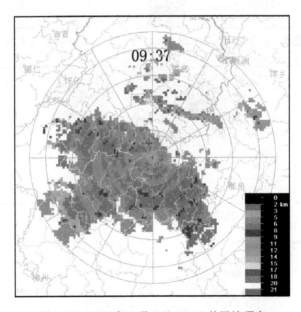

图 7.22　2007 年 6 月 7 日 09:37 的回波顶高

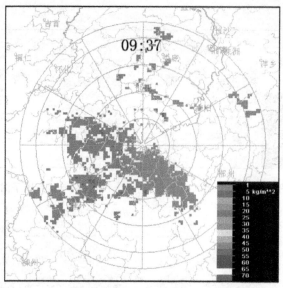

图 7.23　2007 年 6 月 7 日 9：37VIL 图

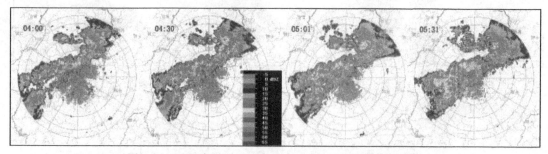

图 7.24　2008 年 5 月 28 日 04：00—05：31 的反射率因子图

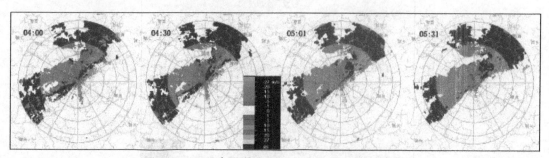

图 7.25　2008 年 5 月 28 日 04：00—05：31 的速度图

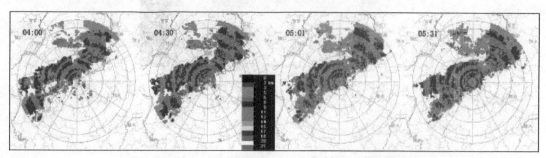

图 7.26　2008 年 5 月 28 日 04：00—05：31 的回波顶高图

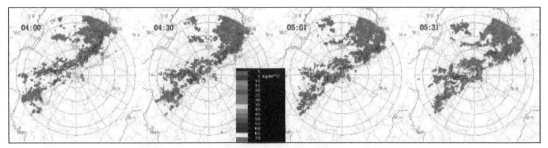

图 7.27　2008 年 5 月 28 日 04:00—05:31 的 VIL 图

（2）高原槽暴雨回波特征

此类暴雨为高原东侧有槽东移,地面有冷空气入侵,回波多为层积状混合型降水。

①回波为西南—东北向的层积性混合性带状回波或混合型回波,回波前部常有强度大于 35 dBz 的强中尺度对流回波带,也常出现 50 dBz 以上的强中心;锋面在中尺度对流回波带后部,为均匀的层状回波,回波向南偏东方向移动;回波的移动速度与西南急流的风速大小、后侧的偏北风的大小及地形有很大的关系（图 7.28、7.32）。如 2010 年 6 月 20 日的暴雨过程,由于低空急流强及南岭山脉的阻挡作用,强降水在永州南部持续了近 10 h,出现了成片的暴雨和大暴雨。

②回波顶高参差不齐,强对流的高度和强度明显高于南支槽暴雨,层状降水回波顶与南支槽暴雨差不多,在最强单体的中低层没有"穿隆"和回波墙,地面常伴有雷阵雨天气（图 7.30）。

③速度图上也有明显的西南急流,可判断出锋面是否移过雷达站（图 7.29 、7.33）。

④VIL 一般为 5 kg/m²,强中心 10~25 kg/m²（图 7.31、7.34）。

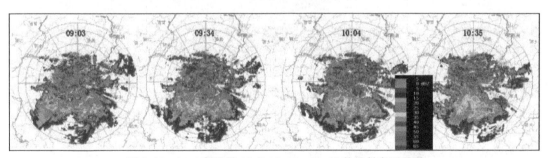

图 7.28　2006 年 5 月 26 日 09:03—10:35 的反射率因子图

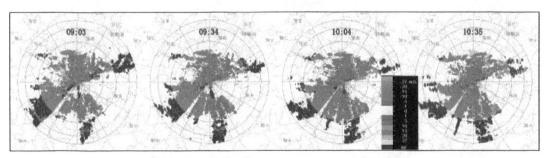

图 7.29　2006 年 5 月 26 日 09:03—10:35 的速度图

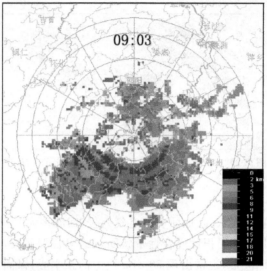

图 7.30 2006 年 5 月 26 日 09:03 的回波顶高

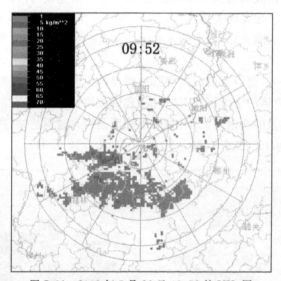

图 7.31 2006 年 5 月 26 日 09:52 的 VIL 图

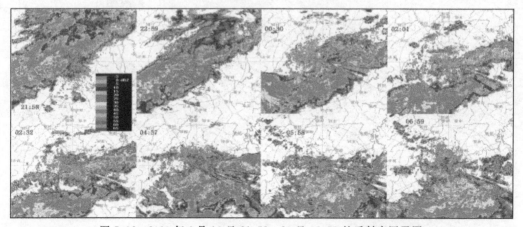

图 7.32 2010 年 6 月 19 日 21:58—20 日 06:59 的反射率因子图

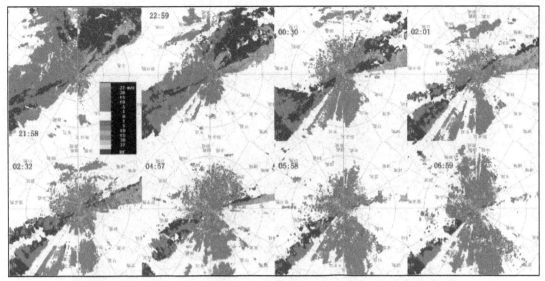

图 7.33 2010 年 6 月 19 日 21:58—20 日 06:59 速度图

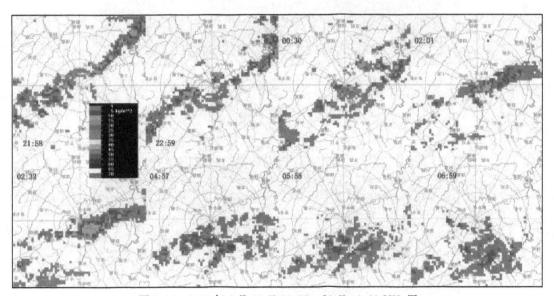

图 7.34 2010 年 6 月 19 日 21:58—20 日 06:59 VIL 图

7.2.2 东风带暴雨回波特征

此类暴雨多出现在 6 月中下旬—9 月,其环流形势有两种,一为热带气旋在华南沿海或东南沿海登陆后减弱的低气压向北或西北方向移动,从而影响永州(环流形势如图 7.35 所示);第二类副高位置偏北,永州受副高南侧的东风波影响,而出现的暴雨(环流形势如图 7.36 所示)。

(1)回波多为混合型回波,范围广,回波均匀,有大面积强度在 35~50 dBz 的回波区,移动缓慢,降水效率高(图 7.37、7.39)。如 2006 年 7 月 15 日"碧利斯"过程,强降水在永州南部持续了近几个小时,出现了成片的暴雨和大暴雨。

(2)有偏北大风,速度图上有明显的正负速度中心(图 7.38、7.40)。

（3）回波顶高在 6～8 km。

（4）VIL 值在 5～10 kg/m² 。

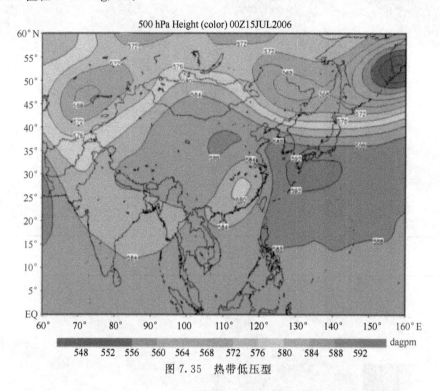

图 7.35　热带低压型

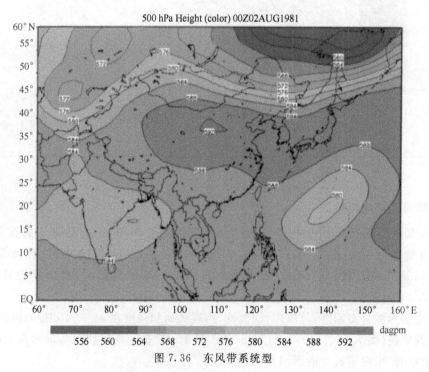

图 7.36　东风带系统型

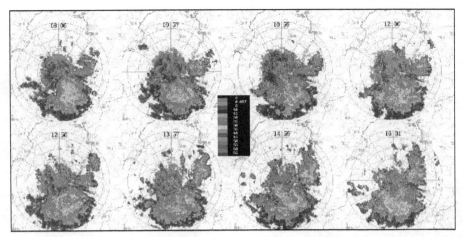

图 7.37 2006 年 7 月 15 日 08:06—16:01 的反射率因子图

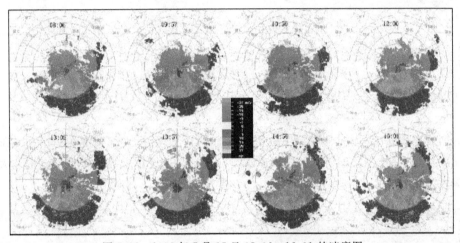

图 7.38 2006 年 7 月 15 日 08:06—16:01 的速度图

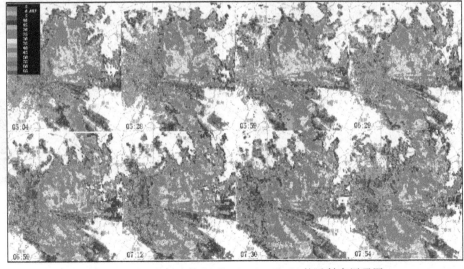

图 7.39 2007 年 8 月 21 日 05:04—07:54 的反射率因子图

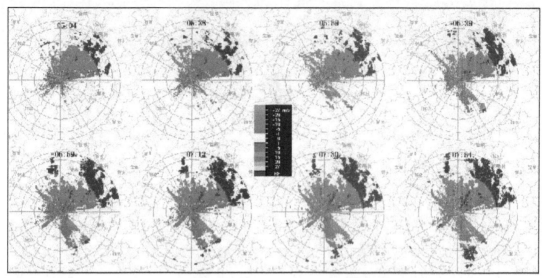

图 7.40 2007 年 8 月 21 日 05:04—07:54 的速度图

7.3 降雪回波特征

降雪回波出现在 12 月—翌年 2 月，一般为絮状弥合型回波，大部强度在 20～25 dBz，强中心在 30 dBz 左右（图 7.41、7.45）；回波顶高在 5 km 以下；速度图上显示中低层有偏北大风，高层有西南大风（图 7.42、7.46）；VIL 在 5 kg/m² 以下（图 7.43、7.44）。

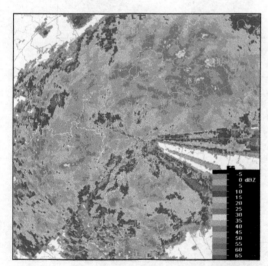

图 7.41 2010 年 12 月 15 日反射率图（降雪）

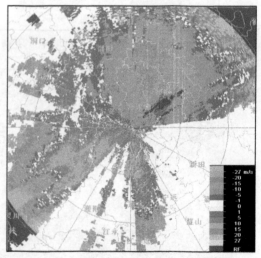

图 7.42 2010 年 12 月 15 日径向速度图

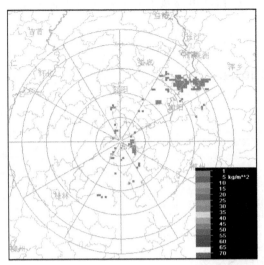

图 7.43　2010 年 12 月 15 日 VIL 图(降雪)

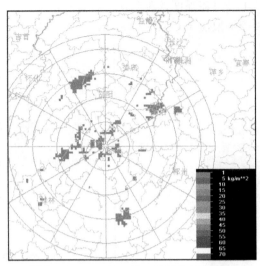

图 7.44　2008 年 2 月 1 日 VIL 图(暴雪)

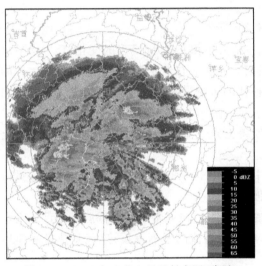

图 7.45　2008 年 2 月 1 日反射率图(降雪)

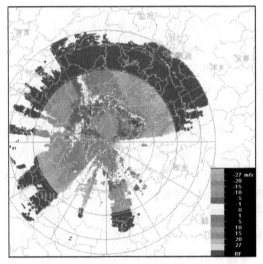

图 7.46　2008 年 2 月 1 日径向速度图(暴雪)

7.4　强对流回波特征

强对流天气出现在一定的环流形势中,据研究表明风暴产生的环境条件主要有以下几个方面。

(1)热力不稳定(浮力)。用于衡量热力不稳定大小的最佳参量是对流有效位能(CAPE),是指气块在给定环境中绝热上升时的正浮力所产生的能量的垂直积分,是风暴潜在强度的一个重要指标。

在 $T-\ln P$ 图上,CAPE 正比于气块上升曲线(状态曲线)和环境温度曲线(层结曲线)从自由对流高度(LFC)至平衡高度(EL)所围成的区域的面积(图 7.47)。CAPE 数值的增大表示上升气流强度及对流发展的潜势增加。气块在特定环境中绝热上升的最大垂直速度 W_{max} 理论上取决于 CAPE 向动能的转换程度。

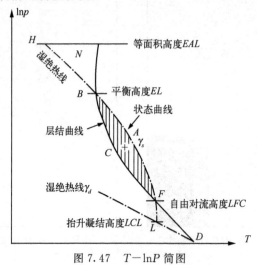

图 7.47　$T-\ln P$ 简图

CAPE 和 W_{max} 的关系表达式如下：$W_{max} = (2CAPE)^{1/2}$。

（2）垂直风切变。垂直风切变是指水平风速（包括大小和方向）随高度的变化，环境水平风向风速的垂直切变的大小往往和形成风暴的强弱密切相关。在给定湿度、不稳定性及抬升的深厚湿对流中，垂直风切变对对流性风暴组织和特征的影响最大。垂直风切变对风暴发展的主要作用体现在：

①在切变环境下能够使上升气流倾斜，这就使得上升气流中形成的降水质点能够脱离上升气流，而不会因拖曳作用减弱上升气流的浮力。

②可以增强中层干冷空气的吸入，加强风暴中的下沉气流和低层冷空气外流，再通过强迫抬升使得流入的暖湿气流更强烈地上升，从而加强对流。

（3）水汽条件。风暴的发展要求低层有足够的水汽供应，风暴常形成于低层有湿舌或强水汽辐合的地区。但是，如果低层的水汽含量过大，会阻碍对流的强烈发展；这就是热带海洋地区多雷阵雨和对流性暴雨，而很少降雹的原因。

（4）抬升条件。在对流不稳定条件下，需要有一定的抬升条件对流才能发生。触发对流的抬升条件大多由中尺度系统提供，如：短波槽、高空急流、锋面、干线等造成的中尺度垂直环流。雷暴出流边界（阵风锋）、海陆风边界和其他边界层辐合线，以及中尺度地形和重力波等。雷暴倾向于在边界层辐合线附近，特别是两条辐合线的相交处生成。

一般说来，上升速度越大，风暴产生强烈天气的可能越大；反射率因子越大，核心越高，上升速度越强。

出现在永州的风暴回波结构的三个特点：

①出现初始回波的高度，一般在 6～9 km；

②强回波中心值一般大于 50 dBz；

③强中心所在的高度也较高，一般在 $-10℃$ 的高度左右。由上面回波强度可以说明云中的上升气流很强，而且上升气流的上面存在水分积累区，这对云中的冰雹生长是很重要的。

7.4.1 春夏之交对流性回波特征

此类回波出现在 3—5 月,高空有槽,地面有冷空气配合,强回波一般出现在锋前,强度在 50 dBz 以上,强回波后面有大片的层状降水回波;强回波顶高在 12 km 以上;速度图上强回波中心有中尺度特征;VIL 值在 35 kg/m² 以上,跃增是能量积聚,骤减就是能量释放的过程即冰雹出现的时刻(图 7.48、7.49);同时伴有雷雨大风或冰雹等强对流天气。如 2006 年 4 月 26 日凌晨江永境内出现的强对流天气过程,造成了人员伤亡。

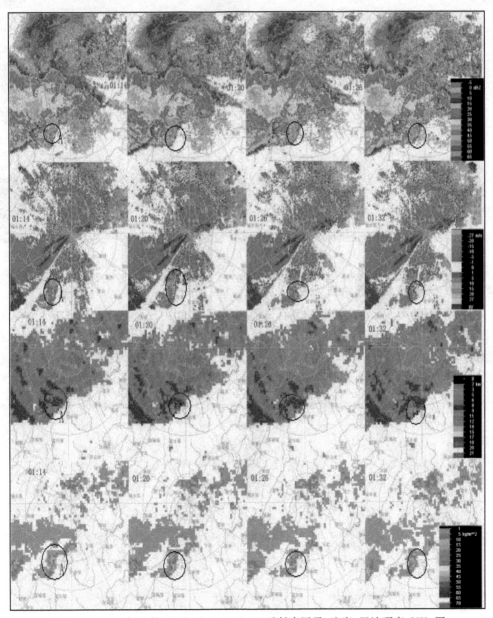

图 7.48 2006 年 4 月 26 日 01:14—01:32 反射率因子、速度、回波顶高、VIL 图

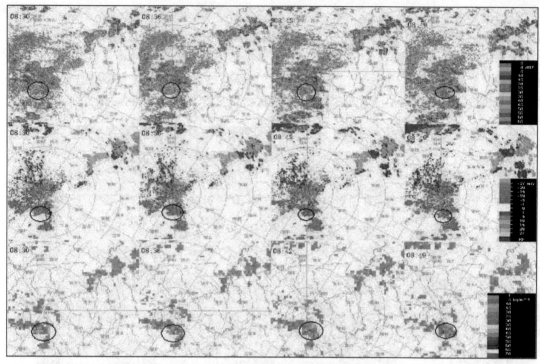

图 7.49 2007 年 4 月 17 日 08:30—08:49 的反射率因子、速度、VIL（从上至下）图

7.4.2 盛夏午后对流性回波特征

7—9 月永州受副热带高压边缘的辐合气流影响，午后常出现对流性回波。回波强度在 50 dBz 以上，为积状型降水回波（图 7.50）；强回波顶高在 12 km 以上；速度图上强回波中心有中尺度特征；VIL 值在 35 kg/m² 以上（图 7.51）；雷雨大风和短时强降水出现的概率较大，冰雹出现的概率较小。如 2009 年 8 月 23 日午后的对流降水，双牌境内下了冰雹。

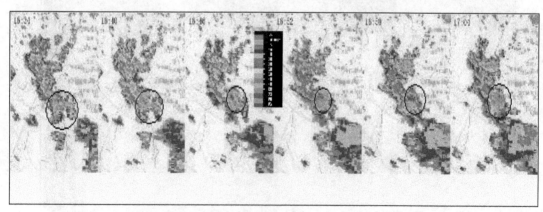

图 7.50 2009 年 8 月 23 日 16:34—17:04 反射率因子图

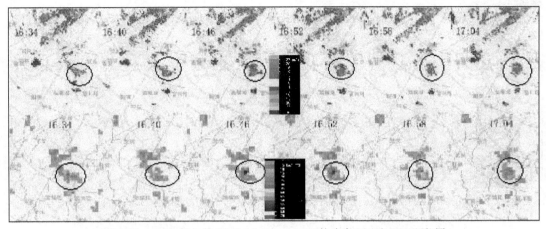

图 7.51　2009 年 8 月 23 日 16:34—17:04 的速度(上)和 VIL(下)图

7.4.3　冰雹的三体散射现象及其特征

　　三体散射现象是雷达回波的假象,它是由包含大的水凝结物(如大的湿冰雹)对雷达波的非瑞利散射(米散射)所引起的。从垂直剖面图看,火焰回波似乎是对这一特征的更合适的命名;但从 PPI 图来看,长钉似乎是更合适的术语,就称这一雷达假象为三体散射长钉或简称为 TBSS。

　　三体散射过程由下列步骤组成:

　　(1)向前的雷达波束的一部分被大的降水粒子(如湿冰雹)散射到地面;

　　(2)地面将散射波反射回空中的由降水粒子构成的强散射区域;

　　(3)由地面反射到空中的由降水粒子构成的强散射区域的雷达波又被散射回雷达,仰角越高,三体散射现象越明显(图 7.52、7.53)。

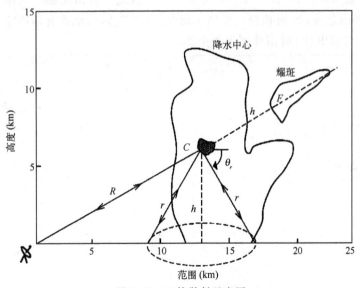

图 7.52　三体散射示意图

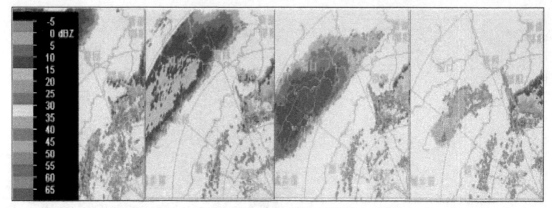

图 7.53　2012 年 4 月 12 日 18:18 不同仰角冰雹反射率因子(从左至右为 2.4°、3.4°、4.3°、6.0°)

7.5　典型冰雹天气过程个例分析

　　2012 年 4 月 12 日 18—19 时,受中低层切变及地面冷空气影响,永州市东安县的新圩江、黄泥洞、大盛、大庙口林场、花桥,冷水滩区的杨村甸、普利桥、花桥街、伊塘、蔡市、黄阳司 11 个乡镇场遭受风雹灾害袭击。东安县境内袭击力度较大的主要是新圩、花桥,冰雹灾主要集中在新圩江镇和花桥镇,颗粒半径在 1.5 cm 左右。冷水滩境内的普利桥镇 24 h 降水量达 49 mm,最大风力 7 级。其中花桥街、普利桥等遭受大面积暴雨冰雹袭击,冰雹最大直径达 5 cm,灾害致使部分乡镇村组农户房屋倒塌损坏,输电线路断杆断电,田间农作物和稻田秧苗不同程度受灾。

7.5.1　天气背景分析

　　2012 年 4 月 12 日 08 时 500 hPa 等压面上,低槽位于四川—云南一线;700 hPa 上重庆有低涡;850 hPa 上贵州北部有低涡,人字形切变位于湘西北—贵州北部—云南,切变线的南侧有超过 12 m/s 西南急流,20 时切变南压到永州南部(图 7.54);地面有弱冷空气侵入湖南(图7.55),14 时锋面在湘中,20 时南移到永州南部。

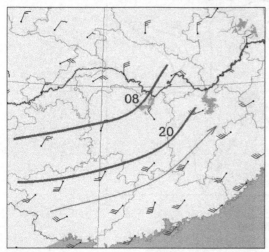

图 7.54　2012 年 4 月 12 日 08—20 时 850hPa 风场
及切变演变图

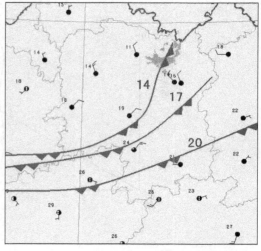

图 7.55　2012 年 4 月 12 日 14—20 时地面
锋面演变图

　　永州处于长沙、怀化、郴州和桂林四站之间,位置靠近郴州和桂林,通过表7.1中K指数和SI指数在08时和20时变化对比可知:20时以前永州处于不稳定的大气层结。850 hPa等压面上有超过12 m/s的西南急流,说明低层水汽特别充沛。

表 7.1　永州周围站点 K 指数和 SI 指数的变化情况表

	长沙		怀化		郴州		桂林	
	K	SI	K	SI	K	SI	K	SI
08 时	35	−1.09	37	−1.61	36	−1.56	34	0.44
20 时	33	1.36	33	0.78	44	−6.55	33	−4.37

7.5.2　新一代天气雷达产品分析

　　(1)基本反射率因子产品特征

　　本次过程是一次锋前局地强对流天气过程,风暴于16:04在绥宁县北部生成,向东偏南方向移动,16:50在武冈市境内降了冰雹,尔后又继续发展,18:00移入东安县北部,18:18—18:49又在东安与冷水滩交界处降下冰雹,风暴强回波中心强度在55 dBZ以上,18:18 6.0°仰角反射率因子图可看到明显的三体散射现象(图7.56箭头所指)。

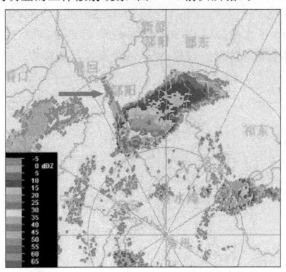

图 7.56　4 月 12 日 18:18 6.0°仰角反射率因子图

　　(2)基本径向速度产品特征

　　在基本径向速度产品上(图7.57箭头所指),本次过程从18:18—19:30时风暴中心一直有逆风区,所谓逆风区,就是在大片强回波区的负(正)径向速度区中出现一块正(负)速度区,这种逆风区风场的一侧是辐合气流,另一侧为辐散,形成了闭合的循环气流。逆风区的伸展高度一般较高,有逆风区的存在基本上都伴有剧烈的天气过程,只要逆风区的结构一直存在,强回波的反射率因子就不会减弱。逆风区回波反映了强对流的生消结构,逆风区实为前方辐合上升、后方下沉的涡管结构,它是认识强对流天气系统三维结构的重要信息(图7.58)。逆风区常对应着强降水或强对流区,可作为短时暴雨、冰雹等强对流天气的识别指标,并且有一定的提前量。

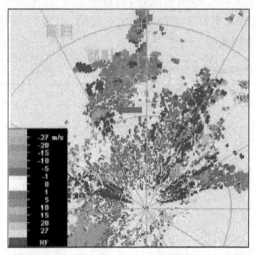

图 7.57　4月12日18:18 0.5°仰角径向速度图

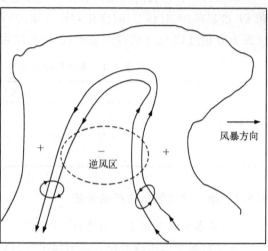

图 7.58　逆风区的三维结构模型

（3）垂直累积液态含水量（VIL）产品特征

垂直液态含水量 VIL 是短时临近预报中一个很重要的参数，其值越高，出现灾害性天气的可能性越大。此次冰雹过程中，VIL 在 17:36 为 28 kg/m²，18:00 增加到 63 kg/m²，18:12 骤减到 48 kg/m²，18:18 迅速增加到 67 kg/m²，18:43 后迅速减弱（图 7.59）。和实况比较，VIL 跃增的过程就是冰雹快速生长的过程，骤减的过程就是降雹的过程。

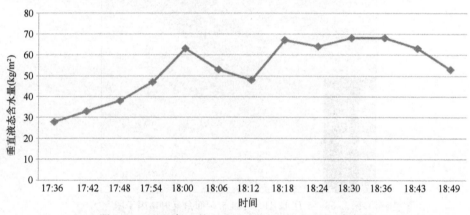

图 7.59　2012 年 4 月 12 日 17:36—18:49 VIL 演变图

综上所述，可以得出以下认识：

这次冰雹过程产生于地面冷锋前沿、低层西南急流附近，在不稳定的大气层结和丰富的水汽条件下风暴进一步发展，逆风区的存在有利于风暴的发展和维持，三体散射是冰雹的特有现象，VIL 值快速跃增的过程就是风暴中冰雹快速生长的过程，VIL 值骤减的时段，就是降雹的时段。实际工作中在 VIL 值的迅速增长，可作为冰雹、雷雨大风等短时强对流天气预警的指标。

参考文献

俞小鼎,姚秀萍,熊廷南,等.2005.多普勒天气雷达原理与业务应用.北京:气象出版社.

潘江,张培昌.2000.利用垂直累积液态水估测降水.南京气象学院学报,(1):89−91.

王炜,贾惠珍.2002.用雷达垂直累积液态水预测冰雹.气象,(1):47−48.

戴建华.2000.WSR−88D 多普勒天气雷达资料分析、应用和开发.课题技术报告.

张沛源,陈荣林.1995.多普勒速度图上的暴雨判据研究.应用气象学报,**6**(3):371−374.

蔡晓云,焦热光.2001.多普勒速度图暴雨判据和短时预报工具研究.气象,**27**(7):13−15.

应冬梅,郭艳.2003.江西省一次强对流天气的多普勒天气雷达分析.江西气象科技,(3):20−22.

胡明宝,高太长,汤达章.2000.多普勒天气雷达资料分析与应用.北京:解放军出版社.

张培昌,杜秉玉,戴铁丕.2001.雷达气象学.北京:气象出版社.

中国气象局培训中心.2000.新一代天气雷达讲义(未出版).

第8章

卫星资料在预报业务中的应用

8.1 气象卫星和卫星云图的种类

8.1.1 气象卫星

气象卫星一般按照其轨道划分为近极地太阳同步卫星(简称极轨卫星)和地球同步卫星(静止卫星)。

(1)近极地太阳同步卫星(简称极轨卫星)

该类卫星轨道平面和太阳始终保持相对固定的取向,同时,卫星沿地球每转一圈都通过极地附近;每天在同一地方时经过每一地点上空,每天两次通过同一地区上空,可以接收两次卫星云图资料。

太阳同步轨道的半长轴、偏心率和倾角这三个轨道要素须满足下式:

$$cos i = -4.7736 \times 10^{-15} (1-e^2)^2 a^{7/2}$$

式中 a 为轨道半长轴,e 为偏心率,i 为倾角。因此,太阳同步轨道的倾角必须大于 $90°$,即它是一条逆行轨道。在圆轨道时,倾角最大为 $180°$,所以太阳同步轨道的高度不会超过1000 km。该类卫星的功能、特点主要有:

①卫星轨道平面的旋转方向和旋转周期与地球公转方向和公转周期相同,卫星轨道平面与太阳照射方向的夹角在卫星运行中始终相同;

②覆盖范围广(南北纬跨度超过 $±80°$);

③光照条件相对稳定(太阳光线与轨道面夹角基本保持不变);

④可选择的轨道高度范围大(一般在 $400\sim1000$ km 范围内选择);

⑤轨道倾角约 $90°$(可以对高纬度地区进行观测)。

所以,此类卫星高度可根据需要预先设计,对卫星的空间布局有较大自由度,可以布置较多颗数;可对全球进行观测,使得所有云图便于同天气图配合使用,它有必要的照明条件保证可见光云图的图片质量,可以得到足够的太阳能供卫星设备工作,但单一卫星观测时间间隔长,每天只能得到红外云图两次,可见光云图一次,连续性差,对中小尺度系统缺乏有效监测。

(2)地球同步卫星(静止卫星)

该类卫星具有的功能特点主要有:

①卫星在轨道上运行的周期与地球自转的周期相同;

②轨道平均高度为 36000 km 左右;

③运动周期是 23 h 56 min；

④轨道倾角为 0°左右；轨道偏心率为 0 左右；

⑤可以观测到整个地球圆盘；

⑥两次观测之间的时间间隔较小；

⑦无法观测到极区，高纬度地区资料畸变严重。

因其公转角速度和地球自转角速度相等，且轨道平面和赤道面同心同面，卫星位置相对于地球赤道上某点来说，是相对静止的，因此，卫星的高度和速度的理论值是固定的，分别为 3584 km 和 3.08 km/s，周期为 24 h，它在空间布局是受限的，最大布置密度为每隔 3°一颗，全球最多可布置 120 颗静止卫星。

该类卫星可以连续观测，有利于对中小尺度和热带天气系统的分析、监测；全球只需 4 颗卫星即可观测中、低纬度地区，但对极地附近地区无法进行有效观测。

8.1.2 卫星云图的种类

卫星资料有两大类：一类为图像资料，如卫星云图、水汽图等，它是由成像类辐射计获取，这类资料成图迅速，时空分辨率高，直观形象，水平分布连续，使用方便，但必须对图像进行二次处理才能进行定量分析应用；另一类为探测资料，为定量数字资料，光谱分辨率高，用于大气温度和成分的探测。

在日常预报业务应用中，主要有可见光（VIS）云图、红外（IR）云图、增强显示云图和卫星云图分析图等四种。

（1）可见光（VIS）云图

卫星自上向下对地球和大气进行观测时，通过扫描仪把感应到的地面或云面对太阳光反射中的可见光波段辐射转为电磁波发向地面，地面接收系统处理后，即可得到可见光云图，属于主动探测，其黑白程度称为亮度，表示地面或云面的反射率大小，黑色表示反射率小，白色表示反射率大。云型、云厚与反射率大致有如下对应关系：

云   反射率
厚云为   70%～80%
薄云为   25%～50%
大块积雨云   92%

当云的厚度＞1000 m 时，反射率几乎不变，透过率接近于零；云厚＜100 m 时，反射率急速减少，透过率迅速增大。水滴云的反射率比冰晶云的反射率大；当阳光照在有高低差异的云层时，光照面反射率大，图像明亮，另一面阳光照不到，图像暗黑，据此可以推断出云的高低。

（2）红外（IR）云图

卫星扫描辐射仪感应云、陆地和水面所发出的长波辐射（波长为 10.5～12.5 um），把这种测量转换成图像，就是红外云图，利用红外线遥感属于被动观测。图像中的黑白层次、色调，对应的是观测物体的表面温度，范围在 -90～40℃。物体温度越高，辐射量越大，图像越黑暗；反之，温度越低，辐射量越小，图像越白亮。

根据云的色调可判断云系的高低，色调越白亮表示云顶越高、云顶温度越低，例如，积雨云顶部的卷云云砧、密卷云等色调白亮；而层云、层积云的顶高较低，温度较中、高云要高，色调为深灰或灰。

（3）增强显示云图

增强显示就是利用对图像的增强技术把云图中有用的部分突出出来，使之更加清晰可辨，削弱或去掉那些无关的内容。

云图图像增强主要有：①对比度增强；②图像尖锐化（边缘突出）；③彩色增强；④平滑（去噪声）；⑤多图像增强。

（4）卫星云图分析图（传真概略云图）

预报业务中，常需要用卫星云图资料来校正一般天气图分析，如确定锋面、高空急流、气旋及台风定位等，根据卫星云图描绘出的一张概略云图，并在该图上标注各种云型、云状锋面或气旋、云顶高度等信息（目前已很少应用），再通过"传真"形式分发各级台站，在航管业务中较普遍应用。

8.1.3　云图的识别

识别云图，首先必须强调从连续性动态的对比中来判断或识别；其次把可见光云图和红外云图配合使用，充分利用这两类云图的不同特点，将信息进行综合处理。

识别云的判据有：结构型式、范围大小、边界形状、色调（亮度）、暗影（只有 VIS 云图才有）和纹理六个基本特征来判别。

（1）结构型式：由于光的反射强度不同所造成的不同明暗程度所表示的物象点的分布式样。例如，锋面、急流、赤道辐合带等在云图上表现为带状；气旋、低压、台风的云系具有涡旋结构；洋面上的积云和浓积云常表现为细胞状结构。当高、中、低云同时存在时，须用 VIS 云图和 IR 云图配合判断。分析云图时，要把某一区域不同时刻的图片连续比较，分析其变化，要判断图片上的物象表示的是什么东西。

（2）范围大小：云图上的物象大小，直接表明物象尺度。根据照片的比例尺和照片上认出地面目标物（如湖泊、岛屿）的大小，就可以大致估计物象的尺度，例如，是单体、云团，还是一大片云。云图上看到的云，按照尺度划分，主要有大尺度（500～3000 km）云系，如锋面、急流、台风等；也有小尺度（10～100 km）的云系，如细胞状云、积雨云等。根据以上判据，可以推论出云的形成物理过程，例如在山脉的背风面，有排列规则的细云线，表示大气中有重力波生成；由卷云砧、卷云的走向可估计风向风速；由细胞状云可估计对流活动。

（3）边界形状：云图上的云或地表（如山脉、河流、湖泊等）都具有一定形状。要区别云图上的物象是云还是地表，或识别不同的云，物象边界是重要的根据。云的边界形状主要有直线的、弯曲的（如原形、扇形、盾形、锯齿形等），有些云的边界（如层云和雾的边界）形状和地形（如山脉、海岸线）走向一致；洋面冷锋后部的细胞状云系，其单体分布成环指状"U"字形；冷锋云带的后边界呈气旋性弯曲；高空急流云带的后边界呈反气旋性弯曲，有时在边界上出现锯齿状小云线。

（4）色调：色调是指云图上的亮度。决定物象色调的因素主要是物象的反射率，太阳高度角及云对于扫描仪和太阳的相对角度。VIS 云图的色调决定于反射率的大小，IR 云图的色调决定于云顶温度的高低。

（5）暗影：只出现在 VIS 云图上。暗影是指在一定的太阳高度角下，高的目标物在低而色浅的目标物上的投影。可出现在云区里或云系的边界上，表现为细的暗线或斑点。暗影的宽度决定于：

①云的高度,云越高越厚,暗影越明显,可由暗影来判断云的垂直结构;

②太阳高度角,太阳高度角越低,暗影越宽,高度角高则暗影不明显;

③空间分辨率,一般暗影宽度小于 3～5 km 时,在低分辨率云图上,不容易识别出来,但在高分辨率的云图上就比较清楚;

④太阳侧射,上午的云图,暗影出现在云的西侧;下午的云图,暗影出现在云的东侧。

(6)纹理:表明云顶表面的粗糙程度。层状云(如雾和层云)的云顶很平,云区内云层的厚度差异很小,纹理光滑和均匀;积状云的云顶高度不一,云区表面多起伏,纹理表现为皱纹或斑点,卷云的纹理是纤维状的。纹线是指在云图的密蔽云区一条条很狭窄的亮或暗的弯曲(或直线)条痕,云区中纹线一般平行于 1000～500 hPa 等厚度线,走向一般与风的垂直切变相一致,如低空风速很小,风的垂直切变主要决定于高空风,这时可用纹线推断高空风向。

8.2 天气系统的云图特征

影响永州的天气系统主要有冷锋、暖锋、台风、准静止锋、西南低涡、南方气旋、高空低槽、横槽切变线、高空急流等,其对应的云图特征比较鲜明。

8.2.1 冷锋云系

永州一年四季中,几乎都有冷锋活动。冷锋云系往往由于叠加有高空槽云系,后界的气旋性弯曲不明显,而前界向暖区凸起,表明冷空气向暖区推进,冷锋位于云的前界处(图8.1)。

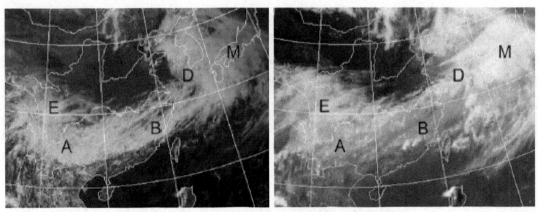

图 8.1　南方冷锋云系

永州位于长江以南,由于热带洋面水汽输送,冷锋表现为一条连续的云带;冬季,南方冷锋锋面坡度小,云带很宽,有时达 5 个纬距以上。地面冷锋顶在前界附近,云带北界(中低云)与700 hPa 切变线位于云带中低云的北边界处。到夏季,副热带高压加强北上西进,南方冷锋的坡度变大,云带变窄,由于冷空气变性,冷锋云系演变为切变线云系。

南方冷锋云带上的云系组成随着季节、大气环流和周围环境而异,分成以下三种情况:

(1)冬春季节,受越过青藏高原的下沉气流作用,云系以稳定的中低云为主,红外云图上表现为灰到较暗的色调;

（2）当青藏高原上的高空槽云系东移与南方冷锋云系重叠时，云带以稳定的多层云为主；

（3）在夏季，由于太阳对地表的局地加热作用，冷锋云带的前边界附近处出现对流云。

在南方地区出现的冷锋云系另一个特点是，时常出现高空冷锋，由于高空气流速度较低空大，与冷锋相伴随的中高云系的移速也较低空要快，这就使得低云在中高云的后部暴露出来。图8.2表示了高低空不一致时冷锋云系的分布状况。图8.2(a)中，高低空气流速度相当，表现为高中低云结合在一起的云图；图8.2(b)中，高空风较低空风速大，高、中、低云部分分离，部分叠加。分离的低云出现于高云的后部；图8.2(c)高空风远大于低空风速，出现一条中高云带和一条低云带。

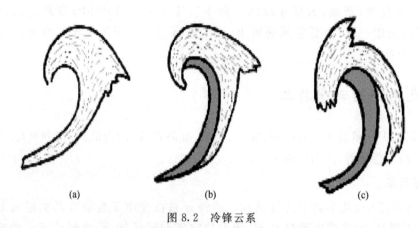

（a）　　　　　　　（b）　　　　　　　（c）

图 8.2　冷锋云系

8.2.2　暖锋云系

我国南方地区的云系较北方复杂，暖锋的活动和型式也较北方地区要多，主要有：

（1）中等幅度的高空槽云系发展成暖锋云系。如图8.3(a)，从青藏高原东部有呈反气旋弯曲的云系A伸向华北地区，四川盆地有中低云系；图8.3(b)四川盆地中低云系向东扩展，范围扩大，云系A开始重叠于M云系之上，形成暖锋云系。

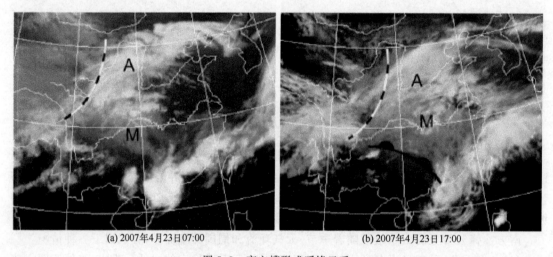

（a）2007年4月23日07:00　　　　　　　（b）2007年4月23日17:00

图 8.3　高空槽形成暖锋云系

(2)云带上对流发展形成暖锋云系。静止锋云带或其他切变线云带上有对流云系发展时，会导致暖锋云系形成，如图8.4(a)中，在我国东南部地区有东北-西南走向的云带E-F，云带略向西北凸起，C处有对流云，其释放潜热，向西输送，有利于暖锋云系形成与发展；图8.4(b)中，E-F云系有所发展，对流云C明显发展，云端西南端有新的对流云(E西侧)发展，云系向冷区凸起更明显；图8.4(c)中，云系向冷区凸起部分十分明显，左侧边界光滑，暖锋云系形成，C附近处的对流云系表现为亮的云团；图8.4(d)中，暖锋云区范围扩大，色调更白，暖区内的对流云系更加发展。

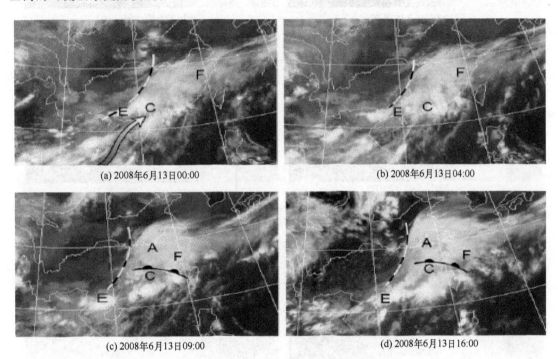

(a) 2008年6月13日00:00

(b) 2008年6月13日04:00

(c) 2008年6月13日09:00

(d) 2008年6月13日16:00

图8.4 对流发展形成暖锋云系

(3)浅槽形成暖锋云系。有时较大尺度天气系统云系是由尺度很小的云系引起的，如图8.5(a)中，从浙江到广西有一静止锋云带E-F，它的北侧有若干对流云团C，在四川盆地有小尺度云系A；图8.5(b)中，云系A东移略有发展，表现为明显的反气旋弯曲，E-F云带北侧的对流云C明显发展，释放对流潜热；图8.5(c)中，云系A色调变白，表现盾状卷云区，暖锋云系开始形成；图8.5(d)中，云系A色调继续变白东移，暖锋形成。

(4)锋面云带弱对流诱发的暖锋云系。通常在长江流域有一条以中云为主的静止锋云系，它的西端有弱的对流云系发展，当对流云进一步发展，就会有暖锋生成。如图8.6(a)中，从四川盆地经湖北，通过安徽到江苏有一条静止锋E-F，它的西端有弱的对流云A、B；在图8.6(b)中，对流云系A、B东移发展，云系A的顶部有盾状纤维状卷云羽；在图8.6(c)中，对流云A、B继续东移发展，北界呈明显的反气旋弯曲，呈辐散状特征，云中反气旋卷云结构清楚，云系范围扩大；在图8.6(d)中，对流云系A、B东移到华东地区。

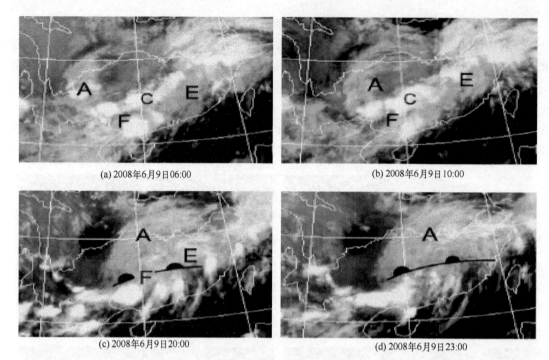

(a) 2008年6月9日06:00　　　　　　　　(b) 2008年6月9日10:00

(c) 2008年6月9日20:00　　　　　　　　(d) 2008年6月9日23:00

图 8.5　浅槽形成暖锋云系

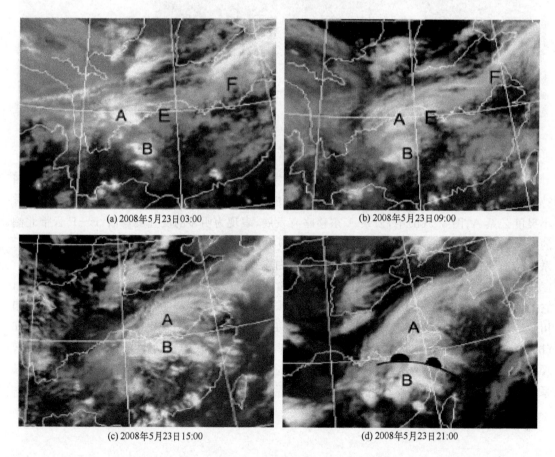

(a) 2008年5月23日03:00　　　　　　　　(b) 2008年5月23日09:00

(c) 2008年5月23日15:00　　　　　　　　(d) 2008年5月23日21:00

图 8.6　锋面云带弱对流诱发的暖锋云系

(5)冷平流相关的云带与其前方的对流云合并引发的暖锋云系。夏季的南方地区对流云系十分活跃,当后部有明显冷平流、与涡旋相连的云带东移与对流云系相遇,会形成暖锋云系。图 8.7(a)中,在青藏高原东部有一条与冷平流相连的云带 A、B 东移,它的前方是对流云系 C,略呈现涡旋状特点;图 8.7(b)中,A-B 云系开始与前方云系相连,冷平流向前推进,使斜压性加大,C 处云系扩大,涡旋结构更加明显;图 8.7(c)中,A-B 云系与云系 C 近乎合并,云系的涡旋结构更加明显、云系显著向北凸起,表现有卷云覆盖区;图 8.7(d)~(f)为暖锋云系形成。

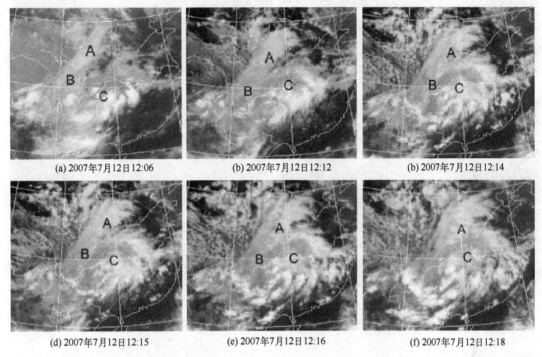

(a) 2007年7月12日12:06　　(b) 2007年7月12日12:12　　(b) 2007年7月12日12:14

(d) 2007年7月12日12:15　　(e) 2007年7月12日12:16　　(f) 2007年7月12日12:18

图 8.7　冷平流相关的云带与其前方的对流云合并引发的暖锋云系

(6)青藏高原地区台风北上诱发高原上暖锋云系形成。当中纬度处经向环流形势下,孟加拉湾地区有风暴出现时,风暴在高空经向槽前气流作用下,向我国青藏高原推进,在卫星云图上风暴北侧云系登上青藏高原,首先表现为有一片反气旋弯曲的卷云向青藏高原挺进,可以覆盖青藏高原大部分地区,然后诱发高原上对流云系发展,造成青藏高原上的大范围降水天气,并形成具有暖锋云系的特征云系。

图 8.8(a)中,在孟加拉湾有风暴 T,北侧伸出的盾状卷云区 A 已经伸到青藏高原上,图 8.8(b)上卷云区 A 中出现对流性云系,对流云释放潜热加热大气,向北推进与北方南下的冷平流相遇,使得在图 8.8(c)和(d)上卷云的左边界变得越来越光滑,云系呈反气旋向冷区凸起,云区越来越稠密,表明高原上出现暖锋型式的云系,给青藏高原广大地区带来大范围降水和降雪天气,同时由于大量热量与水汽输送到青藏高原上空,孟加拉湾热带风暴云区范围越来越小,强度越来越弱,直到最后消失。对长江中下游天气也将产生重大影响。

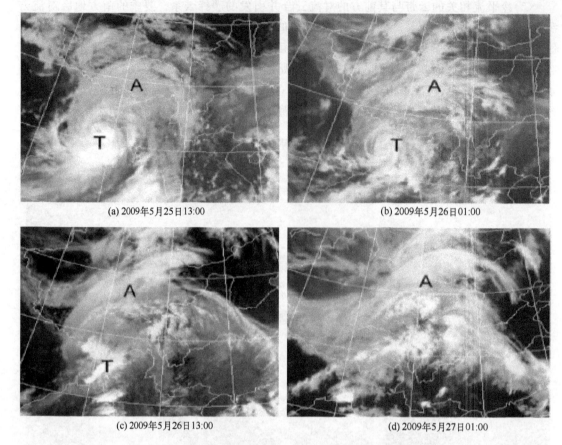

(a) 2009年5月25日13:00　　　　　　　　　(b) 2009年5月26日01:00

(c) 2009年5月26日13:00　　　　　　　　　(d) 2009年5月27日01:00

图8.8　青藏高原地区台风北上诱发高原上暖锋云系形成

8.2.3　急流云系

卫星观测表明:高空急流与暴雨、强对流天气的发生、发展有着密切的关系,可以进一步分析对流天气的发生、发展。高空急流云系的主要特点有:

(1)高空急流卷云主要位于急流轴南侧(北半球而言),其左界光滑整齐并且与急流轴相平行;

(2)在急流呈反气旋弯曲的地方,云系稠密,在急流气旋性弯曲的地方,云系稀疏或消失,所以,急流云系主要集中于反气旋性弯曲急流轴的南侧;

(3)在可见光云图上,急流云系的左界有明显的暗影。

图8.9中,A—B—C是一条色调白亮的急流云带,其左界光滑整齐,C处略呈反气旋弯曲,与急流轴平行。在急流的左侧是与下沉运动相连的晴空区;右侧是与上升运动相连的卷云区。A和C处在急流呈反气旋弯曲的地方,上升运动较强烈,云带宽而白亮稠密;B处在急流轴呈气旋性弯曲的地方,上升运动较弱,云带窄而灰暗、稀薄。在可见光云图[图8.9(a)]上,急流云系的左边可见到暗影。

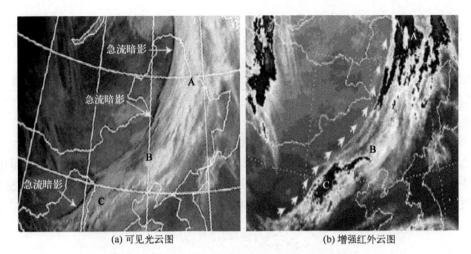

(a) 可见光云图   (b) 增强红外云图

图 8.9　急流云系

8.3　一次深秋强降水天气过程分析

　　2008 年 11 月 1—2 日,在永州市共有 43 个中小尺度站出现≥50 mm 降水;该次暴雨无论从出现的时间特殊性,还是影响的地域广阔性来看,均极为罕见;分析该次暴雨成因,并总结其预报经验,为提高特殊时段与异常天气的预报水平、服务质量,有一定参考价值。

8.3.1　天气实况及特点

　　(1)该次暴雨过程在冷空气影响下,11 月 1 日 08 时—2 日 08 时,由北到南在湖南省内先后造成了大面积强降水,其中 10 市、州,41 个县(市)降水量超过 50 mm,24 h 最大降水量为80.4 mm,出现在湘乡;永州市有 43 个中小尺度自动站降水量纪录超过 50 mm,对三冬生产、交通运输及路桥建设等造成了一定影响。

　　(2)该次降水过程无间断降水时间长,2 日 08 时—3 日 08 时,湘南部分地方仍有大雨以上强降水出现;该次降水过程较特别,从卫星云图中小尺度分析,并非全部为层状云降水、还内嵌着对流云团造成的较大强度降水的雷阵雨成分(图 8.10);在秋高气爽天气较多的 11 月,出现如此大范围强降水,实属罕见,由永州市气候资料统计得出,历年 11 月出现暴雨的概率为"10 年一遇"。

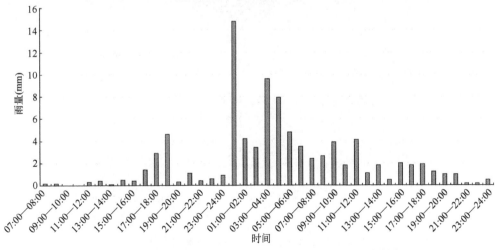

图 8.10　零陵(57866)11 月 1 日 08:00—2 日 24:00 雨量图

8.3.2 天气形势分析

（1）高空形势图分析

500 hPa：副热带高压明显减弱，588 线西脊点位于南岭附近，四川西部－孟加拉湾有低槽东移，江南、华南被大片暖湿气流控制；中纬度气流平直，对低纬度地区无明显的冷空气引导作用。700 hPa：云南北部－贵州北部－湘北有一弱切变线，316 线位于湘粤边境，孟加拉湾为一低涡中心，成为水汽与不稳定能量输送源地，通过较强的西南风不断向云贵及湖南省及江南西部输送水汽与不稳定能量，温度露点差在 0～2℃。850 hPa：有一弱切变线由贵州南部通过湖南省湘中南，横贯整个江南中部，温度露点差接近为 0℃。925 hPa：湖南省境内无低空急流，但在长江口附近有一变性小高压。纬向上，为东高西低形势（图 8.11）。

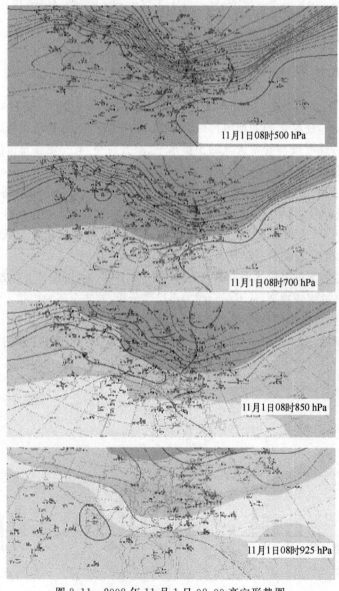

图 8.11　2008 年 11 月 1 日 08：00 高空形势图

（2）地面形势分析

在湘粤边境有一冷锋,冷锋后为大片降水区,6 h 最大降水区位于湘中一带。后一股冷空气前锋已经到达四川西部—河南中部一带。

由以上天气形势的组合看,有利于维持中低层天气系统,有利于水汽输送并维持水汽输送与不稳定能量的积累。对降水持续时间会做出正贡献。

8.3.3　卫星云图反演雨量（PRE）及中尺度分析

根据江吉喜（国家卫星气象中心专家）的研究结果表明,强降水的形成,多与中尺度天气系统的影响范围及生消过程有关。该次暴雨过程的卫星红外云图（图 8.12）类似于 4—6 月副高北抬时的情形。云带南部边界较整齐,且不断有热带低压云团（中尺度系统）通过西南季风环流向东北方向移动。

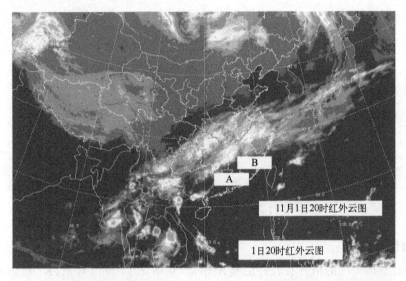

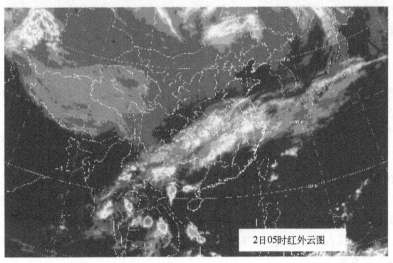

图 8.12　2008 年 11 月 1—2 日暴雨过程卫星云图

在较松散的云带上,内嵌着一系列对流旺盛的云团(27°43′N、114°58′E,−54.38℃),符合中−α、中−β系统标准。云顶亮温最低出现在江西新余。

在湖南及永州产生的重要降水就是由这些中−α、中−β系统造成的,其落区可以通过简单外推法确定。

图8.13是根据卫星云图模拟出的24 h雨量预报产品。在湖南省内预报量级及强降水范围明显偏小,仅仅在怀化部分地方为50 mm以上,其预报25 mm降水的区域也明显偏小。

图8.13　2008年11月1日08时卫星反演24 h降水估算(PRE)

8.3.4　Ki 指数分析

Ki指数对整层大气的抬升有较好的指示作用,从图8.14可以看出,Ki指数的高值区中心与卫星云图上的中(小)尺度天气系统有着很好的关联作用。其高值中心由西南的云贵高原向东延伸至湘中及永州北部地区。各时段预报产品均对湖南省及本市强降水及落区有很好的指示性。1日08时Ki指数24 h预报,≥30℃区域覆盖湘中以南并延伸到江西境内。

通过对该次暴雨过程的简单分析,可以看出,秋冬暴雨与春夏暴雨的形成机制有其天气学上的共同点,但从天气图及其相关暴雨指标的判断上,会使预报人员凭借以往经验产生一定的麻痹侥幸心理。现得出以下几点结论,供同仁参考:

(1)识别卫星云图上的中尺度天气系统,对大范围强降水的短期预报有很好的指示作用;熟练掌握卫星云图的分析方法,应该成为短期预报员的"看家"本领之一。

(2)数值预报产品的释用工作还须持续,预报员不可过分依赖数值预报产品,预报产品也不可替代预报员的主观经验与能动性。因数值预报产品受"预报模式"的局限,尤其是在特殊时空所产生的特殊天气条件下,预报效果往往不太理想,误差较大。

(3)市、县级预报员在利用卫星云图与天气雷达回波资料的基础上,对小区域定量降水预报方法的研制还大有作为。

(4)冬季或深秋、临冬的大范围强降水,主要是由中尺度天气系统、中尺度(中−α、中−β)云团造成的,也可以说是由于整层大气被强迫抬升造成的,Ki指数往往会有很好的预指示作

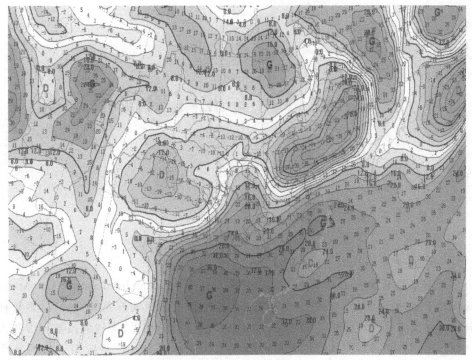

图 8.14 2008 年 11 月 1 日 08 时 Ki 指数 24 小时预报图

用,但 Si 指数的反映不明显。

(5)本次天气过程的主要降水量是由层状云系中内嵌的中尺度天气系统(对流云团)造成的,但主要降水云系为层状云,这点与汛期的强降水有较大区别,故本次天气过程"无间歇"降水时间长(超过 36 h),但降水强度不大(为中等偏弱,平均 2～3 mm/h),永州市的最大降水强度在 10～15 mm/h,天气雷达对此无法作出有效判断。

参考文献

陈渭民.2009.卫星气象学.北京:气象出版社.

林良勋.2006.广东省天气预报技术手册.北京:气象出版社.

俞小鼎,周小刚,等.2009.强对流天气临近预报.中国气象局培训中心讲义.

第 9 章

永州气象业务与专业气象预报系统

9.1 业务系统工作平台简介

9.1.1 MICAPS3.1 系统

（1）气象信息综合分析处理系统（MICAPS：Meteorological Information Comprehensive Analysis and Process System）是中国支持天气预报制作的人机交互系统，通过检索各种气象数据，显示气象数据的图形和图像，对各种气象图形进行编辑加工，为气象预报和服务人员提供一个中期、短期、短时（临近）天气预报分析制作的工作平台。广泛应用于我国各级气象部门。

（2）功能特点

①MICAPS 3.1 客户端可以显示和处理基本气象观测数据、图形图像产品、数值预报格点资料、为绘制天气图和制作预报产品而进行的交互操作，并具有常用的资料处理工具。

②MICAPS 3.1 采用开放式软件框架，实现多平台运行，系统框架管理各功能模块，功能模块可以任意增加或删除。系统提供多种气象资料分析和可视化、预报制作、分析、产品生成功能，为不同业务提供专业化版本，满足多种业务需求。系统提供常规观测、自动站、高分辨率云图、雷达、闪电定位、风廓线仪等资料的监视显示。可以实时显示监视数据，出现重要信息可以根据用户的需要设置阈值提供报警功能。与前两版本相比，在一版和二版功能的基础上针对目前业务发展和大量新观测资料的应用支持需求，增加了雷达、高分辨卫星、自动站、风廓线仪、闪电资料的显示，增加了动态菜单配置，初步实现了预报人员的记录管理和预报流程管理支持，增加了历史资料的应用。MICAPS3.1 增加了数据检索方式，增强了数据格式的适应性，提高了图形显示质量。

③系统采用开放式框架结构，方便二次开发和基于 MICAPS3.1 的业务系统建设，系统核心提供地图投影、模块管理、窗口显示与操作、图层管理、交互功能接口等基本功能，提供功能模块开发接口，所有功能模块按照主框架提供的开发接口开发，地图绘制与各类资料显示以及菜单设计等均由相应的扩展模块完成，系统启动时扫描模块路径，并加载各目录下的功能模块。

9.1.2 SWAN1.0 系统

SWAN 系统主要包括 SWAN 服务器和 SWAN 客户端两部分。SWAN 服务器的工作是用来计算并且生成 SWAN 产品，在服务器上需要运行拼图、外推、实时报警分析等算法。

SWAN 客户端的工作是一系列 SWAN 产品的显示和操作,预警信息的发布等。

(1)SWAN 服务器的安装

SWAN 服务器没有打包成安装程序,系统所有程序和数据压缩在 SWANServer.7z 的压缩文件中,只要简单的解压到目标盘上即可,对于 Windows XP 等默认未安装 Visual C++ 2008 运行库的系统,执行包的 vcredist_x86_2008.exe 安装运行库后即可运行。

①系统界面和布局

服务器界面包括传统菜单栏、工具栏、线程模块信息区域、线程输出信息区域、系统输出信息区域六大部分(图 9.1)。

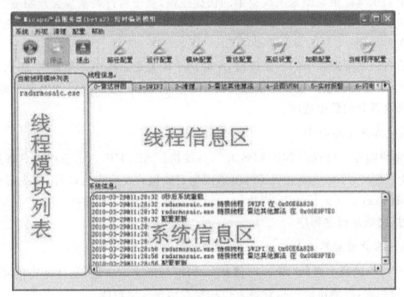

图 9.1　SWAN 系统界面和布局

菜单栏和工具栏提供了程序的主要功能入口,包括系统的启动、停止、清理、配置等功能。
线程模块信息区域和线程输出信息区域提供了当前选择线程组的信息。
系统输出信息区域提供系统运行的状态和产品情况的信息。
三个信息区域使用分割窗体,可以拖拉重新划分输出区域的大小,提供方便的信息查看。

②SWAN 服务器菜单和工具栏说明

系统菜单:该菜单包含启动、停止、退出三个项,主要负责服务器调度的启动,停止和系统的退出。如果系统处于运行状态中,按停止按钮后仅仅是对所有处理线程发出停止信号,各个线程在收到信号时可能还在运算,要在本次执行周期运行结束后退出,因此需要等待到所有线程都退出才真正停止。

外观菜单:外观菜单只是调整界面的风格,共 6 种风格,默认是 clearlook 风格,该项不保存最终选择。

清理菜单:清理菜单包含清理显示和相关文件夹的功能。

清理线程输出信息:将线程信息区的内容清空,并将未记录的信息存入到日志文件中。

清理系统信息显示:清理系统信息区内容,并将未记录的信息存入到日志文件。

清空日志目录:将 log 目录下的所有文件都删除,建议定期备份并且执行此功能。

复位服务器状态:清理服务器 tmp 目录,由于所有模块的临时运行状态文件都存放在 tmp 目录下,该功能相当于把服务器运算状态重置,恢复到初始状态。从回放模式切换到实时模式或者从实时模式切换到回放模式,以及想要重新回放资料时使用该功能来清除服务器的运算中间记录。

配置菜单:配置菜单是用来配置服务器系统的。

基本配置包括路径配置、运行配置、模块配置、雷达配置。服务器正常运行前需要配置这些信息。

高级设置包括线程,时钟的设置,用来调整线程的运行效率。

工具栏说明工具栏最左侧是系统菜单的快捷按钮,点击运行后系统会开始运行调度线程,同时停止按钮变得可用,退出按钮变成不可用。点击停止按钮后,需要等待线程全部结束后退出按钮才会变得可用。

工具栏的右边是配置菜单的快捷按钮,中间四个配置是系统主要配置项,初次运行前需要依次配置这些项,左侧高级设置和加载配置是下拉式工具按钮,点击后会出现子菜单,对应配置菜单的高级设置和加载配置项。

(2)SWAN 客户端的安装

SWAN 客户端安装过程同 MICAPS 3.1,直接执行 SETUP.exe,根据指令将系统安装到相应的硬盘上。SWAN 客户端安装还可以采用免安装包的安装方式进行,首先解压免安装文件包,如果没有 .net 2.0 运行环境,则执行 .net 2.0 安装文件,如果有 .net 2.0 运行环境,则上述过程跳过,之后运行主程序。

(3)SWAN 客户端的界面和布局

SWAN 客户端的基本界面(图 9.2)保持和 MICAPS 3.1 一致,包括基本的菜单栏、工具条,左侧是报警列表,浮动窗口包括资料监控和检验结果显示窗体。

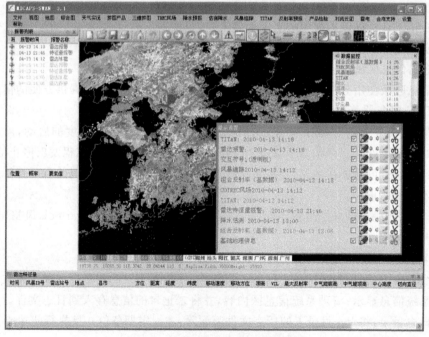

图 9.2　SWAN 客户端的界面和布局

SWAN 菜单包括 MICAPS 3.1 基础菜单和 SWAN 产品菜单,MICAPS 3.1 基础菜单和 MICAPS 3.1 基础版保持一致,SWAN 产品菜单提供快速访问 SWAN 产品的入口。目前版本的 SWAN 菜单只包括 SWAN 特有的产品。

工具栏包括 MICAPS 3.1 基本工具和 SWAN 扩展工具,SWAN 的扩展工具包括自动更新按钮,自动报警按钮,雷达的剖面和高度层工具,台风风场模拟工具以及预警文字产品制作工具。

(4)SWAN 产品

按照产品的类型,将产品分为实况产品、分析产品、预报产品和检验产品。总体来说 SWAN 包括下列产品:

①基于雷达基数据的分析产品包括:多层 CAPPI 拼图(三维拼图)、组合反射率拼图、回波顶高拼图、垂直积分含水量拼图、1 h 降水估测、TREC 风场反演。

②基于雷达基数据的临近预报产品包括:1 h 回波外推(6 min 间隔)、1 h 降水预报、基于 SCIT 的风暴识别和外推、基于 TITAN 的风暴识别和外推。

③基于雷达产品,自动站和常规观测资料的实况分析和报警产品:温度和高温报警、雨量和强降水报警、风和大风报警、雾及沙尘和能见度报警、积雪和积冰报警、龙卷和冰雹报警、雷达特征量报警、雷达强回波报警、雷电实况。

④基于云图的分析产品:对流云识别产品。

⑤基于雷达基数据的下击暴流识别、基于雷达基数据的冰雹探测算法:实验产品的虚警和不确定性很大,发布的目的主要是为了收集个例,请在使用实验产品的时候慎重。

⑥台风路径模拟工具

⑦检验产品:反射率预报检验、SCIT 风暴追踪检验、降水预报检验、降水估测检验。

基于雷达基数据的相应的分析与预报产品在相应书籍中有专门介绍,在此不进行赘述。

(5)SWAN 预警发布文字平台

文字制作产品用来发布预警信号和常规短临预报。文字制作平台可以制作带图片和文字的 Doc 文档,PDF,XML 或者纯文本文件,并能按照预定义的发布路径复制到相应的发布位置,文字产品制作平台为预报员提供了快捷的文字产品制作功能。

文字平台目前提供预警信号发布和常规短临预报制作两大功能,文字平台的制作原理是通过交互式落区绘制自动分析出落区影响区域文字,并截取图片,或者通过第三方的文字生成引擎生成文本文字,文字制作平台通过预定义好的模板文件,将文字和图片填充至模板中的位置,从而生成相应的文字产品。

①文字产品的制作流程

ⅰ)预警信号制作:选择预警信号制作,通过落区绘制工具绘制修改预警区域,在文字产品制作对话框中选择相应信息条目,包括时间、预警类型、预警内容、预报员等等,预览并修改要发布的具体的文件,完成后通过发布按钮发布到相应的位置。

ⅱ)常规短临预报制作:选择相应的信息条目,填入描述文字,预览并编辑相应的文件,通过发布按钮发布。

②预警区域制作

选取预警信号制作后,左侧栏的工具箱会出现预警区域绘制工具,包含区域的修改、绘制、删除功能。

选择绘制区域,可以在地图上绘制预警区域;选择修改区域,对已存在的区域进行修改,这些都是和 MICAPS 3.1 基础操作相同的。

在绘制完区域后,就可以进入具体的预报内容选择和制作了。

③预警信号的制作和发布

在绘制好预警区域之后,在制作平台上可以选择和修改基本内容,预警信号的制作平台界面分为最小界面和详细界面,最小界面上提供最简单的编辑和选择,在大多数情况下通过最小界面可以快速发布预警信号。

最小界面上需要选择的是预警类型和级别,发布的时间,文件编号,预警结束的时间,预警模板内容选择,签发和预报员。而由落区分析出来的文字显示在文本区域里,当预报员修改合适之后,在下方左侧选择需要发布的对象,通过预览按钮预览并修正相应的 DOC 文件,完成校正后通过发布按钮将文档复制到需要发布的位置上。如果感觉还需要更多的选择,可以点击详细制作按钮,打开详细制作界面,可以修改更多的内容和选项,包括引用外部第三方预报文本、多语言模板、防范指南等内容。

④文档预览和发布

文档的预览是在 Word 里面进行,当预报员选定好内容,生成预报文字后,可以通过预览来查看生成的 DOC 文件,如果对于某个 DOC 文件不满意,还可以直接修改和编辑,在用户有过打开 DOC 编辑的动作后,默认情况下制作平台不再对 DOC 文件进行操作。除非强制再次更新所有 DOC 文档或者重新绘制落区。

预览功能在制作对话框的左下角,要预览某个特定的内容,需要首先勾选该项,然后点击按钮就可以打开 Word 进行预览。

发布功能是将生成的 DOC 文档复制到指定的发布目录下,由后续的流程将这些文档送到对应的最终用户处。

9.1.3　区域站资料应用系统

(1)区域站资料应用系统运行环境及安装

IIS(Internet Information Server);. Net Framework(支撑的系统托管环境); MapXTreme2004 地理信息系统(地图信息管理和显示查询的基础)

①IIS 环境的安装

Internet Information Server 给用户提供了一个图形界面的管理工具,称为 Internet 服务管理器,可用于监视配置和控制 Internet 服务。

Internet Information Server 通过使用超文本传输协议(HTTP)传输信息,用户可通过配置 Internet Information Server 以提供互联网访问 www 服务、文件传输协议(FTP)和 gopher 服务。

IIS 安装步骤如下:

将 Windows 操作系统安装盘插入到光驱中后,点击"开始→设置→控制面板→添加/删除程序→添加/删除 Windows 组件",进行安装 IIS。

②Net 运行环境安装介绍

. Net Framework 是在微软 . Net 平台上进行开发的基础。

核心技术包括通用语言运行库(CLR:Common Language Runtime)、类库、ASP.NET 及 ADO.NET。

.Net Framework 是支持生成和运行下一代应用程序和 XML Web Services 的内部 Windows 组件。

③Net 环境的安装

运行 DotNetFX.EXE 安装包,选择"是",直至自动安装完成。

(2)MapXtreme 2004 安装

MapXtreme 2004 是 MapInfo 公司为了支持 Microsoft 的 Windows.NET 框架,重新设计 MapX 和 MapXtreme for Windows 代码库体系结构的新产品,可通过 Web 和桌面两种方式发布 GIS 地图应用,以图形方式实现地理信息数据可视化,较方便、直观地展现出数据和地理信息的关系,揭示出数据背后不易察觉的规律和发展趋势,改善企业的运营机制,提高生产效率,辅助客户做出更具洞察力的分析和决策。

MapXtreme 2004 安装步骤:

①运行 MapXTreme.exe 执行程序

②将 MapXtreme.lic 文件拷贝到目录 C:\Program Files\Common Files\MapInfo\MapXtreme\6.0

(3)本系统安装

①将系统安装包解压到系统指定的目录:C:\Inetpub\wwwroot 目录名称:中小尺度站网

②使用 IIS 部署该网站系统

③修改网站的参数设置

(4)区域站资料应用系统使用

首先在浏览器地址栏输入 http://10.115.112.101:8080(内网)、http://www.yzqxj.com:8080(外网),进入如下的界面(图 9.3):

图 9.3　区域站资料应用系统界面

点击"请登陆"进入系统。该系统可以查询各个时段的降水、温度、气压、风速风向、湿度资料,查询模式有地图、表格、单站三种。

9.1.4　气象通信网络维护及日常操作技术

（1）区域站服务器维护

该服务器包括无锡多要素站、湖南省气象局装备中心单要素站和多要素与单要素数据库整合软件。主要工作就是对上述三个数据库进行维护与备份、三个软件的升级以及该服务器系统的安全运行。

（2）网站服务器维护

该服务器上的网站调用了两个程序：自动站资料处理程序和预报更新程序。因为气象局网站是对外服务的窗口，所以遭外面的攻击比较多，要定期查看网站的后台程序是否被更改，并及时更新网站的最新内容，保证服务器系统的正常安全运行。

（3）资料服务器维护

该服务器上有气象预报业务服务综合平台（WOSIS）地面、高空实况等资料处理程序和MICAPS数据接口程序，所以要保证上述两程序和服务器系统的正常运行。

（4）预报报文传输服务器维护

该服务器主要有预报报文传输软件和市县会商系统客户端，要保证其配置、运行正常；保证服务器系统的正常安全运行。

（5）域名解析服务器维护

该服务器主要功能就是负责网站的域名解析和市县会商系统服务器端，要保证服务器系统的正常安全运行。

（6）其他

其他要保证气象局整个网络通信正常，市气象局路由器、防火墙、交换机、省市会商系统工作正常；单收站、雷达 PUP 机上的软件及其系统运行正常。

9.2　永州零陵机场大雾短时预报平台

9.2.1　大雾短时预报思路

近年来人工智能（或人工神经网络）在大气科学中得到了积极的应用。应用模拟大脑思维方式的人工智能网络连接模型，为建立合理、可靠和准确的永州零陵机场大雾短时预报系统进行了探索性的研究。永州零陵机场大雾短时预报系统，首先应用完全预报（PP）方法思路，在输入层对各种有关气象要素进行预处理，解决资料选取问题；在隐含层中，采用正向推理原理对 $T(1)$、$T(0.5)$ 类型识别，解决大雾（能见度≤1 km）、轻雾（1 km＜能见度≤5 km）类天气现象的模式识别和预报问题；在输出层中，解决预报结论分类输出问题。人工智能网络连接模型由三层处理单元与连接弧联结而成。设 x_1、x_2、$\cdots$、x_n 为输入层；k_1、k_2、$\cdots$、k_n 和 z_1、z_2、$\cdots$、z_n 为隐含层；y_1、y_2、$\cdots$、y_n 为输出层。每一连接弧都有一权值数值，以权衡 x_n 对 k_n 或 k_n 对 z_n 或 z_n 对 y_n 的影响程度。输入层从外部接受信息并将其传入网络；隐含层接受输入层的信息，先对所有的信息进行分类选择，再合成分析处理；输出层接收处理后的信息并将最后结果输出。

在人工智能网络连接模型的基础上，零陵机场大雾短时预报系统要解决的问题：输入层解决资料选取问题;隐含层解决指标要素选择、预报指标合成识别分析的问题;输出层解决预报结论分类输出问题。

9.2.2 大雾短时预报平台界面

应用 Microsoft Visual Basic 6.0 语言,编制出全自动化的零陵机场大雾短时天气预报方法运行软件。软件界面平台设计预报指标显示区、预报电码和数值预报产品格点值查看显示区等,软件界面如图 9.4 所示。软件功能使用按钮有大雾预报因子集成、预报结论等 12 个。使用时只需轻点鼠标,预报结论就出来,大大提高了大雾短时预报的自动化程度。

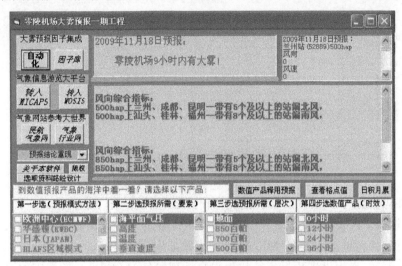

图 9.4　零陵机场大雾短时预报平台界面

9.2.3 大雾短时预报平台特点

(1)应用人工智能网络连接模型,首先应用完全预报(PP)方法思路,在输入层对各种有关气象要素进行预处理,解决资料选取问题;在隐含层中,采用正向推理原理对 $T(1)$、$T(0.5)$ 类型识别,解决大雾(能见度≤1 km)、轻雾(1 km<能见度≤5 km)类天气现象的模式识别和预报问题;在输出层中,解决预报结论分类输出问题。

(2)应用 Microsoft Visual Basic 6.0 语言,编制出全自动化的大雾天气预报运行软件,软件直接装载在 windows 平台下,预报使用时只需轻点一下鼠标,就完成了软件运行,运行速度快,节省了宝贵的预报时间,使用简单,大大减轻了预报员的劳动强度;软件运行界面美观,该软件在 windows 平台中有彩色图标,打开图标后,有弹出式彩色运行对话方框和预报结论输出彩色方框。

9.3 永州暴雨洪涝预报预警系统

9.3.1 软件界面简介

应用 Microsoft Visual Basic 6.0 语言,编制出全自动化的江河流域分区域的暴雨洪涝预报方法运行软件界面(图 9.5)。

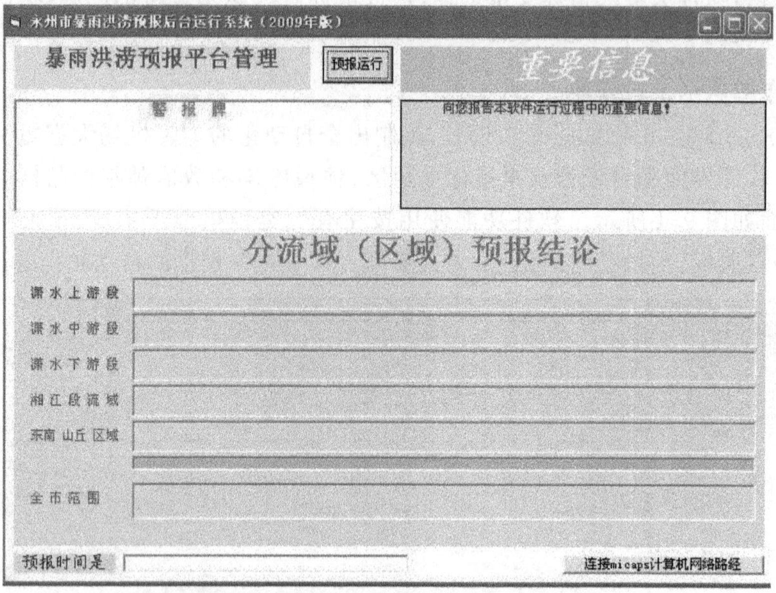

图 9.5　暴雨洪涝预报运行软件界面图

运行软件界面分为：

（1）数据输入。点击"连接 MICAPS 计算机网络路经"按钮，设计好数据输入路经。暴雨洪涝预报运行软件将自动连接到"MICAPS"平台数据库。

（2）预报运行。暴雨洪涝预报运行软件将自动到"MICAPS"平台数据库中寻找所需的气象信息资料，自动组合预报因子，自动推理判断预报方程。使用时只需轻点"预报运行"按钮，预报结论就出来，大大提高了预报的自动化程度。

（3）预报结论输出。自动输出以下区域暴雨落区及洪涝区域：潇水河上游区域，包括江华、江永二县；潇水河中游区域，包括宁远、道县二县；潇水河下游区域，包括双牌、零陵二县。湘江段流域，包括东安、冷水滩、祁阳三县。东南部区域，包括新田、蓝山二县。

9.3.2　预报方法介绍

众多的数值预报产品和常规气象资料信息都从不同侧面反映了暴雨天气系统的特征。应用这些要素值为一串指标，来作暴雨天气初步判定，这一串指标称为"指标序列"，通过对指标序列的综合分析，首先确定暴雨天气预报方程，然后再确定分区域内暴雨天气预报。

（1）预报对象为暴雨，取 1997—2001 年的 T639 数值预报产品资料，把以下预报因子组合成指标序列：

500 hPa 24 h 预报风向角度值有关经纬度框内的格点值；850 hPa 24 h 预报有关格点平均值的差值；500 hPa 24 h 涡度数值预报产品有关格点平均值；500 hPa 24 h 散度数值预报产品有关格点平均值；700 hPa 24 h 垂直速度数值预报产品有关格点平均值；700 hPa 24 h 比湿数值预报产品有关格点平均值；今日 14 时本地海平面气压 4 个格点的平均值与昨日 14 时海平面气压 4 个格点的平均值的差值。把这些序列的指标值所对应的暴雨实况列入指标序列表中。

（2）对指标序列表进行综合分析，通过查权重系数表，得出预报方程：当 $Y \geqslant 0.69$，具备暴雨天气形势；$Y < 0.69$，不具备暴雨天气形势。

（3）当具备暴雨天气形势后，第二步从常规气象资料中优选出预报基本点的有关气象要素，组成永州分区域内暴雨预报规则。按照永州市江河流域分区域的划分标准，各分区域内的县区气象站（包括相关的自动站）为预报基本点。从预报基本点的常规地面气象资料中挑选出有关的气象要素组成预报规则。以零陵站（57866）为例，优选出的有关气象要素为：昨日14时风向、风速、温度、露点温度、海平面气压；今日14时风向、风速、温度、露点温度、海平面气压；今日02时风向、风速、温度、露点温度、海平面气压。再把单站气象要素组成6条预报指标。6条单站地面气象资料预报指标，满足任一条与方程 Y≥0.69 成立，即预报结论为永州潇水河下游区域有暴雨。其他分区域内的预报基本点预报指标的组成规则与零陵站（57866）相似，不再重述。

（4）试用情况：使用本预报方法，用2009年3—6月的历史资料进行了试预报，共作出了江河流域分区域的暴雨预报6份，预报准确率为89%。

9.4　永州森林火险气象等级预测预报系统

森林火灾与其他自然灾害如暴雨、台风、冰雹等一样，是生态环境中一种重要的自然灾害。在我国，森林火灾发生比较严重，每年因此而造成严重的损失，我国的北方甚至由此引发环境问题。永州市是湖南省的一个农业大市，山区面积广，森林资源丰富。近年来，国家实行退耕还林政策，永州市森林覆盖率逐年增加，森林防火形势严峻。为此，永州市森林火险气象等级预测预报系统于2002年由市政府立项进行研究，并于2003年投入运行。

9.4.1　基本原理

森林火灾是失去人为控制，在森林开放系统内，自由蔓延和扩展，给森林、森林生态系统和人类带来一定损失的破坏性燃烧。森林火险等级划分的标准表明，森林火险与气象的关系十分密切。通常按照森林火灾的燃烧特征将森林火险分成5个等级，分别是：①不燃，一般不发生火灾，属一级；②难燃，有火情，不易成灾，属二级；③可燃，蔓延快，但易控制，属三级；④易燃，蔓延快，易成灾，风大时易出现飞火，属四级；⑤狂燃，蔓延很快，极易成灾，很难控制，应发警报，属五级。

影响森林火灾的因素很多，成因也相当复杂。从发生学的角度来看，这些因素可分为两大类：①可燃层的内在因素，影响并决定可燃层被火源点燃的难易程度，比如可燃物的类型、可燃层的蓬松程度、单位面积上的可燃物载量、可燃层的干燥度等；②可燃层的外在因素，决定起火原因，影响起火概率和火势蔓延趋势，比如火源密度、地面条件、天气气候状况、物候期、积雪情况、防备能力等。上述因素中，一部分是稳定少变的，如可燃物类型、蓬松程度、单位面积上的可燃物载量、地面条件等；一部分是缓变的，如火源密度的季节性变化、积雪变化等；还有一部分是很容易发生变化的，如天气等。这些因素之间存在复杂的因果和制约关系。在制作大范围的火险预报时，少变因素可暂不考虑，而缓变因素通常也与易变因素密切相关，可见气象条件和天气气候状况是影响并决定森林火险的最关键因素。

在湖南，一年四季都可出现森林火情，但以秋冬季节多见。宋志杰等的观点具有科学的相关性，并有很好的客观可信度，符合永州市的实际情况。通过分析、模拟大量气象因子与林火发生之间的关系，发现凡火险指数随因子值增大而增大的单因子（正相关因子）识别模型采用（9.1）式最理想，凡火险指数随因子值增大而减小的单因子（负相关因子）识别模型采用（9.2）

式最理想。

$$u = \begin{cases} \dfrac{1}{1+[a \cdot (c-x)]^b} & (x < c) \\ 1 & (x \geq c) \end{cases} \qquad (9.1)$$

$$u = \begin{cases} \dfrac{1}{1+[a \cdot (x-c)]^b} & (x < c) \\ 1 & (x \geq c) \end{cases} \qquad (9.2)$$

式中，u 为林火随单因子变化而出现的概率值；x 为因子的实际观测值或预报值；a、b、c 为待定系数，而且 a、b 均为正数。通过筛选，发现影响永州市森林火灾的气象因素主要有降水、相对湿度、温度、风速和连旱日数。

9.4.2 建立方程

研究表明，$u \in (0,1)$，因子值变化时，林火出现的概率也发生变化。当 $u \to 1$ 时，$x=c$。可见，c 是林火开始大量出现（概率趋于 1）时的因子值，即 $c=xu=1$。另外，确定林火概率开始明显增多（$u=0.5$）时和开始没有林火（$u=0.05$）时的因子值 $xu=0$ 和 $xu=0.05$，就可容易地推导出 a、b。即，正相关时，$b = \ln 19/[\ln(c-xu=0.05) - \ln(c-xu=0.5)]$，$a=1/(c-xu=0.5)b$；负相关时，$b = \ln 19/[\ln(xu=0.05-c) - \ln(xu=0.5-c)]$，$a=1/(xu=0.5-c)b$。通过模拟气象环境进行微小颗粒的点火试验，计算被点燃颗粒在总颗粒数中的比例（即概率）。降水、相对湿度、温度、风速和连旱日数分别选用 24 h 降水 x_r，8:00 的相对湿度 x_E，8:00 气温 x_t，8:00 风速 x_w，当日 8:00 前连续日降水 ≤ 5 mm 的日数 x_d 作代表，结果近似为：

$$u_r = \begin{cases} \dfrac{1}{1+1.1 \cdot (x_r-5)^3} & (x_r < 5 \text{ mm}) \\ 1 & (x_r \geq 5 \text{ mm}) \end{cases} \qquad (9.3)$$

$$u_E = \begin{cases} \dfrac{1}{1+0.1 \cdot (x_E-36)^3} & (x_E < 36\%) \\ 1 & (x_E \geq 36\%) \end{cases} \qquad (9.4)$$

$$u_t = \begin{cases} \dfrac{1}{1+0.06 \cdot (30-x_t)^7} & (x_t < 30℃) \\ 1 & (x_t \geq 30℃) \end{cases} \qquad (9.5)$$

$$u_w = \begin{cases} \dfrac{1}{1+0.08 \cdot (17-x_w)^5} & (x_w < 17 \text{ m/s}) \\ 1 & (x_w \geq 17 \text{ m/s}) \end{cases} \qquad (9.6)$$

$$u_d = \begin{cases} \dfrac{1}{1+0.02 \cdot (8-x_d)^3} & (x_d < 8 \text{ d}) \\ 1 & (x_d \geq 8 \text{ d}) \end{cases} \qquad (9.7)$$

火险气象等级指数值 H 可表示为：

$$H = f_1 \cdot u_r + f_2 \cdot u_E + f_3 \cdot u_t + f_4 \cdot u_w + f_5 \cdot u_d \qquad (9.8)$$

式中，$f_n (n=1,2,3,4,5)$ 为待定系数。设定 $H \in (0,0.3)$ 时为一级火险，$H \in (0.3,0.5)$ 时为二

级火险,$H \in (0.5,0.7)$时为三级火险,$H \in (0.7,0.85)$时为四级火险,$H \in (0.85,1)$时为五级火险。统计永州市最近 10 年 11 个县区的火险资料,经过回归分析可得出 $f_n(n=1,2,3,4,5)$ 的值。

$$H = 0.3 \cdot u_r + 0.3 \cdot u_E + 0.1 \cdot u_t + 0.1 \cdot u_w + 0.2 \cdot u_d \tag{9.9}$$

由于从气象网络上获取相对湿度资料较困难,而获取露点温度则比较容易,所以利用经验公式求相对湿度(X_E):

$$X_E = 107.45 \cdot T_d /(235 + T_d) /107.45 \cdot x_t /(235 + x_t) \cdot 100 \tag{9.10}$$

式中,X_E 为相对湿度;T_d 为 8:00 露点温度;x_t 为 8:00 气温。

9.4.3 程序简介

永州市编制了《永州市森林火险气象等级预测预报系统》的计算机程序。它可自动完成从网络上获取气象资料、运算、输出预报图等一系列步骤。为了应对可能出现的气象业务流程的变化,特意将自动获取气象资料的部分独立编制成一个执行文件,业务流程变化时只要重新编制这一部分即可。为了简化操作,菜单编制得非常简单。主菜单分"预报"和"选项"项,在"预报"项下分"制作"和"显示"2 个子菜单,"选项"下分"自动取资料"和"帮助"2 个子菜单。当"自动取资料"被激活时,单击"预报"下的"制作"菜单就可完成从网络上获取气象资料(调用 autoget.exe)、运算、输出预报图等全自动工作;而"自动取资料"未激活时,又可手工填入资料,从而输出预报图。"显示"菜单可查看以前作出的预报图,"帮助"菜单可获得简单的帮助信息。运算流程和自动取得资料流程如图 9.6 所示。

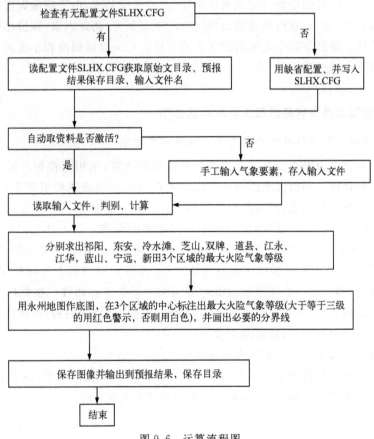

图 9.6 运算流程图

9.4.4　检验和应用

共搜集到永州市近 10 年来 70 例典型火险资料,通过运算回演,有 11 例误报,最大误差 2 级,正确概括率为 84.3%。该系统于 2003 年 4 月投入正常业务运行至今,目前的运行模式如下:首先在市气象台运行,输出预报图,存入软盘,然后拷贝到影视制作部,配制语音,录像制带,每天晚上在电视台的天气预报中以永州市森林防火指挥部的名义向外发布森林火险气象等级预报,效果较好。

9.5　小流域山洪灾害动态评估系统

永州市冷水滩区地处湘江上游,境内有石溪江、芦洪市河下游段等 25 条小河注入湘江。河流网主要特征为:一江两河分布。湘江从南偏西至东北方向穿越岚角山镇、蔡市镇、仁湾镇、珊瑚乡、上岭桥镇、竹山桥镇、黄阳司镇等全境,石溪江河从北向南穿越杨村甸乡、普利桥镇、牛角坝镇、高溪市镇东北部,芦洪市河下游段从西向东穿越仁湾镇北部和高溪市镇西南部。这里地形地貌复杂,具有典型的山溪性河流特征,产流汇流迅速,一遇暴雨山洪,极易造成河水陡涨陡落。常给两岸农田、村庄带来严重山洪及地质灾害。通过建立小流域山洪及地质灾害动态评估系统,可以提前预见山洪灾害的发生,为最大限度避免和减少小流域山洪及地质灾害损失提供依据。

在全面系统收集已有的小流域地理地质环境、野外现场调查、山洪淹没灾害调查与评价以及气象、水文资料的基础上,分析小流域山洪灾害的形成条件、诱发因素,评价小流域山洪灾害易发程度与危险性。编制全区小流域山洪灾害易发程度与风险区划图和小流域山洪灾害调查与评价报告。建立小流域降水量、山洪淹没水位与受淹农田面积、受灾村镇人口的量化数据关系图表等。

9.5.1　洪水淹没和山洪灾害易发程度与风险区划图

(1)小流域洪水淹没水位与洪水损失变化曲线研究方法

通过对传统的洪水淹没水位与洪水损失变化曲线的研究,采用直接评估的办法对洪水造成的直接损失进行评估。利用洪水淹没所造成洪水损失的详细描述和事例等,建立洪水损失与淹没水位深度变量间的关系,可对洪水造成的直接损失进行评估。一方面结合经验参考建立曲线,另一方面寻求在未来不同情况下使用经验曲线的可能。为了达到目标,以 2007 年 6 月 7—8 日发生的洪水为参考洪水,在那场洪水中,冷水滩湘江段沿江两岸地区,所淹没的水深很多超过了警戒水位以上 3 m,被洪水淹没长达 3 d。在全面完成调查与评价工作的基础上,进行综合分析研究,编制出小流域洪水淹没水位与洪水损失变化曲线。根据冷水滩小流域地理地质环境和河流网特征,洪水淹没水位与洪水损失变化曲线分为两种:一种以湘江段洪水位分析为主,另一种(两河流域)以降雨面雨量分析为主。

①湘江段洪水淹没水位与洪水损失变化曲线

以湘江段洪水水位分析为主的洪水淹没水位与洪水损失变化曲线图(图 9.7)所示。图中横坐标为湘江段洪水损失价值(万元),纵坐标为洪水淹没水位(m)。

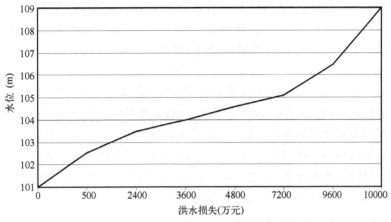

图 9.7 湘江段洪水淹没水位与洪水损失变化曲线

洪水淹没水位以湘江上游老埠头水文站测量的水位数值为准。由曲线图可见,湘江段洪水损失与洪水淹没水位变化呈正相关关系。水位数值低于 102 m,即湘江上游警戒水位以下,洪水损失趋于零。湘江上游老埠头水文站测量的水位数值历史最高值为 107.18 m,高于 107.18 m 的淹没深度曲线为经验理论值。图 9.7 是穿越冷水滩湘江段洪水淹没水位与洪水损失变化曲线的总图。在此基础上,再对湘江穿越过的岚角山镇、蔡市镇、仁湾镇、珊瑚乡、上岭桥镇、竹山桥镇、黄阳司镇等分别绘制各镇(乡)的洪水淹没水位与洪水损失变化曲线(图略)。

②两河流域的洪水损失变化曲线

两河流域的洪水损失变化曲线图绘制以降雨面雨量分析为主。使用其分析结果,绘制出两河流域的面雨量与洪水损失变化曲线图。对石溪江河流域的杨村甸乡、普利桥镇、牛角坝镇、高溪市镇东北部和芦洪市河下游段流域的仁湾镇北部和高溪市镇西南部,分别绘制出各镇(乡)的面雨量与洪水损失变化曲线图。例如,牛角坝镇面雨量与洪水损失变化曲线如图 9.8 所示。

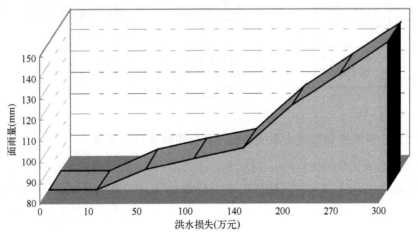

图 9.8 牛角坝镇面雨量与洪水损失变化曲线

（2）小流域山洪灾害易发程度与风险区划图

针对冷水滩一江两河的风险洪水，根据分析和计算洪水淹没的范围、深度及相应的经济损失，按一定的规格描绘和标明在流域地形图上，便得出一江两河为主的洪水风险区划图（图略）。

小流域山洪灾害风险区划图根据流域面积、淹没范围、洪水频率等要求而定。在绘制洪水淹没范围的边界时，结合地形情况，对可能淹没区域，设置彩色颜色深浅表示淹没深度的变化。各镇（乡）的山洪易发程度与风险区划图（图略）上标注重要部门和单位，以及重要设施，水利工程，交通枢纽，通信线路等。图的下方有专门说明框，简要说明洪水风险图的基本特性，包括暴雨洪水频率、淹没区域、淹没水深、淹没历时、流域社会经济主要特征值、淹没区经济损失评估结果等。另外还说明风险图上各种标记、代号的含义。

9.5.2　后台管理平台运行软件研制技术

开发制作小流域山洪灾害动态评估系统的后台管理平台运行软件。该软件应用 Microsoft Visual Basic 6.0 语言，利用人工智能网络技术进行研制。人工智能化的动态评估系统后台管理平台运行软件包括：输入层要解决资料选取技术问题；隐含层要解决指标要素选择、动态评估指标合成分析的技术问题；输出层要解决动态评估结论分类输出等技术问题。

系统运行软件流程见方框图所示（图 9.9）。首先利用数值预报产品、暴雨预报信息等资料，新建立的冷水滩 14 个区域自动站实时降水资料、潇水河流域（江永、江华、道县、宁远、双牌）的 80 个区域自动站实时降水综合资料、湘江上游老埠头实时水文资料等进行综合分析判别，分别输出一江两河及各镇（乡）的洪水淹没损失评估。

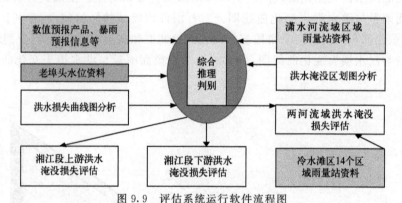

图 9.9　评估系统运行软件流程图

9.5.3　小流域山洪灾害动态评估系统专业气象公用网页设计技术

利用 Macromedia Dreamweaver MX、Macromedia Fireworks 和 Macromedia Flash 技术提供的可视化设计工具，开发代码简洁、专业规范的专业气象服务网站：小流域问汛网（图 9.10）。

图 9.10 小流域山洪灾害动态评估:小流域问汛网首页

通过该服务网站发布 4 类实时活动数据:

(1)实时警报活动数据类,分为湘江段、石溪江洪水影响警报和无洪水警报信息。

(2)子页活动数据类,包括 14 个乡镇的面雨量、洪水淹没面积预估、灾害损失预估等动态评估数据。

(3)总体概要实时数据类,及对冷水滩全区的面雨量、洪水淹没面积预估和灾害损失预估等评估数据进行综合平均、总计。

(4)汇总实时数据类,包括冷水滩全区的主要河流、水库和 14 个乡镇的动态评估数据。通过该服务网站及时为冷水滩区各级领导提供全区小流域山洪灾害动态发展程度与实时灾情评价报告。

9.5.4 小流域山洪灾害动态评估系统性能特征

(1)小流域山洪灾害动态评估系统,能为各级政府和人民切实做好灾前监测、识别、预警、准备;灾中动员、救援、隔离、控制;灾后救助、稳定、恢复、重建等各项工作提供准确可靠的灾情动态评估信息。能在山洪及地质灾害发生之前的 3～12 h 内,及时提供动态评估信息,与国内外同类先进技术比较,是目前最快捷的灾害动态评估系统。

(2)课题开发的小流域问汛网是目前国内独特的专业气象服务网站。将灾害动态评估信息,通过互联网通信工具的形式直接对外发布,实现了电子互动办公,为公众构建了及时的灾情动态评估信息共享平台。在专业气象服务领域的拓展和巩固方面,展示了一种新颖的形式。

(3)针对传统灾害动态评估系统的局限性,提出了一个人工智能技术在灾害动态评估中的应用探索模型。利用多 Agent 技术通过协作和交互,共同完成应用模型任务。并将该模型应用于灾害动态评估方法运行软件系统中,系统运行结果证明了模型的有效性和科学性。

9.6　永州市气候统计分析业务系统

9.6.1　地面气象资料查询系统

按照数据库项目要求及 2004 年 6 月 18 日初步设计的数据库项目计划目标和任务,历时半年时间,如期完成数据库项目开发任务,形成现有的"永州市地面气象资料查询系统(surface meteorological data inquiry system)"简称 SMDIS。

(1)目的与核心

为了更好更快的做好气象服务,地面气象资料手工统计查询已经不适应快速气象服务,基于"准确及时、优质服务"根本宗旨,更好更快地实现地面气象资料查询分析,开发了 SMDIS 系统。

本系统的基础数据是各台站的地面标准数据(W 文件),该标准数据是在对原始气象资料用计算机进行信息化、逻辑检查、质量检验、标准处理等工序严格加工而成,是全国气象部门通用的地面气象数据。W 文件是二进制格式,便于快速读写,有利于地面气象资料统计,是本系统的基础。

(2)结构与功能

本系统实现了资料查询查阅、图形比较分析、标准数据(W 文件)处理、结果输出等四大功能。

①资料查询查阅包含逐日资料、逐月资料、逐旬资料、时段资料、特殊统计资料、整编资料等 6 大部分。

逐日资料、逐月资料、逐旬资料包括各气象要素的日、月、年、旬统计。

时段资料包括降水、气温、日照、蒸发等要素的任意时段统计。

特殊统计资料包括气温稳定通过 X℃ 的初终期、天气现象、风频率等特殊统计资料。

整编资料为中国气象局下发的 30 年整编资料,采用 .tab 文件格式。资料查询操作简单化、查询任意化,只需简单的选出区站、要素,任意输入时间、X 参数比较值即可进行查询。如图 9.11。

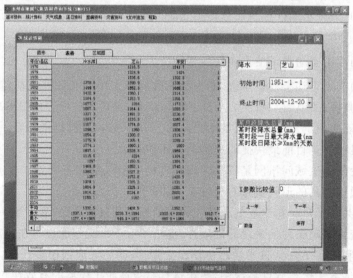

图 9.11　气候资料查询分析服务系统界面

②图形比较分析包括时序比较分析，比较直观，如图 9.12 所示。

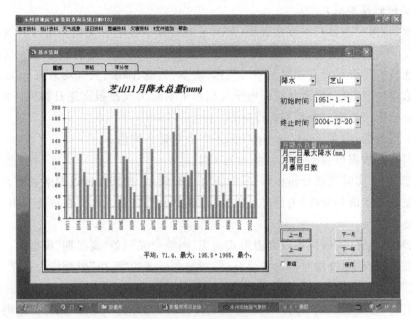

图 9.12　气候资料图形比较分析图

③标准数据（W 文件）处理主要是把 A。文件转换为通用标准数据 W 文件，可任意选择区站、要素对 W 文件进行新建、覆盖、追加等操作，A。文件来自月报表 A 文件的信息化处理文件，由于 W 文件严格性，地面月报表文件必须连续，不可缺月，否则，之后的 W 文件不可自动追加，这种不足是不可改变的。

④结果输出多样性，图形化、表格化，主要包括图形显示和数据表格输出，便于应用。

⑤不足部分。如前所述，由于 W 文件严格性，地面月报表文件必须连续，不可缺月，否则，之后的 W 文件不可自动追加，这种不足是不可改变的。

多要素混合查询及某些特殊统计资料查询功能还未实现，譬如任意最长（大）连续（无）降水时段、混合查询的一些设计思路尚未成熟，有待于统计方法的研究完善后来实现混合查询。

9.6.2　气候影响评价数据库系统

（1）数据库构建

数据库格式采用了 Ms Access 2000 本地数据库。

资料库：评价实时数据（AB 报）、月旬日基本气象要素数据（气温、降水、日照评价三要素）、气候平均数据。

模型库：实时气候分析模型、实时灾害分析模型。

参数库：台站参数、路径参数（供评价人员修改）。

评价产品、社会数据（包括灾情）主要以文件形式存在。

（2）数据入库

①评价实时数据：保存评价时段内旬月 AB 报文解释数据，自资料服务器下载入库。

②月旬数据：保存历年旬月基本要素数据（气温、降水、日照评价三要素），来源于地面年报

表电子文档,2006 年以前历史数据没有电子文档,数据来源于国家地面气象资料标准数据(W 文件,由 A。文件转换而成)。

③逐日数据:保存逐日基本要素数据,来源于地面月报表电子文档和实时天气报报文,由于月报表下发时间的滞后性(1—2 月),实时逐日资料只能来源于资料服务器天气报,但自天气报入库的逐日实时资料没有三时站平均气温,高温、低温、降水、天气均来源于 08 时报文,这在评价过程值得注意,通过地面月报表电子文档修正实时天气报报文逐日数据。2006 年以前历史数据来源于国家地面气象资料标准数据。

④气候平均数据:保存 1971—2000 年基本要素气候平均值。

以上资料库内数据可自动追加也可人工录入。

模型数据:包含实时气候分析模型、实时灾害分析模型,模型指标以湖南省地方标准《气候术语》及《气象灾害术语和分级》为标准,通过评价模型分析自动入库。在该处采用了"综合、互补、去轻"的技术原则。

高温期、高温热害、火南风均以高温形式表现,则综合成一条"高温期"模型。

在新标准里没有 11 月份时段的气候模型,则把老标准的"秋雨"模型作为补充。另外把天气指标"寒潮"模型引入模型库。

对于雷电、风雹等非气候事件,依据"有灾情即评价、无灾情即略过"的评价原则,不引入模型库。

参数:主要保存台站信息、数据路径等内容,供评价人员设定。

产品、社会数据(含灾情):为评价人员自主文件数据。

9.7 永州新一代天气雷达台站级业务平台

9.7.1 系统简介

永州雷达站从台站应用需求出发,力求提高台站人员工作效率,进一步规范台站管理,提高永州新一代天气雷达保障水平,更好地做好永州防灾减灾工作,开发了新一代天气雷达台站级业务平台(图 9.13)。该平台主要由数据状态监控、维修维护日记、业务工具、故障定位和台站管理五部分构成。通过该平台,系统能自动监控雷达数据传输状态、雷达运行状态等信息,一旦出现数据传输延迟或者雷达运行报警,该平台第一时间通过声音、颜色、短信功能通知值班人员。业务工具栏分发射机参量、接收机参量、空间位置参量、仪器仪表操作向导、雷达辅助工具子项。故障定位栏分常见故障速查、组件信号隔离、故障定位辅助、网络故障定位子项。台站管理栏分维护记录、备件管理和账户管理子项。

主要功能:

(1)完善系统信息监控

完成各种监测数据的接入、实时显示、监测分析。接入的数据有:RDA 采集到的雷达状态传输信息、RDA 采集到的雷达运行信息、一小时拼图文件、雷达基数据上传信息、雷达产品信息、雷达基数据、网络监测信息等。

(2)雷达测试工具建设

雷达测试工具建设包括:发射机指标分析(发射机输出功率、发射机射频脉冲包络、发射机

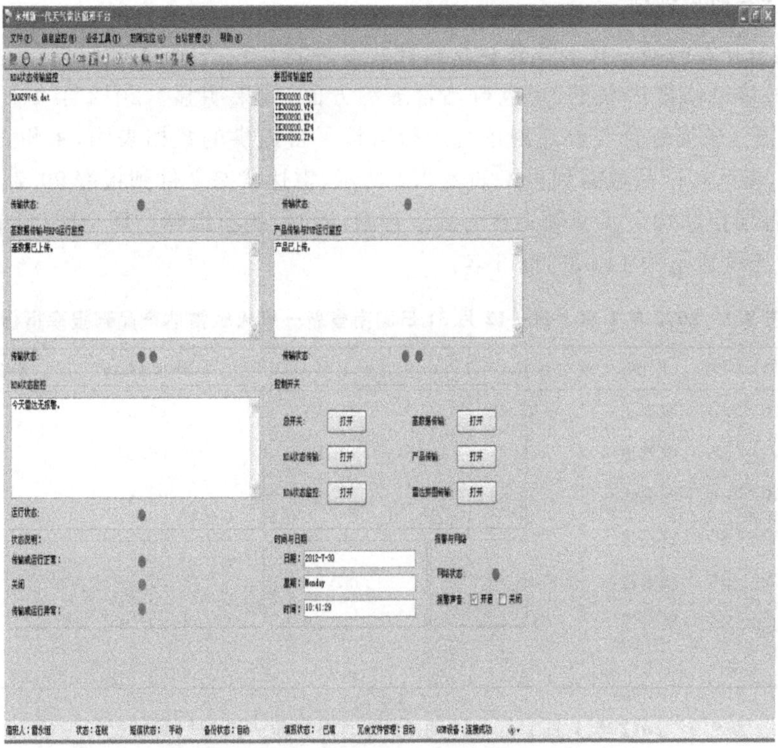

图 9.13 永州新一代天气雷达台站级业务平台

输出频谱、发射机极限改善因子等测试与数据分析），接收机指标分析（噪声系数测量、最小可测信号功率、接收机系统动态特性、系统相干性、系统回波强度定标、测速定标等测试与数据分析），系统空间位置定标检验（雷达天线水平测试、雷达空间位置定标检查等测试与数据分析），天线伺服系统控制误差测试与数据分析，雷达测试项目操作向导（示波器、功率计、频谱仪、雷达相关软件安装与配置等的操作向导）等。

（3）故障定位辅助

故障定位辅助由雷达故障定位与网络故障辅助组成。雷达故障定位分报警号速查与组件信号隔离、雷达故障定位辅助三部分，它建有雷达报警号释义、组件输入输出信号数据库，分析雷达系统原理图，结合台站人员工作经验，自动检测当前报警信息，给出雷达故障解决方案，帮助机务人员快速定位、解决雷达故障。

网络故障辅助针对简单网络拓扑结构网络，利用 ICMP 简单网络协议，自动检查 IP 主机环路、交换机、路由器等运行状态。

（4）台站管理系统建设

台站管理系统分雷达配件管理、日维护/周维护/月维护/季维护/年维护表等雷达运行记录的填报与存档，台站人员账户信息管理等。

（5）雷达资料数据有效管理

规范分类浏览雷达相关文档、新建保存各类雷达值班记录、冗余文件多通道自动清理、重要数据（如雷达运行状态数据等）多通道自动备份、雷达运行日记存入数据库与生成 word 功能等。

9.7.2 平台运行效果评估

　　永州雷达站开发的新一代天气雷达台站级业务平台自投入运行以来,在雷达业务实时监控、提高雷达故障维修维护水平、规范台站管理等方面,效果明显。2012 年 1 月 1 日—12 月 31 日期间,中国气象局综合气象观测系统运行监控平台提供的数据表明,永州雷达站业务可用性为 100%,雷达各产品数据到报率如表 9.1 所示,雷达状态文件到报率 99.74%、及时到报率 99.53%,各项指标均大幅度领先省内其他台站,同时,各项指标均居全国(目前中国气象局考核的新一代天气雷达为 144 部)前 6 名。

表 9.1　2012 年 1 月 1 日—12 月 31 日湖南省新一代天气雷达产品到报率指标

省份	站名	站号	型号	厂商	基本反射率 R(%)	组合反射率 CR(%)	1 h 降水 OHP(%)	多普勒速度 V(%)
湖南	岳阳	Z9730	SB	敏视达	97.22	97.26	97.25	97.16
湖南	常德	Z9736	SB	敏视达	96.26	96.06	96.23	96.19
湖南	怀化	Z9745	CB	敏视达	96.39	96.37	96.30	96.37
湖南	永州	Z9746	SB	敏视达	97.61	97.48	97.59	97.60
湖南	邵阳	Z9739	SA	敏视达	87.99	87.02	87.91	87.81
湖南	长沙	Z9731	SA	敏视达	85.49	85.28	85.71	85.48
合计					93.57	93.33	93.57	93.51

表 9.2　2012 年 1 月 1 日—12 月 31 日湖南省新一代天气雷达运行评估

省份	站名	站号	型号	厂商	开机运行时间(h)	缺报时间(h)	文件到报率(%)	文件及时到报率(%)	文件逾期率(%)
湖南	岳阳	Z9730	SB	敏视达	5923.2	18.5	99.49	99.28	0.22
湖南	常德	Z9736	SB	敏视达	6820.0	7.3	99.20	98.78	0.43
湖南	怀化	Z9745	CB	敏视达	6143.2	8.7	98.91	98.67	0.24
湖南	永州	Z9746	SB	敏视达	5827.5	4.7	99.74	99.53	0.22
湖南	邵阳	Z9739	SA	敏视达	4892.7	105.7	95.06	94.66	0.40
湖南	长沙	Z9731	SA	敏视达	5669.7	26.3	88.96	88.61	0.35
合计					35276.2	171.2	96.92	96.61	0.31

参考文献

冯民学.1998.人工神经网络西太平洋副高预报业务系统.气象科学,**18**(4):396−401.

黄嘉佑.气象统计预报试用教材(未出版).北京大学地球物理系气象专业,202−257.

江苏省气象局预报课题组.1988.江苏重要天气分析和预报,上册.北京:气象出版社.

金龙.1999.基于人工神经网络的集成预报方法研究和比较.气象学报,**57**(2):198−207.

聂亚杰,刘大析,马惠玲.2001.Agent 的体系结构.计算机应用研究,(9):页码不详.

宋志杰.1987.小兴安岭林区森林火险等级预报方法.黑龙江省气象局气象服务讲习教材.

王建国,李玉华,耿波,等.2001.客观预报中格点因子处理方法探讨.气象,**27**(3):8−10.

中华人民共和国林业部.1991.中华人民共和国专业标准——全国森林火险天气等级.北京:中国标准出版社.

附录 1

永州防汛基本知识

1 潇湘两水洪水调度总原则

大坝安全第一,防洪服从水库安全,发电兴利服从防洪。水库应按照调度权限服从指挥、听从调度、顾全大局。水库要按照年度《度汛方案》严格控制蓄水,当每次洪水来临时,应提前预泄,留有适当的防洪库容,原则上在一次洪水过程中水库最大下泄流量应不超过本次洪水的入库洪峰流量。水库要根据流域调度需要,适当时要发挥滞洪错峰作用,最大限度地减轻本身和上下游的洪灾损失。

2 防汛特征指标标准

(1)降雨等级标准划分

日降雨量划分降雨强度等级标准(单位:mm)

日降雨量	0~10	10~25	25~50	50~100	100~200	≥200
等级标准	小雨	中雨	大雨	暴雨	大暴雨	特大暴雨

12小时降雨量划分降雨强度等级标准(单位:mm)

12小时降雨量	0~5	5~10	10~30	30~70	70~140	≥140
等级标准	小雨	中雨	大雨	暴雨	大暴雨	特大暴雨

(2)降雨范围标准划分

对全市来说,降雨范围在 1000 km² 以下为局部降雨;1000~3000 km² 为小范围降雨;3000~10000 km² 为较大范围降雨;10000 km² 以上为大范围降雨。

①局部日降雨在 80 mm 以上,或 12 h 降雨在 50 mm 以上,可能出现局部山洪灾害。

②小范围日降雨在 80 mm 以上,或 12 h 降雨在 50 mm 以上,可能出现局部较大山洪灾害。

③较大范围日降雨在 80 mm 以上,或 12 h 降雨在 50 mm 以上,可能出现局部较大山洪灾害或区域性洪涝灾害。

④大范围日降雨在 80 mm 以上,或 12 h 降雨在 50 mm 以上,可能出现局部较大山洪灾害、区域性洪涝灾害或特大洪涝灾害。

(3)洪水等级标准划分

以老埠头水文站洪水为标准,划分洪水等级标准如下:

①100 年一遇洪水,水位 108.00 m,流量 15900 m³/s。

②50 年一遇洪水,水位 107.08 m,流量 14600 m³/s。

③20 年一遇洪水,水位 106.19 m,流量 12900 m³/s。

④10 年一遇洪水,水位 105.40 m,流量 11500 m³/s。

⑤2 年一遇洪水,水位 103.00 m,流量 7420 m³/s。

依据老埠头水文站洪水大小,习惯上规定:水位在 102.00 m(警戒水位)以下为无洪水期;水位在 102.00～103.00 m 为一般性洪水;水位在 103.00～105.40 m 为较大洪水;水位在 105.40～107.08 m 为大洪水;水位在 107.08 m 以上为特大洪水。

(4)潇湘干流主要城镇警戒标准

道县县城警戒水位 45.00 m(冻结基面高程,转换为黄海高程为 171.13 m)——参考点:道县水文站。

双牌县城警戒水位 129.60 m(冻结基面高程,转换为黄海高程为 127.85 m)——参考点:双牌水文站。

零陵区警戒水位 102.00 m(冻结基面高程,转换为黄海高程为 99.00 m)——参考点:老埠头水文站。

冷水滩区警戒水位 97.00 m(黄海高程)——参考点:宋家洲电站。

祁阳县县城警戒水位 83.00 m(黄海高程)——参考点:祁阳水位站。

(5)潇湘干流骨干工程控制标准

潇湘干流骨干工程控制标准

工程名称	总库容(万 m³)	泄流闸门(孔)	最大泄流量(m³/s)	汛期控制水位(m)	
				主汛期	后汛期
涔天河	10500	5	6800	253.00	256.00
双牌	69000	11	14000	168.00～169.00	170.00
南津渡	6100	18	13500	114.00	114.00
湘江	1820	21	10200	117.00	117.20
宋家洲	18200	27	18000	96.50	97.00

(6)中型水库度汛方案

永州市中型水库汛期蓄水控制标准

县区名称	水库名称	集雨面积(km²)	总库容(万 m³)	坝顶高程(m)	正常蓄水位(m)	相应库容(万 m³)	汛期控制水位(m)、蓄水量(万 m³)					
							主汛期	水位	蓄水量	后汛期	水位	蓄水量
冷水滩	岭口	39.2	1185	229.62	226.02	1040	4.01—6.30	221.60	814.7	7.01—9.30	223.10	867
零陵	石坝仔	124.0	2618	193.50	190.00	2330	4.01—6.30	188.00	1900	7.01—9.30	190.00	2330
	猫儿岩	40.68	3860	458.00	500.00	3253	4.01—6.30	490.00	2165	7.01—9.30	492.00	2305
祁阳	大江边	117.9	4965	185.50	184.50	4950	4.01—6.30	183.00	4608	7.01—9.30	184.50	4950
	龙江桥	20.2	1224	239.40	234.59	948	4.01—4.30	225.00	330.2	7.01—9.30	232.00	750
							5.01—6.30	230.00	605.5			
	内下	155.0	6968	473.00	470.00	6800	4.01—6.30	464.00	5240	7.01—9.30	470.00	6800

（续表）

县区名称	水库名称	集雨面积（km²）	总库容（万 m³）	坝顶高程（m）	正常蓄水位（m）	相应库容（万 m³）	主汛期	水位	蓄水量	后汛期	水位	蓄水量
东安	双江	14.52	1002	412.10	408.48	792	4.01—6.30	407.00	745	7.01—9.30	408.48	792
	金江	102.0	1520	220.70	220.20	1520	4.01—6.30	217.00	1112	7.01—9.30	219.50	1410
	松江	70.1	1040	125.00	122.10	961	4.01—6.30	120.00	850	7.01—9.30	122.10	961
	高岩	117.0	4617	297.00	295.00	4500	4.01—6.30	289.00	3378	7.01—9.30	290.00	3550
道县	廊洞	36.0	1050	289.94	285.52	910	4.01—6.30	283.52	800	7.01—9.30	285.52	910
	乐海	36.5	1083	252.50	248.00	1030	4.01—6.30	246.00	863	7.01—9.30	247.50	1015
	上坝	85.0	1660	404.00	401.50	1517	4.01—6.30	398.50	1270	7.01—9.30	401.00	1470
江华	草岭	31.3	1215	430.30	426.00	1066	4.01—6.30	424.00	920	7.01—9.30	424.80	975
江永	古宅	68.3	4730	419.00	415.00	4008	4.01—6.30	410.00	3002	7.01—9.30	414.50	3905
	源口	222.0	4060	362.00	360.00	4060	4.01—6.30	357.00	3510	7.01—9.30	357.00	3510
宁远	水市	274.0	1985	268.02	264.60	1728	4.01—6.30	261.60	1362	7.01—9.30	264.60	1728
	半山	31.0	1086	389.50	385.60	980	4.01—6.30	381.30	810	7.01—9.30	385.60	980
	双龙	36.4	1077	456.75	450.25	980	4.01—6.30	445.25	740	7.01—9.30	450.25	980
	凤仙桥	36.8	1066	307.50	304.00	970	4.01—6.30	300.00	794	7.01—9.30	304.00	970
	永佳	17.7	1120	354.60	351.80	1032	4.01—6.30	344.50	525	7.01—9.30	347.10	660
新田	肥源	40.8	1560	328.70	325.00	1320	4.01—6.30	323.00	1078	7.01—9.30	325.00	1320
	金陵	109.0	4928	367.00	359.57	3800	4.01—6.30	356.29	2800	7.01—9.30	359.57	3800
	杨家洞	31.8	1268	402.80	399.70	1230	4.01—6.30	392.50	515	7.01—9.30	394.50	675
	立新	63.7	1304	301.15	299.03	1060	4.01—6.30	297.78	875	7.01—9.30	299.03	1060
蓝山	高塘坪	19.8	1033	1141.60	1139.60	1033	4.01—6.30	1139.60	1033	7.01—9.30	1139.60	1033

（7）潇湘干流洪水传播时间规律

永州市潇湘两水较大洪水传播时间表（单位：h）

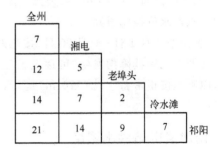

潇水干流洪水传播时间　　　　　湘江干流洪水传播时间

3 涔天河水库洪水调度

3.1 调度权限

根据水库调度分级管理原则,涔天河水库年度《度汛方案》由湖南省防汛抗旱指挥部(以下简称省防指)审批下达,调度权限在省防指,但省防指将涔天河水库的调度权限委托市防指执行。根据工程调度运行的实际情况,当涔天河水库泄量≤1500 m³/s时,由涔天河水库管理局负责调度;>1500 m³/s时,由涔天河管理局制订调度方案报请市防汛指挥部批准实施调度。在特大汛情时,报请省防指,按照下级服从上级的原则听从省防指的调令,其他单位和部门不得随意调度。

3.2 预泄措施

当预报库区有大到暴雨时,须做好预泄准备,当库区日平均降雨40 mm或预报入库洪峰流量达到1000 m³/s时,提前腾空库容,将库水位降低1 m左右运行,如流域内持续降雨,或预报入库洪峰流量>2400 m³/s,须继续加大预泄。

3.3 汛期水位控制原则

主汛期4月1日—6月30日,按汛期控制水位(253 m)运行。6月下旬如确定降雨已经停止,近期内无后续降雨发生,且时间已接近7月1日,可逐渐蓄至设计正常高水位256 m。后汛期7月1日—9月30日,原则上按正常蓄水位运行,如当年汛情紧张,市防指可作调整。

4 双牌水库洪水调度

4.1 调度权限

根据水库调度分级管理原则,双牌水库年度《度汛方案》由省防指审批下达,调度权限在省防指。当双牌水库下泄流量在5000 m³/s以内,水库调度由双牌电站负责,下泄>5000 m³/s时水库调度由省防汛指挥部负责,市防汛指挥部只有调度建议权,监督执行省防指的调度令,其他单位和部门不得随意调度。

4.2 预泄措施

当预报流域内有大到暴雨时,须做好预泄准备,当流域日降雨60 mm或预报入库洪峰流量达到5000 m³/s时,提前腾空库容,将库水位降低0.5 m左右运行,如流域内持续降雨,或预报入库洪峰流量>6310 m³/s,须继续加大预泄。

4.3 汛期水位控制原则

主汛期4月1日—6月20日,按汛期控制水位(168 m)运行。6月下旬如确定降雨已经停止,近期内无后续降雨发生,可逐渐蓄至设计正常高水位170 m。后汛期7月1日—9月30日,原则上按正常蓄水位(170 m)运行,如当年汛情紧张,经省防指同意可调至主汛期控制水位。

5 南津渡电站洪水调度

5.1 调度权限

南津渡电站属省管工程,径流式电站,没有防洪库容,其洪水调度由电站管理局负责,接受市、区防汛指挥部的监督。

5.2　调度原则和规程

(1)洪水调度总原则是:一般洪水"出入等流",较大洪水过程最大出库流量原则上不能大于最大入库流量。

(2)该站正常蓄水位为 114 m,当入库流量大于发电流量,大坝水位接近或高于 114 m 时,应按规定开闸泄洪,严禁超高蓄水。正常情况下蓄水位不能连续 2 h 超过 114.2 m。

(3)当上游入库流量＞1500 m^3/s 时,应适当降低坝前水位运行。

(4)当双牌水库实施潇湘两水错峰时,南津渡电站应给予积极配合。

6　宋家洲电站洪水调度

6.1　调度权限

宋家洲电站属径流式电站,目前尚未竣工验收,其洪水调度主要由工程指挥部负责,接受市、区防汛指挥部的监督。

6.2　调度原则和规程

(1)洪水调度总原则是:一般洪水"出入等流",较大洪水过程出库流量原则上不能大于最大入库流量。

(2)该站设计正常蓄水位 97 m,考虑到库区移民工作实际情况,目前正常情况下,将水位控制在 96.5 m 以下。

(3)当老埠头水文站流量达到 4000 m^3/s 时,逐步加大闸门,直至全开。

7　湘江电站洪水调度

7.1　调度权限

湘江电站属径流式电站,没有防洪库容,其洪水调度主要由电站管理所负责,接受市、县防汛指挥部的监督。

7.2　调度原则和规程

(1)洪水调度总原则是:一般洪水"出入等流",较大洪水过程出库流量原则上不能大于最大入库流量。

(2)该站正常蓄水位为 117.2 m,当水位高于或接近 117.2 m 时应按规定开闸泄洪,严禁超高蓄水。

(3)当上游入库流量＞1500 m^3/s 时,应适当降低坝前水位运行。

(4)当双牌水库实施潇湘两水错峰时,湘江电站应给予积极配合。

附录 2

重要强对流参数及其计算技术

1 对流能量参数

1.1 对流有效位能(CAPE)

CAPE 表示在自由对流高度之上,气块可从正浮力做功而获得的能量。因为这部分能量对大气对流有着积极的作用,并潜藏着可转化成大气垂直运动动能,故称其为对流有效位能。CAPE 的具体表达式为:

$$\text{CAPE} = g \int_{z_f}^{z_e} \frac{1}{\overline{T_{ve}}} (T_{va} - T_{ve}) \mathrm{d}z \tag{1}$$

其中,T_v 表示虚温,z_f 表示自由对流高度。z_e 为平衡高度,在此高度之上,对流将因为环境的负浮力作用而受到削弱。

在计算 CAPE 时,忽略虚温的影响,CAPE 即为通常计算的对应于埃玛图上正面积所对应的能量。对于实际大气,气块与环境的温度差和虚温差非常接近,为方便起见,也为了能在埃玛图上更直观地反映出这个能量,常常忽略虚温的影响而直接以温度代之。这样,把上式转化到气压坐标系并按气压等间隔离散(与状态曲线制作过程气压间隔相等),CAPE 的计算式变为:

$$\text{CAPE} = -R \sum_{i=1}^{N} (T_{ai} - T_{ei}) \ln(p_{i+1} / p_i) \tag{2}$$

其中,求和上下限分别为自由对流高度与平衡高度之间。

CAPE 从理论上反映出对流发展的强度。若正浮力能全部转化为动能,则其到达平衡高度时,最大上升速度为:

$$w_c = \sqrt{2 \times \text{CAPE}} \tag{3}$$

(1)对流有效位能 CAPE 是一种潜在能量,换言之,它只是有可能转换为对流上升运动动能的一种能量,并非一定可以转换成上升运动;

(2)式是在许多假定条件下得出的,由该式推算出的 w_c 只是理想值;

(3)在计算 CAPE 时,包含许多假定或近似,因此计算出的对流上升运动速度易偏大。

1.2 修正的对流有效位能(MCAPE)

对流一旦发展起来,一般都存在水汽的相变及水物质的形态变化。气块中的液态水随气块抬升时位能增加将消耗部分能量。据此,引入修正的对流有效位能即 MCAPE。MCAPE 的具体表示式为:

$$\text{MCAPE} = g \int_{z_f}^{Z_e} \left[\frac{1}{\overline{T}_{v\!e}} (T_{va} - T_{v\!e}) - q_l \right] \mathrm{d}z \tag{4}$$

其中，q_l 为气团中的液态水含量。

MCAPE 的计算可分成两部分。一部分为 CAPE，另外一部分为液态水的计算及其随气团抬升位能增加而消耗的有效能量。假定水汽凝结而形成的液态水全部保留在气团中，则 $q_l = q_w - q_v$，（在此种情况下 q_l 也称为绝热比含水量），其中，q_w 为气团在起始高度或抬升凝结高度处的水汽混合比，q_v 为气块移动到本气压高度处的饱和水汽混合比。这样，MCAPE 的计算公式变为：

$$\text{MCAPE} = -R \sum_{i=1}^{N} (T_{ai} - T_{ei}) \ln(p_{i+1}/p_i) + \sum_{i=1}^{N} q_{li} R\, T_{ei} \ln(p_{i+1}/p_i) \tag{5}$$

1.3　下沉对流有效位能（DCAPE）

下沉运动是极常见的大气现象，对流下沉开始的最基本原因是干冷空气侵入含液态水的云体后，由于液态水蒸发而使气块降温，增大了局部层结的温度递减率，从而使得下沉发生。下沉对流有效位能从理论上反映出下沉发生后，气块下沉到达地面时所具有的最大动能即环境对气块的负浮力能。其数学表达为式：

$$\text{DCAPE} = g \int_{Z_{sfc}}^{Z_D} \frac{1}{\overline{T}_{v\!e}} (T_{v\!e} - T_{va}) \mathrm{d}z \tag{6}$$

其中，Z_D 和 Z_{sfc} 分别表示下沉开始高度及地面高度。

计算 DCAPE 时，首先必须确定下沉起始高度及下沉起始时的气块温度。一般把中层干冷空气的侵入点作为下沉起点。下沉起始温度以大气在下沉起点的温度经等焓蒸发至饱和时所具有的温度作为大气开始下沉的温度。大气沿假绝热线下沉至大气底，这条假绝热线与大气层结曲线所围成的面积所表示的能量为下沉对流有效位能。

利用实际探空判断下沉起点时，可把中层大气中湿球位温或假相当位温最小的点作为下沉起始高度，把该高度处的湿球温度作为下沉起始温度。DCAPE 的具体算法与 CAPE 思想相同。

自 Emanuel 引入 DCAPE 后，DCAPE 已被广泛应用于强风暴的分析和研究。但对于 DCAPE 这一参数的使用有几点值得注意：

①下沉起始高度的取法不太一致，有待进一步探讨。一般将其取为 700～400 hPa 间 θ_w 或 θ_{se} 最小值处或 600 hPa 处。

②DCAPE 与 CAPE 的产生过程有重要的差别。CAPE 产生于上升凝结过程，可以精确地把凝结看作是具有同样温度小云滴和水汽并存的一个平衡过程。而充满降水雨滴的下沉气流并不是这种情况。由于雨滴相对较大，对空气而言，它具有明显的下沉速度，并且雨滴蒸发需要明显的时间来完成，这通常意味着雨滴的温度不一定等于气块温度。因而，下沉蒸发过程是一种非平衡过程，但一般仍处理为平衡过程。

③与 CAPE 相比，DCAPE 的理解和计算过程更为复杂。特别是气块中的水物质量难于确定，从而影响到密度温度的计算。在不失 DCAPE 本质的假定下，可选用可逆绝热过程，并以虚温替代密度温度计算 DCAPE。

④在很多情况下，下沉气流并非一直伴随着能提供恰巧用于保持饱和状态的水物质的蒸发，因此，在真实大气中，与上升过程相比，气块沿假相当位温下沉的可能性似乎更小。

⑤在没有足够大值 CAPE 的情况下,根据探空计算可能有 DCAPE,但由于没有降水供应,DCAPE 所需的基本条件得不到满足,因此,不可能有 DCAPE 所描述的下沉对流运动发生。因此,一般倾向于:当 CAPE 小于某一临界值时(该临界值需进一步试验确定),将不计算 DCAPE 或认为 DCAPE=0。

2 条件稳定度指数

判别某层空气是否稳定,通常是在起始高度上选取一气块,假令其绝热抬升(或下沉),当气块温度比周围空气温度低(高)时,称为稳定的;反之,称为不稳定的;当气块与周围空气温度相同时,称为中性的。

在日常业务中,以状态曲线上的温度 T' 表示气块温度;层结曲线上的温度 T 表示环境温度。在自由对流高度 LFC 以下,$T' < T$,表示是稳定的;在 LFC 以上,$T' > T$,表示是不稳定的。

但是,在一般情况下不稳定并不立即表现出来,只有当起始高度上有较强的抬升或冲击力,足以将气块抬升到自由对流高度 LFC 以上时,对流运动才能发展,不稳定才表现出来。按这个特点人们给这种不稳定一个名称,叫作条件性不稳定。以下几个参数都表示的是条件性稳定度指数。

2.1 沙瓦特指数(SI)

沙瓦特指数也称沙氏指数,其值等于 850 hPa 等压面上的湿空气团沿干绝热线上升,到达凝结高度后再沿湿绝热线上升至 500 hPa 时所具有的气团温度 T_{s850} 与 500 hPa 等压面上的环境温度 T_{500} 的差值,即:

$$SI = T_{500} - T_{s850} \tag{7}$$

它是反映大气稳定状况的一个指数。当 $SI < 0$ 时,大气层结不稳定,且负值越大,不稳定程度越大;反之,则表示气层是稳定的。

2.2 抬升指数(LI)

气块从修正的低层(通常为地面或近地面层)沿干绝热线上升,到达凝结高度后再沿湿绝热线上升至 500 hPa 时所具有的温度 T'_s 与 500 hPa 等压面上的环境温度 T_{500} 的差值。

$$LI = T_{500} - T'_s \tag{8}$$

抬升指数与沙氏指数的性质类似,当 $LI < 0$ 时,大气层结不稳定,且负值越大,不稳定程度越大;反之,则表示气层是稳定的。

2.3 有利抬升指数(BLI)

把 700 hPa 以下的大气按 50 hPa 间隔分层,并将各层中间高度处的各点分别按干绝热线上升到各自的凝结高度,然后分别按湿绝热线抬升到 500 hPa,得到各点不同的抬升指数,其中的负值最大者即为最有利抬升指数,对应的高度为最有利抬升高度。

2.4 通用条件稳定度指数

通用条件稳定度指数 I_{condi} 表达式为:

$$I_{condi} = (T^*_{sH} - T_{\pi_i}) \tag{9}$$

其中:T^*_{sH} 为高度 H 处饱和湿静力温度,T_{π_i} 为起始抬升高度处湿静力温度。

考虑到假相当位温与总温度(湿静力温度)物理性质相同,假相当位温也通常用于条件稳定度的表达式。通常情况下,对流层中低层的条件稳定度人们更为关注。若取 850 hPa 代表

起始高度,500 hPa 代表上层,则:

$$I_{condi} = \left[\theta_{se}^*(T_{500}) - \theta_{se850}\right] \tag{10}$$

不难看出:当 $I_{condi} < 0$,为条件性不稳定;$I_{condi} = 0$,为中性;$I_{condi} > 0$,为条件性稳定。

3   对流性稳定度指数

条件性稳定度指数,考虑的仅仅是一小块空气上升(或下沉),其四周的空气没有发生变化。而在实际大气中常常会遇到另外一种情形,例如气流过山、空气沿锋面爬升等厚度相当大的某一层空气一起抬升的情况。

3.1   K 指数、新 K 指数(K, K_{NEW})

K 指数定义为:

$$K = (T_{850} - T_{500}) + T_{d500} - (T_{700} - T_{d700}) \tag{11}$$

新 K 指数定义为

$$K_{NEW} = (T_{850} - T_{500}) + T_{d500} - 10 \times SI \tag{12}$$

K_{NEW} 将 K 指数的第三项($T_{700} - T_{d700}$)改为 $10 \times SI$(SI 是沙瓦特指数),使之能更好地反映气柱的不稳定程度。有应用表明,新 K 指数用于冰雹、雷暴大风的预报,效果较好。

3.2   深厚对流指数(DCI)

几乎所有的局地强风暴都与深厚对流有关。要达到深厚对流必须有三要素:

①在对流层中,底部有足够厚的潮湿层;

②足够急剧的温度递减率以支持大片的"正区域";

③潮湿层的气块充分抬升以达到自由对流高度。

将这些要素结合起来,形成了一个指数,即深厚对流指数。

$$DCI = (T_{850} - T_{d850}) - LI \tag{13}$$

4   风切变及相关强对流参数

4.1   粗理查逊数(BRN)

强对流天气可以发生在弱的垂直风切变结合强位势不稳定或相反的环境中,即垂直风切变与位势不稳定两者之间存在着某种平衡关系。反映这种平衡关系,引入粗理查逊数(对流理查逊数)的概念,其形式为:

$$BRN = \frac{2 \times CAPE}{(u^2 + v^2)} \tag{14}$$

式中,CAPE 为对流有效位能,表示上升气块相对于环境大气的正浮力大小;u、v 是 $0\sim6$ km 加权平均风与 $0\sim500$ m 近地面层风之间的风矢差值的两个分量(风切变)。利用 BRN 可以区分对流风暴类型,中等强度的超级单体往往有 $5 \leqslant BRN \leqslant 50$,而多单体风暴一般 $BRN > 35$。

4.2   相对螺旋度(H)

为了定量估计沿风暴入流方向上的水平涡度大小及入流强弱对风暴旋转的结合效应,引入风暴相对螺旋度的概念,表达式为:

$$\boldsymbol{H} = \int_0^h (\overline{V} - \overline{C}) \boldsymbol{\omega}_H \, \mathrm{d}z \tag{15}$$

式中 $\overline{C} = (c_x, c_y)$ 为风暴移动速度,h 为入流层深度,h 取 3 km,$\boldsymbol{\omega}_H$ 为水平涡度矢量。可以

证明：

$$\boldsymbol{\omega}_H = k \times \frac{\partial \boldsymbol{V}}{\partial z} \qquad (16)$$

也就是说，水平涡度矢量主要是由风的垂直切变引起的，由此可以将螺旋度简单理解为低层大气中（0～h 高度）风暴相对速度与风随高度顺转（逆转）的内积，当风向顺转时，H 为正，反之，为负。利用单站空中风测风资料可以计算螺旋度的大小，公式为：

$$H = \sum_{n=0}^{n-1} \left[(u_{n+1} - c_x)(v_n - c_y) - (u_n - c_x)(v_{n+1} - c_y) \right] \qquad (17)$$

式中 (u_0, v_0) 为地面风，(u_1, v_1)，(u_{n-1}, v_{n-1}) 依次为 0～h 高度气层内各高度上的风，(u_n, v_n) 为 h 上的风。对于龙卷、中等强度龙卷和强龙卷，其螺旋度大小（m^2/s^2）分别为 150～299，300～449 和 >450（h 为 3 km）。当螺旋度 >150 时，发生强对流的可能性极大。

4.3 能量螺旋度指数（EHI）

强对流天气既可以发生在低螺旋度指数结合高对流有效位能的环境中，也可以发生在相反的环境中，即两者之间存在着一种平衡关系。将对流有效位能和螺旋度组合成一个新的指数—能量螺旋度指数，其定义为：

$$EHI = \frac{(H \cdot \text{CAPE})}{160000} \qquad (18)$$

这里 H 为 0～2 km 的螺旋度，CAPE 为对流有效位能。该指数反映了在强对流天气出现时，对流有效位能与螺旋度之间的相互平衡关系。初步研究表明，当 $EHI > 2$ 时，发生强对流的可能性极大，EHI 的数值越大，强对流天气的潜在强度越大。

5 储能及大风指数

5.1 对流抑制指数（CIN）

CIN 的物理意义是：处于大气底部的气块，若要能自由地参与对流，至少要从其它途径获得的能量下限。过去一般把 CIN 作为对流不稳定能量的一部分来考虑，这并不能反映 CIN 内在的物理意义。实际上，处于底层的气块能否产生对流，取决于它是否能从其它途径获得克服 CIN 所表示的能量，这是对流发生的先决条件。已有事实表明，对于发生强对流的情况，通常是 CIN 有一较为合适的值：太大，抑制对流程度大，对流不容易发生；太小，不稳定能量不容易在低层积聚，不太强的对流很容易发生，从而使对流不能发展到较强的程度。其表达式为：

$$CIN = g \int \frac{T - T_a}{\overline{T_b}} dz \qquad (19)$$

$\overline{T_b}$ 是指气层的平均温度，T 为空气温度，T_a 为气块温度。

一般说来，CIN 值太大，对流发展受抑制；CIN 值太小，则对流调整容易发生，能量不易积累，对流发展不会太强。通常，强对流发展之前，CIN 有一较为合适的值。

5.2 干暖盖强度指数（L_s）

干暖盖的相对强度可用 L_s 指数表示：

$$L_s = (\theta_w)_{\max} - \overline{\theta_w} \qquad (20)$$

式中，$(\theta_w)_{\max}$ 表示逆温层顶处的饱和湿球位温，$\overline{\theta_w}$ 表示靠近地面的 500 hPa 气层中的湿球位温平均值。L_s 越大，表示干暖盖越强。

5.3　大风指数(WINDEX)

雷暴大风是雷暴外流区前缘的特征。在有深对流发展的情况下,在地面能否形成雷暴大风,在很大程度上取决于下沉气流的强度。研究结果表明,由固态降水粒子下降过程的溶化及随后发生的降水冷却所产生的负浮力,加强的下沉运动,是地面雷暴大风产生的重要机制,由此出现的雷暴大风,其潜在的最大风速可以用风指数来估计。

$$\text{WINDEX} = 5\left[H_m R_Q (\Gamma^2 - 30 + Q_L - 2Q_m)\right]^{0.5} \tag{21}$$

式中,H_m 为溶化层高度(km),一般认为与湿层 0 度层高度(WBZ)相当,$R_Q = \dfrac{Q_L}{12}$;Q_L(g/kg)为地面以上 1 km 气层内的平均混合比,Q_m 是 H_m 高度上的混合比,Γ 为地面至 H_m 之间的温度递减率(℃/km)。当 $\Gamma < 5.5$℃/km 时,式中括号内可能出现负值,这时令 WINDEX=0,表示没有雷暴大风发生。

6　强风暴预报指数

6.1　风暴强度指数(SSI)

Turcotte 和 Vigneux 1987 年引入了风暴强度指数,该指数由 12000 ft[①] 以下的平均风切变和浮力能量组合而成,表达式为:

$$SSI = 100 \times \left[2 + 0.276\ln(Shr) + 2.011 \times 10^{-4} Eh\right] \tag{22}$$

式中,Shr 是从地面到 12000 ft 的平均垂直风切变($10^{-3} \cdot \text{s}^{-1}$),$Eh$ 是气块的浮力能。SSI 指数反映的是垂直风切变和对流有效位能(CAPE)大小的综合效应。在澳大利亚,将 $SSI \geq 120\ \text{m}^2 \cdot \text{s}^{-2}$ 确定为强雷暴的临界值。

6.2　强天气威胁指数(I)

强天气威胁指数(SWEAT)是 20 世纪 70 年代 Miller 和 Maddox 引入的一个指数,目前在很多国家和地区得到应用。它是根据 328 次龙卷风资料和日常预报经验得出的一个预报指数,可利用探空资料、模式输出资料或 NCEP 资料,根据下列表达式求得:

$$I = 12T_{d850} + 20(TT - 49) + 2f_{850} + f_{500} + 125(S + 0.2) \tag{23}$$

其中 I 代表 SWEAT;$T_{d850} = 850$ hPa 露点温度(℃),若 T_{d850} 是负数,此项为 0;$TT = (T + T_d)_{850} - 2T_{500}$,若 TT 小于 49,则 $20(TT - 49) = 0$;$f_{850} = 850$ hPa 风速(n mile/h[②]),以 m·s⁻¹ 为单位的风速应乘以 2;$f_{500} = 500$ hPa 风速(n mile/h),以 m·s⁻¹ 为单位的风速应乘以 2;$S = \sin(\alpha_{500} - \alpha_{850})$,$\alpha_{500}$ 与 α_{850} 分别代表 500 hPa 风向与 850 hPa 风向;最后一项 $125(S + 0.2)$ 在下列 4 个条件中任何一条件不具备时为零;850 hPa 风向在 130°～250°;500 hPa 风向在 210°～310°;500 hPa 风向减 850 hPa 风向为正;850 hPa 及 500 hPa 风速至少等于 15 n mile/h。

SWEAT 是一个无量纲的单位。美国应用 SWEAT 分析过去的龙卷和强雷暴个例时,得到如下关系:发生龙卷时 I 的临界值为 400,发生强雷暴时 I 的临界值为 300。其中强雷暴主要是指伴有风速至少在 25 m·s⁻¹ 以上的大风,或直径 1.9 cm 以上降雹的雷暴天气。Ducrocq(1998)在讨论对流天气预报时,给出的 SWEAT 临界值是大于 100,与上述临界值差别很大。

---

① 　1 ft=0.3048 m,下同。

② 　1 n mile/h=0.514444 m/s(只用于航行),下同。